Bootstrap 5

ファーストガイド

Web制作の手間を大幅に削減！

相澤裕介◉著

カットシステム

はじめに

　ここ10年ほどの間にWebを閲覧する環境は大きく変わりました。現在では、スマートフォンで閲覧されることを前提にWebサイトを制作するのが当たり前になっています。とはいえ、パソコンでWebサイトを閲覧する人がいなくなった訳ではありません。タブレットでWebサイトを閲覧する人も沢山います。

　このように、Webサイトはさまざまな画面サイズの端末で閲覧されるようになりました。これに対応するために「パソコン向けのWebサイト」と「モバイル向けのWebサイト」の両方を制作、管理するのは効率的とはいえません。そこで、1つのWebサイトをあらゆる端末に対応させる**レスポンシブWebデザイン**が注目を集めています。

　ただし、レスポンシブWebデザインの構築は一朝一夕に習得できるものではなく、メディアクエリーの使い方を知っていても"それなりの経験"が求められます。このような場合にぜひ活用したいのが、本書で解説するBootstrapです。

　Bootstrapは、一般的に**フレームワーク**と呼ばれているツールで、自分でCSSを記述しなくても見た目に優れたWebサイトを制作できるのが特長です。レスポンシブWebデザインにも対応しているため、簡単な記述で「パソコン」と「モバイル」の両方に対応するWebサイトを制作できます。ボタンやナビゲーションなどを「スマートフォンでも操作しやすいデザイン」に仕上げることも簡単です。そのほか、ドロップダウンやカルーセル、オフキャンバスなど、Webサイトでよく見かける機能を手軽に実現するJavaScriptも用意されています。

　本書を手にした皆さんは、「Webサイトのレスポンシブ化を考えている」という方もいれば、「Webサイトを効率よく制作したい」と考えている方もいるでしょう。Bootstrapは両者の期待に応えてくれるツールです。この機会に、Web制作の「新しいカタチ」として、Bootstrapの導入を検討してみてはいかがでしょうか?

　Bootstrapを使用するにあたって、特別な環境を用意する必要はありません。BootstrapはCSSとJavaScriptで構成されているため、誰でも、どんなWebサーバーでも使用できます。もちろん、無償で使用することが可能です。

　本書は**Bootstrap 5.1.3**の使い方を解説した書籍です。旧バージョンのBootstrapを使ったことがある方は「Bootstrap 5もすぐに使いこなせるだろう」と考えるかもしれません。しかし、Bootstrapに慣れているが故にトラブルに陥ってしまうケースもあります。というのも、Bootstrap 5は「単にBootstrap 4の機能を拡張したもの」ではなく、数々の仕様変更が施されているからです。

たとえば、

- ・Bootstrap 5になって**廃止されたクラス**がある
- ・同じ書式指定なのに**名称が変更されたクラス**がある
- ・クラスを適用する要素が変更されている
- ・HTMLの構成方法そのものが変更されている

といった仕様変更が施されています。このため、前バージョンと同じ書き方では正しく動作しない部分もあります。過去の経験は「武器」にもなりますし、「トラブルの原因」にもなります。

　そこで本書では、Bootstrap 4の経験者に向けて**Bootstrap 4からの変更点**も紹介しています。初心者の方はもちろん、経験のある方が「Bootstrap 5で変更された部分」を確認する際にも、本書が役に立つと思います。
　ちなみに、New のアイコンが付加されている箇所は、Bootstrap 5で新たに追加された機能となります。ただし、従来からある機能に一部のクラスが追加されているケースもあるため、大まかな目安として考えてください。

　本書は「HTMLとCSSの基本」を理解している方を対象に執筆された書籍です。HTMLやCSSの記述方法をよく知らない方は、先にHTMLとCSSを勉強してから本書を読み進めるようにしてください。
　Bootstrapを使うと、CSSを記述しなくてもWebサイトを制作できるようになります。しかし、微調整やカスタマイズを行う際に、CSSの知識が役に立つのも事実です。主要なプロパティだけでも構いませんので、CSSで書式を指定する方法を学んでおいてください。
　一方、JavaScriptに関する知識は「あった方がよい」という程度で必須ではありません。JavaScriptをほとんど知らなくても、Bootstrapを問題なく活用できます。

　なお、本書では、サンプルHTMLの記述を可能な限り簡素化して、理解しやすい形で示すために、alt属性やrole属性、aria-***属性（WAI-ARIA）などの記述を省略しています。これらの属性も本来は記述しておくのが基本ですが、あえて記述を省略していることをご了承ください。実際にWebサイトを制作するときは、利用者の状況やサイトの仕様書に応じて属性の記述を追加するようにしてください。

　フレームワークの概要を知り、Bootstrap 5を使ったWebサイトの制作方法を習得する。その一助として、本書を活用していただければ幸いです。

2022年3月　相澤 裕介

◆ サンプルファイルのダウンロード

本書で紹介したサンプルは、以下のURLにアクセスすると参照できます。

https://cutt.jp/books/978-4-87783-522-4/

また、ブラウザに以下のURLを入力して、サンプルのHTMLファイルをダウンロードすることも可能です。学習を進める際の参考として活用してください。

https://cutt.jp/books/978-4-87783-522-4/sample513.zip

目次

第3章　コンテンツの書式指定　　93

第5章　JavaScriptを利用したコンポーネント　259

第6章 Bootstrapのカスタマイズ　　307

付録　Bootstrap簡易リファレンス　331

第1章

Bootstrap 5の導入

Bootstrapは、Webサイトを効率よく制作するための
フレームワークです。第1章では、Bootstrapの特長と
導入方法について解説します。

1.1 | Bootstrapの特長

Bootstrapは、Webサイトを効率よく制作するためのフレームワークです。また、Webサイトを「パソコン」と「モバイル」の両方に対応させる「レスポンシブWebデザイン」を実現するためのツールとしてBootstrapが利用される場合もあります。

1.1.1　フレームワークとは？

　Bootstrapは、最も広く利用されている**フロントエンド向けのフレームワーク**です。もっと具体的に説明すると、Bootstrapは「CSSの書式指定を集めたライブラリ集」のような存在で、自分でCSSを記述しなくても見た目に優れたWebサイトを制作できるのが特長です。

　通常、Webサイトを制作するときは、ページの内容をHTMLで記述し、そのレイアウトやデザインをCSSで指定する、というのが一般的な手順になります。では、HTMLとCSSを学習すれば「誰でも見た目のよいWebサイトを制作できる」と言えるでしょうか？　その答えは必ずしもYesではありません。Webサイトをデザインしようと自分でCSSを記述してみたものの、『なんか上手くまとまらない……』という経験をした方も少なくないでしょう。

　Bootstrapを使うと、**自分でCSSを記述しなくても、見た目のよい、まとまりのあるWebサイトを制作できます**。各パーツのデザインをカスタマイズすれば、決まり一辺倒ではないユニークなデザインに仕上げることも可能です。要するに、少しくらいデザインが苦手な方でも、見た目に優れたWebサイトを制作できるのが「Bootstrapの魅力」です。

　スマートフォンやタブレットが普及した現在では、小さい画面でも見やすいWebサイトを構築する必要があります。そこで、画面サイズに応じてレイアウトを変化させる**レスポンシブWebデザイン**が注目されています。ただし、レスポンシブWebデザインを実現するには「それなりの知識と経験」が求められます。このような場合に、レスポンシブWebデザインを手軽に実現できるツールとして、Bootstrapが活用されるケースもあります。

　Bootstrapの公式サイト（https://getbootstrap.com/）には、各パーツを組み合わせて作成した「ページ構成の例」（Examples）が紹介されています。これらのHTMLを参考にしながら、実際にWebサイトを制作していくことも可能です。

図1.1.1-1　Bootstrapの公式サイト（https://getbootstrap.com/）

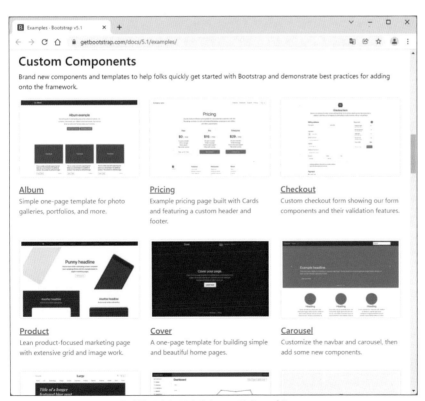

図1.1.1-2　Bootstrapの公式サイトに用意されているサンプル
（https://getbootstrap.com/docs/5.1/examples/）

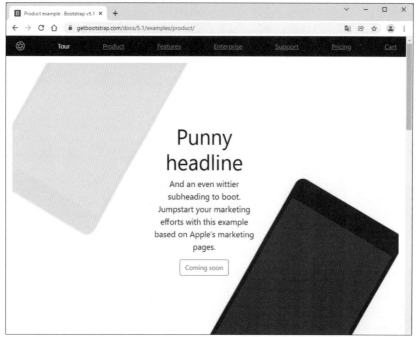

図1.1.1-3　Examplesの一例（https://getbootstrap.com/docs/5.1/examples/product/）

▼ Bootstrap 4 からの変更点

Bootstrap 4とBootstrap 5の互換性

　Bootstrapを使用するときは、Bootstrapのバージョンにも注意しなければいけません。Bootstrap 4とBootstrap 5は似ている部分も多々ありますが、完全な上位互換にはなっていません。jQueryを利用しなくなった、IEがサポート対象外になった、ブレイクポイント「xxl」が追加された、などの仕様変更が施されています。このため、Bootstrap 4で制作したWebサイトにBootstrap 5を導入すると、Webサイトが正しく表示されなくなる恐れがあります。同じBootstrapでも「バージョンごとに使い方が異なるツール」と認識しておくのが基本です。

1.1.2　Bootstrapの特長

　続いては、Bootstrapの特長をもう少し具体的に紹介していきます。以降に、Bootstrapの代表的な特長を挙げておくので、「Bootstrapがなぜ多くの支持を集めているのか？」を理解するときの参考にしてください。

（1）グリッドシステム

　Webサイトを制作するときは、各コンテンツの配置を工夫することでページ全体をデザインしていきます。この際に必須となるのがfloatやflexなどの活用です。CSSの記述に慣れている方にとってはそれほど難しいテクニックではありませんが、レイアウトが複雑になると、それだけCSSやHTMLの記述も複雑になってしまいます。

　こういった問題を解決するために、Bootstrapでは**グリッドシステム**が採用されています。各コンテンツを2等分、3等分、4等分、……の幅で配置する、全幅を12列と考えて「各コンテンツを何列分の幅で配置するか？」を指定する、といった具合にページ全体のレイアウトを自由に組み立てられます。

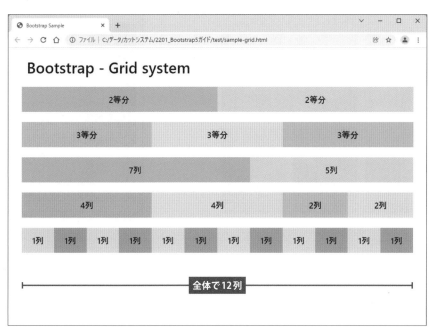

図1.1.2-1　グリッドシステムのイメージ

（2）レスポンシブWebデザイン

　スマートフォンが普及した現在では、画面の小さい端末でも快適に閲覧できるWebサイトの構築が不可欠です。「パソコン用」と「スマホ用」のWebサイトを別々に用意する方法もありますが、この場合は2つのWebサイトを制作・管理する必要があり、それだけ手間が増えてしまいます。そこで、1つのWebサイトであらゆる画面サイズに対応できる**レスポンシブWebデザイン**が注目を集めています。

　たとえば、画面の大きいパソコンではページ全体を2分割した構成で表示し、画面の小さいスマートフォンではページ全体を1列に整形しなおして表示する。このような仕組みを同じHTML & CSSで実現するのがレスポンシブWebデザインです。

　BootstrapはレスポンシブWebデザインに対応しているため、「画面サイズに応じてレイアウトが変化するWebサイト」を構築できます。表示するコンテンツを「パソコン」と「モバイル」で切り替える、小さい画面のときはメニューをボタン表示にする、といったように見た目が大きく変化するWebサイトを手軽に構築できます。

■パソコンで閲覧した場合

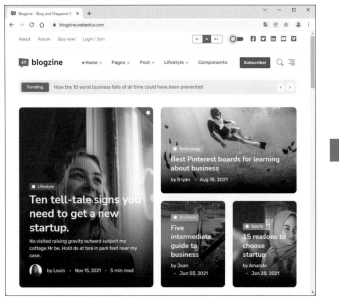

■スマートフォンで閲覧した場合

図1.1.2-2　レスポンシブWebデザインの例

（3）各パーツのデザイン

　Bootstrapには、ボタンなどのパーツをデザインしたCSSが用意されています。スマートフォン向けのWebサイトでよく見かける**ボタングループ**などを作成することも可能です。画面の小さいスマートフォンで快適な操作性を実現するには、これまで以上にインターフェースに気を配らなければいけません。「見た目」と「操作性」の両方を兼ね備えたWebサイトを構築する、このような観点においてもBootstrapが便利に活用できます。

　もちろん、見出しや表、フォームなどのデザインを指定するCSSも用意されています。これらもWebを効率よく制作するための重要なポイントになるはずです。

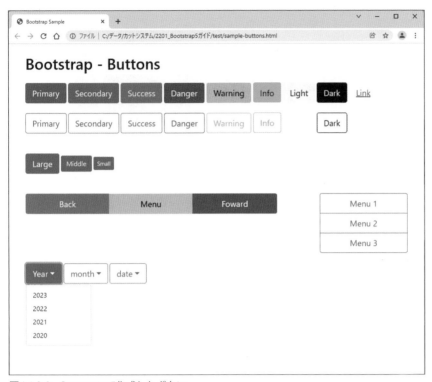

図1.1.2-3　Bootstrapで作成したボタン

（4）JavaScriptコンポーネント

　Bootstrapには**JavaScriptライブラリ**も用意されています。これを利用すると、ドロップダウンメニューやカルーセルなどの「動きのあるコンポーネント」を簡単に作成できます。Webでよく見かけるコンポーネントを手軽に利用できることも、Bootstrapの利点の一つといえます。

図1.1.2-4　ナビゲーションバーとドロップダウンメニュー

図1.1.2-5　カルーセル

（5）カスタマイズ性

　Bootstrapを利用すると、自分でデザインを考えなくても、見た目のよいWebサイトを制作できます。その反面、他のBootstrapサイトと似たようなデザインになってしまう可能性もあります。このような場合は「自作のCSS」を追加して、オリジナルのデザインに仕上げていくことも可能です。

　また、Bootstrapそのものをカスタマイズする方法もあります。BootstrapはSassで開発されており、CSSの基となるSassファイルも配布されています。これを変更することでBootstrapのデザインや仕様を自由にカスタマイズできます。ただし、そのためにはSassの使い方を習得しておく必要があります。少しだけ上級者向けの内容になりますが、この機会にSassの使い方も学習しておくと、Web制作の幅が広がるでしょう。Sassは特に難しい言語ではないため、CSSと簡単なプログラミングの知識があれば、すぐに使い方を習得できると思います。

　Sassについて詳しく勉強したい方は、「Sass ファーストガイド」という書籍を参照してみるとよいでしょう。2015年に発刊された少し古い書籍になりますが、Sassの基本的な使い方を習得できると思われます。

図1.1.2-6　Sass ファーストガイド（ISBN 978-4-87783-386-2）

1.1.3 Bootstrap 5 がサポートするブラウザ

　続いては、Bootstrap 5 がサポートするブラウザについて紹介しておきます。公式サイトによると、Bootstrap 5 が正しく動作するブラウザとして、**Chrome**、**Firefox**、**Safari** をはじめ、**Microsoft Edge**、**Opera**、**Android Browser & WebView** といったブラウザが紹介されています。

Mobile devices

Generally speaking, Bootstrap supports the latest versions of each major platform's default browsers. Note that proxy browsers (such as Opera Mini, Opera Mobile's Turbo mode, UC Browser Mini, Amazon Silk) are not supported.

	Chrome	Firefox	Safari	Android Browser & WebView
Android	Supported	Supported	—	v6.0+
iOS	Supported	Supported	Supported	—

Desktop browsers

Similarly, the latest versions of most desktop browsers are supported.

	Chrome	Firefox	Microsoft Edge	Opera	Safari
Mac	Supported	Supported	Supported	Supported	Supported
Windows	Supported	Supported	Supported	Supported	—

For Firefox, in addition to the latest normal stable release, we also support the latest Extended Support Release (ESR) version of Firefox.

Unofficially, Bootstrap should look and behave well enough in Chromium and Chrome for Linux, and Firefox for Linux, though they are not officially supported.

Internet Explorer

Internet Explorer is not supported. **If you require Internet Explorer support, please use Bootstrap v4.**

図1.1.3-1　Bootstrap 5 がサポートするブラウザ
（https://getbootstrap.com/docs/5.1/getting-started/browsers-devices/）

　主要なブラウザには対応してるといえますが、**Internet Explorer はサポート対象外**になることに注意してください。

1.2 ｜ Bootstrap 5の導入

続いては、Bootstrap 5の導入方法について解説します。Bootstrap 5は「CSSファイル」と「JavaScriptファイル」で構成されているため、各ファイルをHTMLから読み込むだけで、すぐに利用を開始できます。

1.2.1　CDNサーバーを利用したBootstrap 4の読み込み

Bootstrap 5の利用に必要となるファイルは以下の2つです。

- **bootstrap.min.css** ························ Bootstrap 5のCSS
- **bootstrap.bundle.min.js** ·············· Bootstrap 5のJavaScript（popper.jsを含む）
  ※ファイル名にある「.min」の文字は圧縮版であることを示しています。

　これらのファイルは**CDNサーバー**でも配布されているため、HTMLファイルから読み込むだけで利用できます。以下に、Bootstrap 5（v5.1.3）を利用するときのHTMLの雛形を掲載しておくので、これを参考にHTMLを記述してください。

sample121-01.html

```
 1  <!doctype html>
 2  <html lang="ja">
 3
 4  <head>
 5    <meta charset="utf-8">
 6    <meta name="viewport" content="width=device-width, initial-scale=1">
 7    <link rel="stylesheet"
 8        href="https://cdn.jsdelivr.net/npm/bootstrap@5.1.3/dist/css/bootstrap.min.css"
 9        integrity="sha384-1BmE4kWBq78iYhFldvKuhfTAU6auU8tT94WrHftjDbrCEXSU1oBoqyl2QvZ6jIW3"
10        crossorigin="anonymous">
11    <title>●ページタイトル●</title>
12  </head>
13
```

```
14   <body>
15
16   <!-- ここにページ内容を記述 -->
17
18   <script src="https://cdn.jsdelivr.net/npm/bootstrap@5.1.3/dist/js/bootstrap.bundle.min.js"
19           integrity="sha384-ka7Sk0Gln4gmtz2MlQnikT1wXgYsOg+OMhuP+IlRH9sENBO0LRn5q+8nbTov4+1p"
20           crossorigin="anonymous"></script>
21   </body>
22
23   </html>
```

　各行の記述について簡単に補足しておきましょう。1行目はHTML5に準拠することを示す宣言文です。2行目の html 要素では、言語に **"ja"**（日本語）を指定しています。

　4〜12行目は head 要素の記述です。5行目にある meta 要素で文字コードを指定しています。Webの世界では文字コードに **UTF-8** を使用するのが一般的です。特に理由がない限り、文字コードにはUTF-8を指定するようにしてください。

　6行目の **meta 要素**はモバイル端末向けの指定（viewport）です。表示領域の幅やズーム倍率などを指定しています。Bootstrap 5を利用するときは、**width=device-width**（端末画面の幅に合わせる）、**initial-scale=1**（ズーム倍率1）を指定するのが基本です。

　7〜10行目にある **link 要素**は、Bootstrap 5の本体となる **bootstrap.min.css** を読み込むための記述です。このファイルはCDNサーバーで配布されているため、**href 属性**に適切なURLを指定するだけで読み込めます。

　link 要素の **integrity 属性**には、「CDNサーバーから読み込むファイルが正式なものか？」を確認するハッシュ値を指定します。万が一、悪意のある攻撃によりCDNサーバーの内容が書き換えられてしまった場合に、integrity 属性を追加しておくと、不正なファイルの読み込みを回避できます。必須ではありませんが、セキュリティ対策の一環として記述しておくことをお勧めします。なお、ハッシュ値は無意味な英数字の羅列になるため、入力ミスを犯す危険性が高くなります。よって、キーボードから入力するのではなく、Bootstrapの公式サイトからコピー＆ペーストして入力するのが確実です。

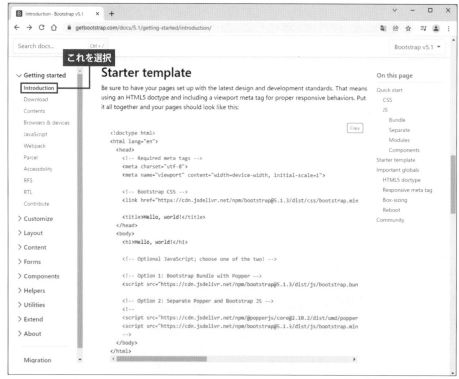

図1.2.1-1　公式サイトに用意されているHTMLの雛形 - CDNを利用する場合
（https://getbootstrap.com/docs/5.1/getting-started/introduction/）

　続いて、Bootstrap 5で使用するJavaScriptファイルを読み込みます。これらのファイルは、Webページの表示を高速化するために**body 要素内の末尾**で読み込むのが一般的です。

sample121-01.html

```
18  <script src="https://cdn.jsdelivr.net/npm/bootstrap@5.1.3/dist/js/bootstrap.bundle.min.js"
19         integrity="sha384-ka7Sk0Gln4gmtz2MlQnikT1wXgYsOg+OMhuP+IlRH9sENBO0LRn5q+8nbTov4+1p"
20         crossorigin="anonymous"></script>
21  </body>
```

　18〜20行目の**script** 要素でBootstrap 5のJavaScript（bootstrap.bundle.min.js）を読み込みます。こちらもハッシュ値の入力が面倒になるので、図1.2.1-1に示したWebページからコピー&ペーストするようにしてください。

　なお、Bootstrap 5のJavaScriptを利用しない場合は、18〜20行目の記述を省略しても構いません。この記述の有無は、各自が利用する機能に応じて判断するようにしてください。

以上で、Bootstrap 5を利用するための準備は完了です。制作するWebサイトに合わせて<head> 〜 </head>を補完し、<body> 〜 </body>にページ内容を記述していくと、Webページが完成します。

▼Bootstrap 4からの変更点

jQueryの読み込みは不要に

Bootstrap 4では、jQueryを利用してJavaScriptの各種機能を実現していました。Bootstrap 5ではjQueryの利用が廃止され、すべての機能を「Bootstrap独自のJavaScript」で実現できるようになりました。このため、jQueryの読み込みは必要ありません。もちろん、jQueryを利用したWebサイトを制作しても構いません。この場合は、適切な位置に「jQueryを読み込むscript要素」を追加するようにしてください。

| 1.2.2 | Bootstrap 5のダウンロード |

Bootstrapのファイルを CDNサーバーから読み込むのではなく、自分のWebサーバーに設置することも可能です。この場合は、各ファイルを公式サイトからダウンロードして利用します。続いては、Bootstrap 5をダウンロードして利用するときの手順を紹介します。

① Bootstrapの公式サイト（https://getbootstrap.com/）にアクセスし、［**Download**］ボタンをクリックします。

図1.2.2-1　Bootstrapの公式サイト（https://getbootstrap.com/）

② 画面を少し下へスクロールし、「Compiled CSS and JS」の項目にある［**Download**］ボタンを
クリックします。

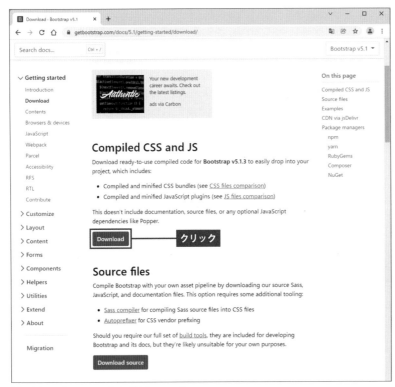

図1.2.2-2　Bootstrap 5のダウンロード

③ ダウンロードされたzipファイルを解凍すると、「css」と「js」の2つのフォルダーが表示さ
れます。

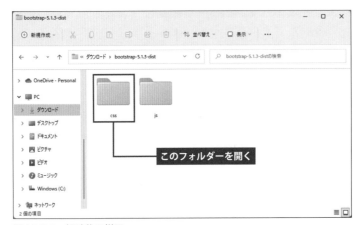

図1.2.2-3　解凍後の様子

④「css」フォルダーを開くと、以下のようなファイルが表示されます。Bootstrap 5を利用する
ときは、この中にある**bootstrap.min.css**をHTMLファイルから読み込みます。

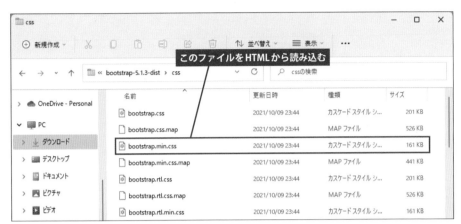

図1.2.2-4　Bootstrap 5のCSSファイル

　他のファイルは、CSSの記述内容を確認したり、Bootstrap 5のCSSを部分的に利用したりす
るときに使用します。このため、通常は「bootstrap.min.css」以外のファイルをWebサーバー
に設置（アップロード）する必要はありません。念のため、各ファイルの内容を以下に紹介して
おくので参考にしてください。

・bootstrap.css
Bootstrap 5の書式指定が記述されているCSSファイルです。それぞれの要素やクラスに
「どのような書式が指定されているか？」を確認するときに参照します。

・bootstrap.min.css（通常はこのファイルを読み込む）
不要な半角スペースや改行を削除して、ファイル容量を小さくした圧縮版のCSSファイルです。
記述されている内容は「bootstrap.css」と同じです。Bootstrap 5を利用するときは、このファ
イルをHTMLから読み込みます。

・bootstrap-xxxxx.css ／ bootstrap-xxxxx.min.css
Bootstrap 5から一部の書式指定だけを抜き出したCSSファイルです。グリッドシステム
（grid）、CSSの初期化（reboot）、ユーティリティ（utilities）といった書式指定だけを利用す
る場合は、このCSSファイルをHTMLから読み込みます。名前に「min」が含まれるCSSファ
イルは、半角スペースや改行を削除した圧縮版です。

※ 名前に「rtl」が含まれるCSSファイルは、右書き用のCSSファイルです。アラビア語のように、右から左へ
　記述していく言語で利用します。

・拡張子が「.map」のファイル
　Sassファイルを CSSファイルに変換したり、圧縮版の CSSファイルを作成したりするときに
自動生成されるマップファイルです。通常は必要ないので、よく分からない方は無視して構
いません。

　一方、「js」フォルダーには以下のようなファイルが収録されています。これらのうち、一般
的に使用するファイルは **bootstrap.bundle.min.js** となります。

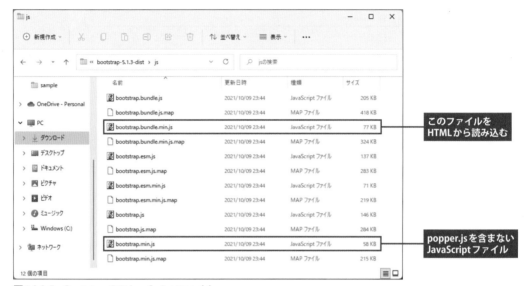

図1.2.2-5　Bootstrap 5の JavaScript ファイル

　「bootstrap.bundle.min.js」には、要素をポップアップ表示する **popper.js** という JavaScript ラ
イブラリが含まれています。「js」フォルダーには **bootstrap.min.js** というファイルも用意され
ていますが、こちらには「popper.js」が含まれていません。そのぶん、ファイル容量が約20KB
ほど小さくなっています。

　ドロップダウン（P260）やツールチップ、ポップオーバー（P299）といった機能を使用する
ときは、「popper.js」をバンドルした「bootstrap.bundle.min.js」を読み込まなければいけません。
これらの機能を使わない場合は、より軽量な「bootstrap.min.js」を Bootstrap 5の JavaScript と
して読み込んでも構いません。

　なお、名前に「esm」を含むファイルは、JavaScript ファイルを ES モジュールとして扱うとき
に使用します。

1.2.3 Webサーバーに配置するファイルとHTMLの記述

必要なファイルを入手できたら、それらをWebサーバーにアップロードし、**link**要素や**script**要素で読み込みます。この手順は、通常のCSSファイルやJavaScriptファイルを読み込む場合と同じです。

念のため、HTMLの記述例を以下に紹介しておきます。たとえば、図1.2.3-1のフォルダー構成で各ファイルを設置するときは、sample123-01.htmlのようにHTMLを記述します。

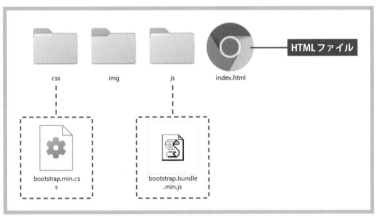

図1.2.3-1　フォルダー構成の例

sample123-01.html

```html
1  <!doctype html>
2  <html lang="ja">
3
4  <head>
5    <meta charset="utf-8">
6    <meta name="viewport" content="width=device-width, initial-scale=1">
7    <link rel="stylesheet" href="css/bootstrap.min.css">
8    <title>●ページタイトル●</title>
9  </head>
10
11 <body>
12
13 <!-- ここにページ内容を記述 -->
14
15 <script src="js/bootstrap.bundle.min.js"></script>
16 </body>
17
18 </html>
```

1.3 | Bootstrap とクラス

続いては、Bootstrapの基本的な使い方について解説します。Bootstrapはクラス（class）を使って書式を指定する仕組みになっています。念のため、クラスの使い方を復習しておくとよいでしょう。

1.3.1　Bootstrapの基本的な使い方

　Bootstrapを読み込んだHTMLでは、各要素に**クラス**を適用して書式を指定していきます。たとえば、img要素に`rounded-circle`というクラスを適用すると、図1.3.1-1のように画像を円形（または楕円形）に切り抜いて表示できます。

```
<img src="pic1.jpg" class="rounded-circle">
```

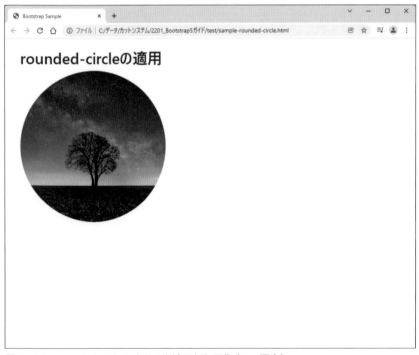

図1.3.1-1　rounded-circleのクラスを適用した画像（img要素）

1つの要素に複数のクラスを適用することも可能です。この場合は、それぞれのクラスを半角スペースで区切って列記します。次の例は、3つのクラス（alert、alert-primary、text-center）をdiv要素に適用した場合の例です。

```
<div class="alert alert-primary text-center">
   <h5>臨時休業のお知らせ</h5>
   3月10日は店内改装のため臨時休業させていただきます。<br>
   ご迷惑をおかけしますが、よろしくお願い致します。
</div>
```

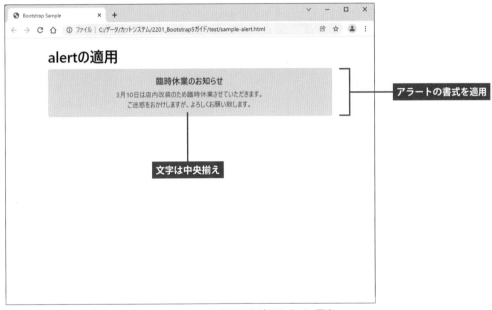

図1.3.1-2　alert、alert-primary、text-centerのクラスを適用したdiv要素

この例で適用したクラスには、それぞれ以下のような書式が指定されています。これらを組み合わせることにより、図1.3.1-2のようなデザインを実現しています。

alert	四隅を角丸にしてアラートのように表示する書式
alert-primary	アラートの文字色、背景色、枠線の色を指定する書式
text-center	文字を中央揃えで配置する書式

このようにBootstrapでは、各要素にクラスを適用することによりWebページをデザインしていきます。もちろん、CSSを自分で記述して書式指定を追加しても構いません。たとえば、先ほどの例に「ボックスシャドウ」（box-shadow:7px 7px 10px #999）のCSSを追加すると、div要素の表示は図1.3.1-3のようになります。

```
<div class="alert alert-primary text-center" style="box-shadow: 7px 7px 10px #999;">
  <h5>臨時休業のお知らせ</h5>
  3月10日は店内改装のため臨時休業させていただきます。<br>
  ご迷惑をおかけしますが、よろしくお願い致します。
</div>
```

図1.3.1-3　CSSで「影」を追加した場合

1.3.2　クラスとCSS

　読者の皆さんはクラスの使い方をすでに知っていると思いますが、念のため、簡単に"おさらい"しておきましょう。

　クラスは「CSSの書式指定をひとまとめにして名前を付けたもの」と考えることができます。たとえば、big-redという名前のクラスを作成し、このクラスに「文字サイズ：30px」と「文字色：赤色」の書式を指定したとします。この場合、各要素にbig-redのクラスを適用するだけで「文字サイズ：30px、文字色：赤色」の書式を指定できます。

　Bootstrapの本体ともいえる**bootstrap.min.css**には、数多くの書式指定がクラスとして登録されています。このため、各要素にクラスを適用していくだけで、さまざまな書式を指定できます。

　各クラスに登録されている書式は、**bootstrap.css**をテキストエディターで開くと確認できます。たとえば、P18で紹介したrounded-circleのクラスには「border-radius:50%」というCSSが指定されています。つまり、四隅を縦横50%の半径で丸くすることにより、円形（または楕円形）の表示を実現しています。

bootstrap.css

```
7916    .rounded-circle {
7917      border-radius: 50% !important;
7918    }
```

　同様に、alertやalert-primary、text-centerといったクラスには、それぞれ以下のような書式が指定されています。

bootstrap.css

```
4886    .alert {
4887      position: relative;
4888      padding: 1rem 1rem;
4889      margin-bottom: 1rem;
4890      border: 1px solid transparent;
4891      border-radius: 0.25rem;
4892    }
```

bootstrap.css

```
4913    .alert-primary {
4914      color: #084298;
4915      background-color: #cfe2ff;
4916      border-color: #b6d4fe;
4917    }
```

bootstrap.css

```
7652    .text-center {
7653      text-align: center !important;
7654    }
```

　これらのほかにも、Bootstrapには数多くのクラスが用意されています。よって、各要素に最適なクラスを適用していくだけで、Webページのデザインを仕上げることができます。

　「bootstrap.css」には11,000行以上ものCSSが記述されており、その記述内容をすべて読み解くには相当の手間と読解力を要します。でも心配はいりません。各クラスの「名前」と「使い方」さえ覚えておけば、「bootstrap.css」の記述内容を知らなくても、十分にBootstrapを活用できます。「bootstrap.css」は、CSSの上級者が記述内容を確認するために用意されているファイルであり、必ずしも全員が利用するファイルではありません。

　Bootstrapを使用する際に必要となる知識は、各クラスの使い方を学んでおくこと。これさえ把握できていれば、CSSに詳しくない初心者の方でも、Bootstrapを問題なく活用できると思います。

!importantについて

　先ほど示したCSSにある!importantの記述は、書式指定に優先権を与えることを意味しています。通常、CSSの書式指定は、「ID名のセレクタ」の優先順位が最も高く、続いて「クラス名のセレクタ」→「要素名のセレクタ」という具合に、より限定的なセレクタほど優先順位が高くなる仕組みになっています。この優先順位を無視して、常に最優先の書式指定にするための記述が!importantです。CSSで定められている仕様の一つなので、この機会にぜひ覚えておいてください。

1.4 │ Bootstrap 導入後の変化

BootstrapのCSSファイルには、各クラスの書式指定だけでなく、要素に対する書式指定も登録されています。続いては、Bootstrapの導入により書式が変化する要素について簡単に紹介しておきます。

1.4.1　要素に対して指定されるCSS

　BootstrapのCSSファイルには、bodyやh1、h2、h3などの要素に対する書式指定も登録されています。このため、クラスを適用しなくても「Bootstrap独自のデザイン」で各要素が表示される場合があります。

　具体的な例で見ていきましょう。図1.4.1-1は「通常のHTML」と「Bootstrapを読み込んだHTML」で各要素の表示を比較した例です。

■通常のHTML

■Bootstrapを読み込んだHTML

図1.4.1-1　各要素の表示の比較

　この例を見ると、「Bootstrapを読み込んだHTML」は上下左右の余白がなくなっていることに気付くと思います。これは、body要素に対して「margin:0」のCSSが指定されているためです。そのほか、文字サイズやフォント、余白などの書式も全体的に変化しています。

　このように「bootstrap.min.css」を読み込んだHTMLでは、クラスを適用していない要素もBootstrap独自の書式で表示されます。ここで紹介した要素のほかにも、Bootstrap独自の書式が指定されている要素は沢山あります。詳しく知りたい方は、Bootstrapの公式サイトでRebootの項目を確認してみるとよいでしょう。

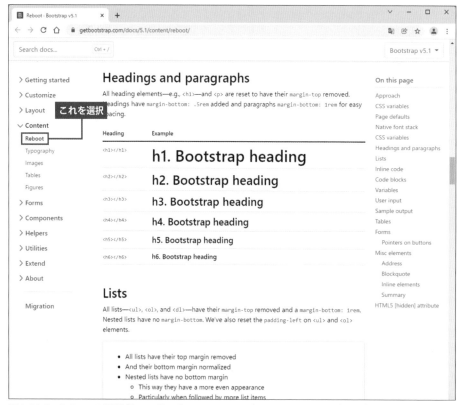

図1.4.1-2　Rebootの解説（https://getbootstrap.com/docs/5.1/content/reboot/）

　Webサイトを制作するときは、Google ChromeやFirefox、Safari、Edgeなどのブラウザで表示を確認しながら作業を進めていくのが一般的です。さらには、WindowsとMac OSで表示を比較したり、スマートフォンやタブレットで閲覧したときの様子を確認したりする必要もあります。

　このときに問題となるのが、ブラウザごとに各要素の表示（CSSの初期値）が異なる場合があることです。あらかじめ各要素に「Bootstrap独自の書式」を指定しておくことで、**ブラウザごとの差異をなるべく解消する**。これもRebootの大切な役割の一つといえます。

第2章

グリッドシステムを利用した
ページレイアウト

第2章では、「グリッドシステム」と「レスポンシブWeb
デザイン」について解説します。ページレイアウトに欠か
せない機能なので、よく使い方を学習しておいてください。

2.1 | グリッドシステム

Bootstrapには、コンテンツ（div要素）の配置を自在にコントロールできるグリッドシステムが
用意されています。Bootstrapの要ともいえる機能なので、その仕組みをよく理解しておいてく
ださい。

2.1.1　領域を等分割するブロック配置

本書の冒頭でも紹介したように、Bootstrapにはレイアウトを手軽に指定できる**グリッドシ
ステム**が用意されています。この機能はページ全体を縦に分割したり、ブロックを縦横に配置
してレイアウトを構成したりする場合などに活用できます。まずは、各ブロックを**等分割**して
配置する方法から解説します。

グリッドシステムを使用するときは、はじめに**row**のクラスを適用したdiv要素を作成しま
す。続いて、その中に**col**のクラスを適用したdiv要素を記述し、各ブロックを配置していき
ます。たとえば、領域を3等分するようにブロックを配置するときは、以下のようにHTMLを
記述します。

sample211-01.html `<···> HTML`

```
11  <body>
12
13  <h1>Grid system（等幅に分割）</h1>
14  <div class="row">
15    <div class="col" style="background:#FB8;height:200px;">ブロックA</div>
16    <div class="col" style="background:#FD9;height:200px;">ブロックB</div>
17    <div class="col" style="background:#FB8;height:200px;">ブロックC</div>
18  </div>
19
20  <script src="js/bootstrap.bundle.min.js"></script>
21  </body>
```

　このサンプルの「body要素以外の部分」は、P17に示したHTML（sample123-01.html）と同じです。`<head>` 〜 `</head>` などの記述については、sample123-01.htmlを参照してください。

　このサンプルをブラウザで閲覧すると、図2.1.1-1のようにWebページが表示されます。3つのブロックが**同じ幅**で横に並べられているのを確認できると思います。なお、ここではdiv要素に`style`属性で「背景色」と「高さ」を指定していますが、これらの記述は各ブロックの範囲を見やすくするためのものであり、必須ではありません。

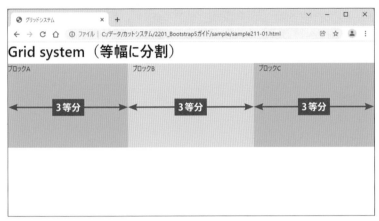

図2.1.1-1　領域を3等分したブロック配置

　もちろん、2等分や4等分などのレイアウトも作成できます。この場合は、「**col**のクラスを適用した`div`要素」を分割する数だけ列記します。

　横一列にブロックを並べるのではなく、複数行にわたって縦横にブロックを配置することも可能です。「**row**を適用した`div`要素」は行に対応しているため、以下のように`row`のクラスを2回繰り返すと、2行構成のレイアウトに仕上げられます。

sample211-02.html

```
13    <h1>Grid system（等幅に分割）</h1>
14    <div class="row">
15      <div class="col" style="background:#FB8;height:200px;">ブロックA</div>
16      <div class="col" style="background:#FD9;height:200px;">ブロックB</div>
17    </div>
18    <div class="row">
19      <div class="col" style="background:#79F;height:200px;">ブロックC</div>
20      <div class="col" style="background:#9BF;height:200px;">ブロックD</div>
21      <div class="col" style="background:#79F;height:200px;">ブロックE</div>
22      <div class="col" style="background:#9BF;height:200px;">ブロックF</div>
23    </div>
```

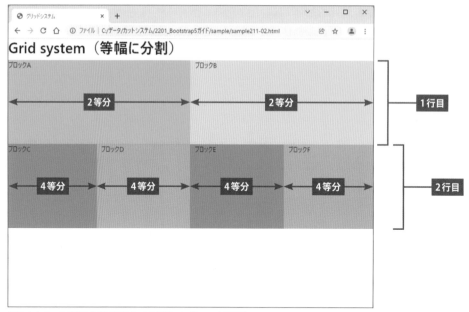

図2.1.1-2　2行構成（2等分と4等分）のブロック配置

　同様の手法で3行以上のレイアウトを作成することも可能です。このようにrowのクラスを何回も繰り返すと、ブロックを縦横に配置したレイアウトを実現できます。

　なお、ここで紹介したサンプルのようにHTMLを記述すると、画面下部にスクロールバーが表示されます。これは「ページ全体の幅」が「ウィンドウ幅」よりも少し大きく設定されてしまうことが原因です。これについては2.1.3項（P35〜38）で詳しく解説するので、とりあえずは無視しておいてください。

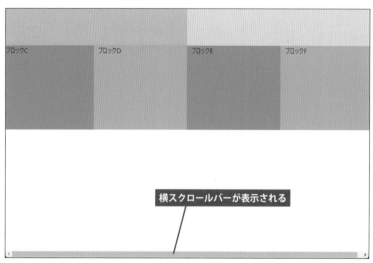

図2.1.1-3　グリッドシステムと横スクロールバー

2.1.2 列数を指定したブロック配置

　各ブロックを等幅で配置するのではなく、幅を**列数**で指定してブロック配置する方法も用意されています。この場合は、ブロックを作成するdiv要素に**col-N**のクラスを適用します。**Nの部分には1〜12の数字**を記述し、この数字で各ブロックの幅を指定します。

　Bootstrapのグリッドシステムは**領域全体を12列で構成**する仕組みになっています。よって、各列の合計が12列になるようにクラスを指定するのが基本です。たとえば、2列分、3列分、7列分の幅でブロックを横に並べるときは、以下のようにHTMLを記述します。

sample212-01.html

```
 14  <div class="row">
 15    <div class="col-2" style="background:#FB8;height:200px;">ブロックA</div>
 16    <div class="col-3" style="background:#FD9;height:200px;">ブロックB</div>
 17    <div class="col-7" style="background:#FB8;height:200px;">ブロックC</div>
 18  </div>
```

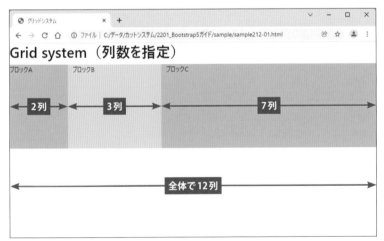

図2.1.2-1　2列－3列－7列のブロック配置

　もちろん、rowのクラスを繰り返して2行以上のグリッド構成にしても構いません。また、**col**と**col-N**のクラスを混在させることも可能です。この場合、col-Nを適用したブロックは「指定した列幅」になり、colを適用したブロックは「残りの幅を等分割」するように配置されます。

　たとえば、以下のようにHTMLを記述すると、2行目の左端のブロックは2列分、右端のブロックは3列分の幅が確保され、中央の2ブロックは3.5列分[※]の幅になります。

※（全体12列－左端2列－右端3列）÷2ブロック＝7／2＝3.5

sample212-02.html

```
14  <div class="row">
15    <div class="col-2" style="background:#FB8;height:200px;">ブロックA</div>
16    <div class="col-3" style="background:#FD9;height:200px;">ブロックB</div>
17    <div class="col-7" style="background:#FB8;height:200px;">ブロックC</div>
18  </div>
19  <div class="row">
20    <div class="col-2" style="background:#79F;height:200px;">ブロックD</div>
21    <div class="col"   style="background:#9BF;height:200px;">ブロックE</div>
22    <div class="col"   style="background:#79F;height:200px;">ブロックF</div>
23    <div class="col-3" style="background:#9BF;height:200px;">ブロックG</div>
24  </div>
```

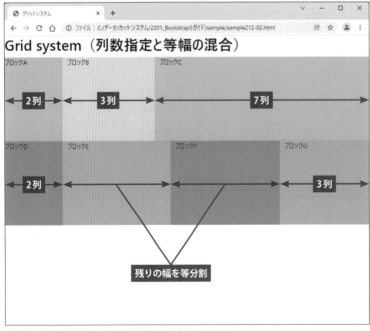

図2.1.2-2　2列－等幅－等幅－3列のブロック配置

　参考までに、列数の合計が12列にならない場合の挙動についても紹介しておきます。少し変則的な使い方になりますが、この挙動を応用できるケースもあるので、ぜひ覚えておいてください。

■合計幅が12列より少ない場合

　不足している分だけ右側に空白が設けられます。たとえば、5列－3列の2ブロックを配置した場合は、右端に4列分の空白が設けられます。

sample212-03.html

```
    ⋮
14  <div class="row">
15    <div class="col-5" style="background:#FB8;height:200px;">ブロックA</div>
16    <div class="col-3" style="background:#FD9;height:200px;">ブロックB</div>
17  </div>
    ⋮
```

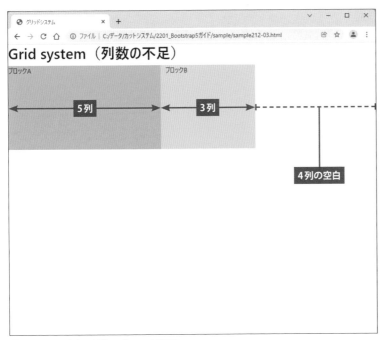

図2.1.2-3　5列－3列のブロック配置

■合計幅が12列より多い場合

　行内に収まらないブロックは、次の行に送られて配置されます。たとえば、8列－3列－3列－2列の4ブロックを配置した場合は、合計12列を超える後半の2ブロックが次の行へ送られて配置されます。

sample212-04.html

```
14  <div class="row">
15    <div class="col-8" style="background:#FB8;height:200px;">ブロックA</div>
16    <div class="col-3" style="background:#FD9;height:200px;">ブロックB</div>
17    <div class="col-3" style="background:#FB8;height:200px;">ブロックC</div>
18    <div class="col-2" style="background:#FD9;height:200px;">ブロックD</div>
19  </div>
```

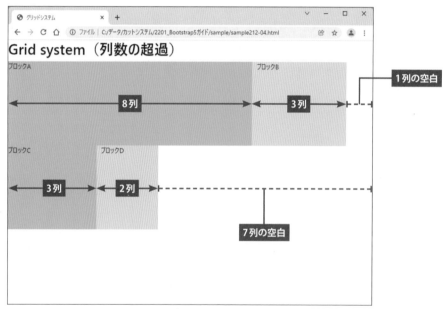

図2.1.2-4　8列－3列－3列－2列のブロック配置

■w-100のクラスを使った強制改行

　指定した位置で強制的に改行してブロックを配置する方法もあります。この場合は、強制改行する位置にw-100のクラスを適用したdiv要素を挿入します。このテクニックは、見た目を複数行のレイアウトにしながら、構文的には1行のグリッドシステムとして記述したい場合に活用できます。

sample212-05.html

```
14  <div class="row">
15    <div class="col-8" style="background:#FB8;height:200px;">ブロックA</div>
16    <div class="w-100"></div>
17    <div class="col-3" style="background:#FD9;height:200px;">ブロックB</div>
18    <div class="col-3" style="background:#FB8;height:200px;">ブロックC</div>
19    <div class="col-2" style="background:#FD9;height:200px;">ブロックD</div>
20  </div>
```

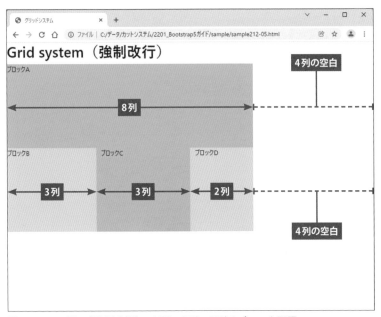

図2.1.2-5　8列－（強制改行）－3列－3列－2列のブロック配置

要素の幅を指定するクラス ⊗

　w-100のクラスは、要素を幅100%（width:100%）に指定するクラスです。この
クラスを上記のように活用すると、「幅100%、高さ0のdiv要素」が挿入され、そ
の結果としてブロックの配置が強制改行されます。なお、w-100と同様のクラスと
して、**w-25**（幅25%）、**w-50**（幅50%）、**w-75**（幅75%）といったクラスも用意さ
れています。

■**row-cols-N**を使った強制改行

　rowの後に**row-cols-N**のクラスを追加して強制改行する方法も用意されています。この場合は「**col**を適用した**div**要素」の個数に関係なく、**N等分した幅**でブロックが配置されます。**N**の部分には**1〜6の数字**を指定できます。ただし、**col-N**で幅を指定したブロックは、「指定した列数分の幅」で表示されることに注意してください。

```html
     ⋮
14  <div class="row row-cols-3">
15    <div class="col" style="background:#FB8;height:200px;">ブロックA</div>
16    <div class="col" style="background:#FD9;height:200px;">ブロックB</div>
17    <div class="col" style="background:#FB8;height:200px;">ブロックC</div>
18    <div class="col" style="background:#FD9;height:200px;">ブロックD</div>
19    <div class="col-6" style="background:#FB8;height:200px;">ブロックE</div>
20  </div>
     ⋮
```

sample212-06.html

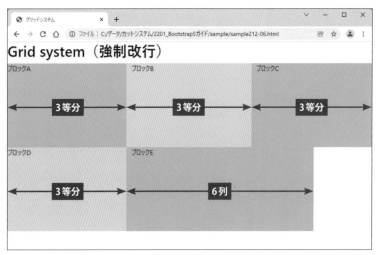

図2.1.2-6　row-cols-3を使ったブロック配置

---

row-cols-autoのクラス

　rowの後に**row-cols-auto**のクラスを追加する方法もあります。この場合は「各ブロックの幅」が内容に合わせて自動的に調整されます。

　※**row-cols-auto**のクラスには、「**flex:0 0 auto**」と「**width:auto**」のCSSが指定されています。

2.1.3 コンテナの適用

これまでの解説でグリッドシステムの基本的な使い方を理解できたと思います。ただし、グリッドシステムを使用したときに「ページ全体の幅」が「ウィンドウ幅」より大きくなってしまうのが何とも不可解です。

実は、これまでに解説してきたグリッドシステムの使い方は、厳密には正しい記述方法とはいえません。というのも、グリッドシステムを使用するときは、その範囲を**container**または**container-fluid**のクラスで囲む決まりになっているからです。

containerならびにcontainer-fluidのクラスには、**左右に余白を設けてページ中央に配置する**といった書式が指定されています。まずは簡単な例から示していきましょう。以下は、「通常の場合」と「container-fluidのクラスで囲んだ場合」について、h1要素の表示を比較した例です。各々のh1要素は、範囲が分かりやすいようにstyle属性で「背景色」を指定してあります。

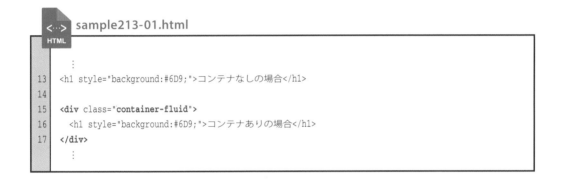

sample213-01.html

```
    ⋮
13  <h1 style="background:#6D9;">コンテナなしの場合</h1>
14
15  <div class="container-fluid">
16    <h1 style="background:#6D9;">コンテナありの場合</h1>
17  </div>
    ⋮
```

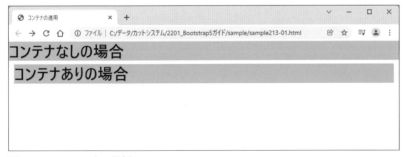

図2.1.3-1　コンテナの役割

この結果を見ると、container-fluidのクラスで囲んだh1要素には、左右に余白が設けられているのを確認できます。このように、containerやcontainer-fluidは、左右に余白を設けたい場合に適用するクラスとなります。

　たとえば、ページ全体をウィンドウ中央に配置したいときは、ページ全体をdiv要素で囲み、このdiv要素に内部余白を指定します。このような場合にcontainerやcontainer-fluidのクラスを活用できます

　ここからはグリッドシステムに話を戻して解説を進めていきます。前述したように、グリッドシステムを使用するときは、その範囲をcontainerまたはcontainer-fluidのクラスで囲む決まりになっています。この決まりに従うと、グリッドシステムを使用するときは、以下のようにHTMLを記述するのが正しい使い方になります。今回の例では、ページ全体をcontainer-fluidのクラスで囲んでいます。

sample213-02.html

```
13  <div class="container-fluid">        <!-- 全体を囲むコンテナ -->
14    <h1 style="background:#6D9;">Grid system（コンテナあり）</h1>
15    <div class="row">
16      <div class="col-8" style="background:#FB8;height:200px;">ブロックA</div>
17      <div class="col-4" style="background:#FD9;height:200px;">ブロックB</div>
18    </div>
19    <div class="row">
20      <div class="col-3" style="background:#79F;height:200px;">ブロックC</div>
21      <div class="col-3" style="background:#9BF;height:200px;">ブロックD</div>
22      <div class="col-6" style="background:#79F;height:200px;">ブロックE</div>
23    </div>
24  </div>           <!-- 全体を囲むコンテナ -->
```

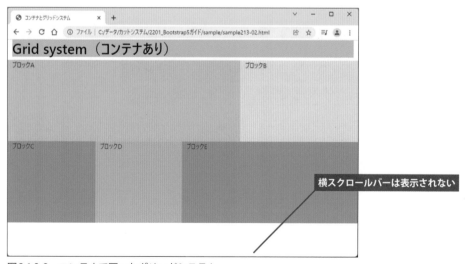

図2.1.3-2　コンテナで囲ったグリッドシステム

　この場合は「ページ全体の幅」と「ウィンドウ幅」が等しくなるため、画面下部にスクロールバーは表示されません。

　ページ全体をcontainer-fluidのクラスで囲っているのだから「グリッドシステムの部分も左右に余白が設けられるはず……」と思うかもしれませんが、そのような結果にはなりません。この仕組みを理解するには、「bootstrap.css」をテキストエディターで開いて、CSSの記述内容を確認しておく必要があります。

bootstrap.css

```
          ⋮
624  .container,
625  .container-fluid,
626  .container-xxl,
627  .container-xl,
628  .container-lg,
629  .container-md,
630  .container-sm {
631    width: 100%;
632    padding-right: var(--bs-gutter-x, 0.75rem);
633    padding-left: var(--bs-gutter-x, 0.75rem);
634    margin-right: auto;
635    margin-left: auto;
636  }
          ⋮

          ⋮
663  .row {
664    --bs-gutter-x: 1.5rem;
665    --bs-gutter-y: 0;
666    display: flex;
667    flex-wrap: wrap;
668    margin-top: calc(-1 * var(--bs-gutter-y));
669    margin-right: calc(-0.5 * var(--bs-gutter-x));
670    margin-left: calc(-0.5 * var(--bs-gutter-x));
671  }
          ⋮
```

　container-fluidのクラスには左右のpaddingが指定されています。その値はCSS変数bs-gutter-xと同じ値、もしくは**0.75rem**（CSS変数が未定義の場合）です。

　一方、rowのクラスには左右のmarginが指定されており、その値はCSS変数**bs-gutter-x**のマイナス0.5倍です。CSS変数bs-gutter-xの値は1.5remに定義されているため（664行目）、そのマイナス0.5倍である**0.75rem**のネガティブマージンが指定されることになります。つまり、rowのクラスを適用すると、左右に0.75remだけ領域が広げられることになります。

　多くのブラウザは1rem＝16pxに初期設定されています。このため、0.75remは**12px**と考えることもできます。これらを踏まえると、左右の余白に関する挙動は以下のように要約できます。

■ `container-fluid`（または`container`）を適用
　左右に0.75rem（12px）の内余白（padding）が設けられる

■ `row`を適用
　領域が左右に0.75rem（12px）だけ拡張される

■ `container-fluid`（または`container`）で囲み、`row`を適用
　内余白（padding）が「領域の拡張」により相殺され、見た目の余白は0になる

　こういった仕組みをよく理解していないと、予想外のトラブルを招く恐れがあります。グリッドシステムを使用するときは、その範囲を`container`または`container-fluid`のクラスで囲み、さらに各行を`row`のクラスで囲むのが基本です。

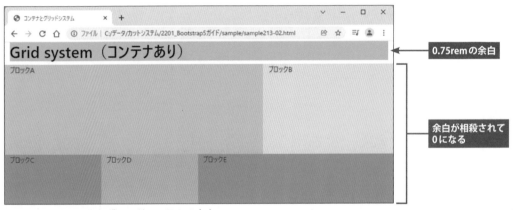

図2.1.3-3　コンテナとグリッドシステムの余白

▼ Bootstrap 4 からの変更点

ガターの改変について

　Bootstrap 4では、「`container`などの内余白」や「`row`のネガティブマージン」が単純に15pxと指定されていました。Bootstrap 5では、これらの指定単位がremになり、標準で0.75rem（12px）に改変されました。このため、ブロック間の溝（ガター）が少し狭くなっています。
　なお、Bootstrap 5には、ガターの幅を変更するクラスも用意されています。これについてはP62〜65で詳しく解説します。

2.1.4　containerとcontainer-fluidの違い　New

　続いては、**container**と**container-fluid**の違いについて解説します。いずれも「左右に0.75remの余白を設けて中央に配置するクラス」となりますが、どちらを適用するかでページレイアウトは大きく変化します。

　まずは、**container-fluid**について解説します。このクラスは「ウィンドウ幅」に応じて「内部の幅」を変化させたい場合に使用します。具体的な例で見ていきましょう。

　以下は、ページ全体をcontainer-fluidのクラスで囲み、「h1要素」と「3列－4列－5列のグリッドシステム」を配置した例です。

　このHTMLファイルをブラウザで開いてウィンドウ幅を変化させていくと、「ウィンドウ幅」に応じて「内部の幅」が変化していくのを確認できます。h1要素の左右には0.75remの余白が設けられています。一方、グリッドシステムの部分はrowのクラスにより余白が相殺されるため、左右の余白は0になります。この仕組みは2.1.3項で解説したとおりです。

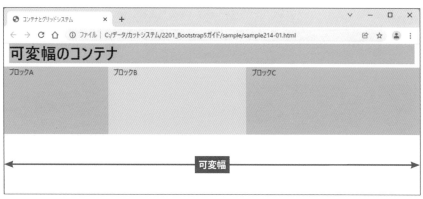

図2.1.4-1　可変幅のコンテナ（sample214-01.html）

　続いては、**container**のクラスでページ全体を囲んだ場合の例を示します。containerは「内部の幅」を固定して中央に配置するときに使用します。ただし、その挙動は少し複雑です。

```
    :
13  <div class="container">        <!-- 全体を囲むコンテナ -->
14    <h1 style="background:#6D9;">固定幅のコンテナ</h1>
15    <div class="row">
16      <div class="col-3" style="background:#FB8;height:150px;">ブロックA</div>
17      <div class="col-4" style="background:#FD9;height:150px;">ブロックB</div>
18      <div class="col-5" style="background:#FB8;height:150px;">ブロックC</div>
19    </div>
20  </div>          <!-- 全体を囲むコンテナ -->
    :
```

　先ほどと同様に、HTMLファイルをブラウザで開いてウィンドウ幅を変化させていきます。ウィンドウ幅が小さいうちは「ウィンドウ幅」に応じて「内部の幅」が変化し、ある一定のラインを超えると「内部の幅」が固定されるのを確認できると思います。

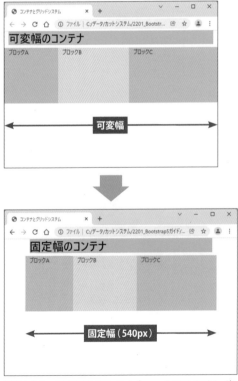

図2.1.4-2　固定幅のコンテナ（sample214-02.html）

さらに「ウィンドウ幅」を大きくしていくと、「内部の幅」が段階的に大きくなっていくのを確認できます。

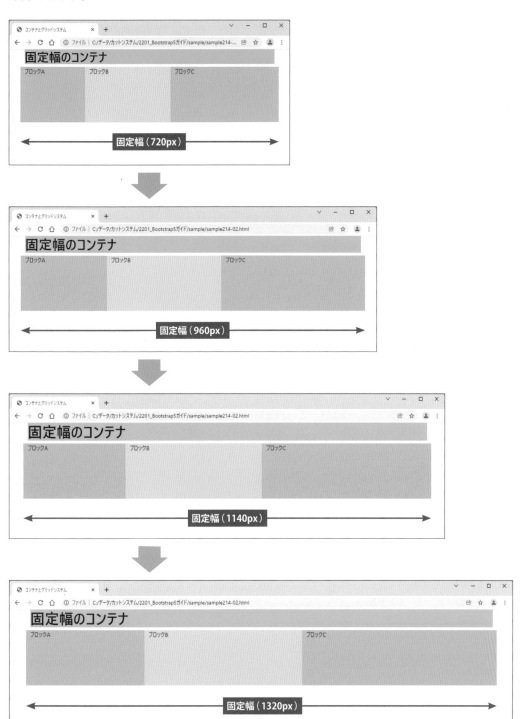

図2.1.4-3 固定幅のコンテナ

　このように、containerのクラスを適用した場合は、その内部が段階的な固定幅で表示される仕組みになっています。より詳しく解説すると、「ウィンドウ幅」（Webページの表示幅）に応じて「内部の幅」が以下のように変化する仕組みになっています。

■ **ウィンドウ幅：576px未満**
　　　内部の幅：ウィンドウ幅と同じ（100％）

■ **ウィンドウ幅：576 〜 768px未満**
　　　内部の幅：540px

■ **ウィンドウ幅：768 〜 992px未満**
　　　内部の幅：720px

■ **ウィンドウ幅：992 〜 1200px未満**
　　　内部の幅：960px

■ **ウィンドウ幅：1200 〜 1400px未満**
　　　内部の幅：1140px

■ **ウィンドウ幅：1400px以上**
　　　内部の幅：1320px

　ただし、グリッドシステムを使用していない部分（rowのクラスを適用していない要素）は、左右に0.75remずつ余白が設けられるため、実際の表示幅は上記に示した「内部の幅」より1.5rem（24px）だけ小さくなります。

　containerとcontainer-fluidのどちらを使用するかは、制作するWebサイトのデザインに応じて決定します。ウィンドウ幅に連動させる場合はcontainer-fluid、「内部の幅」を固定する場合はcontainerを使用します。ただし、containerのクラスを適用しても、固定幅は段階的に変化していくことを忘れないようにしてください。

頻発するdiv要素への対策

　　コンテナを使ってページ全体を囲むと、ただでさえ頻発しがちなdiv要素がさらに1組増えることになり、</div>の書き忘れなどのトラブルが発生しやすくなります。このようなトラブルを避けるには、ページ全体を囲むdiv要素にコメントを追加しておくとよいでしょう。

Bootstrap 5のブレイクポイント

Bootstrap 4のブレイクポイントは576px / 768px / 992px / 1200pxの4カ所でした。Bootstrap 5では新たに1400pxのブレイクポイントが新設されたため、containerのクラスにより指定される「内部の幅」も以下のように変更されています。

■containerのクラスにより指定される「内部の幅」

ウィンドウ幅 （画面サイズ）	0px〜	576px〜	768px〜	992px〜	1200px〜	1400px〜
Bootstrap 4	100%	540px	720px	960px	1140px	
Bootstrap 5	100%	540px	720px	960px	1140px	1320px

2.1.5 グリッドシステムの入れ子（ネスト）

グリッドシステムを使って配置したブロック内に「新しいグリッドシステム」を構築することも可能です。つまり、**グリッドシステムの入れ子（ネスト）**にも対応していることになります。なお、この場合は「内側のグリッドシステム」も幅が12列に分割されることに注意してください。

具体的な例で見ていきましょう。次ページに示したsample215-01.htmlは、グリッドシステムを使って9列－3列のブロック配置を行い、さらに1番目のブロック（幅9列のブロック）の中に「新しいグリッドシステム」を構築した例です。

「内側のグリッドシステム」は3行構成になっており、1行目は12列のブロック、2行目は6列－3列－3列のブロック、3行目は3つのブロックが等幅で配置されています。

なお、各ブロックの範囲が分かりやすいように、「外側のグリッドシステム」には枠線（border）、「内側のグリッドシステム」には背景色（background）の書式を指定してあります。また、この例はページ全体をcontainer（固定幅）のクラスで囲っています。

sample215-01.html

```
11  <body>
12
13  <div class="container">        <!-- 全体を囲むコンテナ -->
14
15  <h1>Grid system（ネスト）</h1>
16    <div class="row">
17      <div class="col-9" style="border:solid 1px #000;height:650px;">
18        <div class="row">
19          <div class="col-12" style="background:#6D9;height:200px"><h2>新着情報</h2></div>
20        </div>
21        <div class="row">
22          <div class="col-6" style="background:#FB8;height:150px;">商品A</div>
23          <div class="col-3" style="background:#FD9;height:150px;">商品B</div>
24          <div class="col-3" style="background:#FB8;height:150px;">商品C</div>
25        </div>
26        <div class="row">
27          <div class="col" style="background:#79F;height:150px;">商品D</div>
28          <div class="col" style="background:#9BF;height:150px;">商品E</div>
29          <div class="col" style="background:#79F;height:150px;">商品F</div>
30        </div>
31      </div>
32      <div class="col-3" style="border:solid 1px #000;height:650px;">
33        <h2>Side Bar</h2>
34      </div>
35    </div>
36
37  </div>          <!-- 全体を囲むコンテナ -->
38
39  <script src="js/bootstrap.bundle.min.js"></script>
40  </body>
```

　このように少し複雑なレイアウトを実現したいときは、グリッドシステムを入れ子にして記述します。このとき「**内側のグリッドシステム**」も**12列に分割される**ことに注意してください。よって、「内側のグリッドシステム」も各行の合計が12列になるように列幅を指定するのが基本です。次ページに、sample215-01.htmlをブラウザで表示した様子を紹介しておくので参考にしてください。

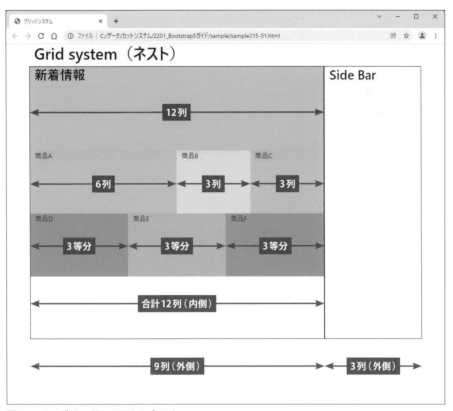

図2.1.5-1　グリッドシステムのネスト

2.1.6　行内のブロック配置 `New`

　続いては、行内のブロック配置を変更する方法を紹介します。P31で解説したように、ブロック幅の合計が12列より少なかった場合は、各ブロックが**左揃え**で配置されます。この配置を**中央揃え**や**右揃え**に変更することも可能です。各行のブロック配置を変更するときは、rowの後に以下のクラスを追加します。

```
justify-content-start
```　……………………　左揃え（初期値）
```
justify-content-center
```　………………　中央揃え
```
justify-content-end
```　………………………　右揃え

　具体的な例で見ていきましょう。次ページに示した例は、各行の合計が8列（3列＋2列＋3列）しかないため、4列分の空白が生じます。このような場合に、「どこに揃えてブロックを配置するか？」を指定するのが`justify-content-xxxxx`です。

sample216-01.html

```html
          ⋮
13  <div class="container-fluid">          <!-- 全体を囲むコンテナ -->
14    <h1>Grid System（横方向の配置）</h1>
15    <div class="row justify-content-start">
16      <div class="col-3" style="background:#FB8;height:150px;">ブロックA</div>
17      <div class="col-2" style="background:#FD9;height:150px;">ブロックB</div>
18      <div class="col-3" style="background:#FB8;height:150px;">ブロックC</div>
19    </div>
20    <div class="row justify-content-center">
21      <div class="col-3" style="background:#79F;height:150px;">ブロックD</div>
22      <div class="col-2" style="background:#9BF;height:150px;">ブロックE</div>
23      <div class="col-3" style="background:#79F;height:150px;">ブロックF</div>
24    </div>
25    <div class="row justify-content-end">
26      <div class="col-3" style="background:#6D9;height:150px;">ブロックG</div>
27      <div class="col-2" style="background:#BFA;height:150px;">ブロックH</div>
28      <div class="col-3" style="background:#6D9;height:150px;">ブロックI</div>
29    </div>
30  </div>          <!-- 全体を囲むコンテナ -->
          ⋮
```

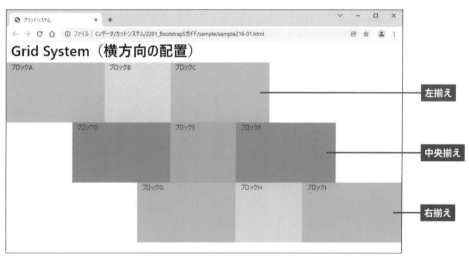

図2.1.6-1　行内の配置（左揃え／中央揃え／右揃え）

そのほか、各ブロックを**等間隔**で配置するクラスも用意されています。

justify-content-between ⋯⋯⋯⋯ 各ブロックを等間隔で配置（両端はブロック）
justify-content-evenly ⋯⋯⋯⋯ 各ブロックを等間隔で配置（両端は間隔）
justify-content-around ⋯⋯⋯⋯ 各ブロックの左右に均等の間隔

以下に、これらのクラスを適用した例を紹介しておくので、それぞれのブロック配置を把握するときの参考にしてください。

sample216-02.html

```
 :
13  <div class="container-fluid">        <!-- 全体を囲むコンテナ -->
14    <h1>Grid System（横方向の配置）</h1>
15    <div class="row justify-content-between">
16      <div class="col-3" style="background:#FB8;height:150px;">ブロックA</div>
17      <div class="col-2" style="background:#FD9;height:150px;">ブロックB</div>
18      <div class="col-3" style="background:#FB8;height:150px;">ブロックC</div>
19    </div>
20    <div class="row justify-content-evenly">
21      <div class="col-3" style="background:#79F;height:150px;">ブロックD</div>
22      <div class="col-2" style="background:#9BF;height:150px;">ブロックE</div>
23      <div class="col-3" style="background:#79F;height:150px;">ブロックF</div>
24    </div>
25    <div class="row justify-content-around">
26      <div class="col-3" style="background:#6D9;height:150px;">ブロックG</div>
27      <div class="col-2" style="background:#BFA;height:150px;">ブロックH</div>
28      <div class="col-3" style="background:#6D9;height:150px;">ブロックI</div>
29    </div>
30  </div>          <!-- 全体を囲むコンテナ -->
 :
```

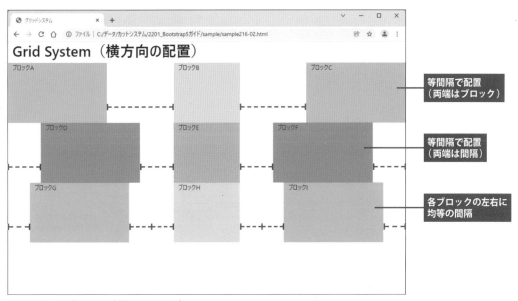

図2.1.6-2　行内の配置（等間隔で配置）

　さらに、行内の縦方向の配置を指定するクラスも用意されています。これらのクラスは、各ブロックの「高さ」が異なる場合に活用できます。

　　align-items-start ……………… 上揃え（初期値）
　　align-items-center …………… 上下中央揃え
　　align-items-end ………………… 下揃え

sample216-03.html

```
 13  <div class="container-fluid">          <!-- 全体を囲むコンテナ -->
 14    <h1>Grid System（縦方向の配置）</h1>
 15    <div class="row align-items-start">
 16      <div class="col-5" style="background:#FB8;height:130px;">ブロックA</div>
 17      <div class="col-4" style="background:#FD9;height:100px;">ブロックB</div>
 18      <div class="col-3" style="background:#FB8;height: 70px;">ブロックC</div>
 19    </div>
 20    <div class="row align-items-center">
 21      <div class="col-5" style="background:#79F;height:130px;">ブロックD</div>
 22      <div class="col-4" style="background:#9BF;height:100px;">ブロックE</div>
 23      <div class="col-3" style="background:#79F;height: 70px;">ブロックF</div>
 24    </div>
 25    <div class="row align-items-end">
 26      <div class="col-5" style="background:#6D9;height:130px;">ブロックG</div>
 27      <div class="col-4" style="background:#BFA;height:100px;">ブロックH</div>
 28      <div class="col-3" style="background:#6D9;height: 70px;">ブロックI</div>
 29    </div>
 30  </div>          <!-- 全体を囲むコンテナ -->
```

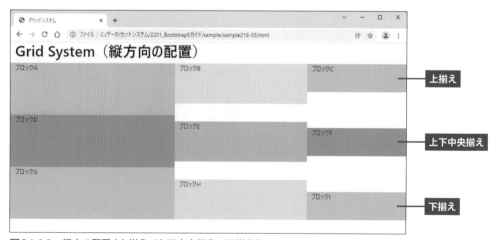

図2.1.6-3　行内の配置（上揃え／上下中央揃え／下揃え）

　各ブロックに対して**縦方向の配置**を個別に指定するクラスも用意されています。これらのクラスは、各ブロックを示すdiv要素（colやcol-N）に追加します。

　　align-self-start ······················ そのブロックを上揃えで配置
　　align-self-center ················ そのブロックを上下中央揃えで配置
　　align-self-end ·························· そのブロックを下揃えで配置

　こちらも具体的な例を示しておきましょう。今回の例では、各行の範囲を把握しやすいように枠線を描画してあります。「行の高さ」を指定しなかった場合は、その行内にある「最も高さの大きいブロック」が行の高さの基準になります。

sample216-04.html

```
13  <div class="container">        <!-- 全体を囲むコンテナ -->
14    <h1>Grid System （縦方向の配置）</h1>
15    <div class="row" style="height:180px;border:solid 1px #000;">
16      <div class="col-5 align-self-start"   style="background:#FB8;height:90px;">ブロックA</div>
17      <div class="col-4 align-self-center" style="background:#FD9;height:90px;">ブロックB</div>
18      <div class="col-3 align-self-end"    style="background:#FB8;height:90px;">ブロックC</div>
19    </div>
20    <div class="row" style="border:solid 1px #000;">
21      <div class="col-5 align-self-start"   style="background:#79F;height:180px;">ブロックD</div>
22      <div class="col-4 align-self-center" style="background:#9BF;height:100px;">ブロックE</div>
23      <div class="col-3 align-self-end"    style="background:#79F;height:100px;">ブロックF</div>
24    </div>
25  </div>        <!-- 全体を囲むコンテナ -->
```

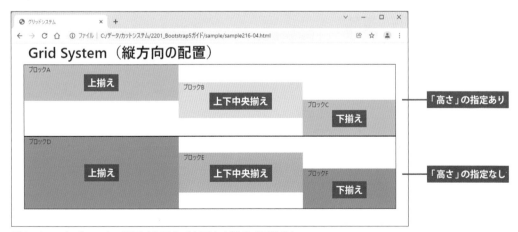

図2.1.6-4　各ブロックの配置（上揃え／上下中央揃え／下揃え）

　続いては、間隔を空けてブロックを配置する方法を紹介します。各ブロックのdiv要素に**offset-N**というクラスを追加すると、**ブロックの左側に間隔を設ける**ことができます。**N**の部分には1〜11の数字を記述して「間隔の幅」を列数で指定します。以下は、offset-Nのクラスを利用して市松模様のようにブロックを配置した例です。

sample217-01.html

```
13  <div class="container-fluid">          <!-- 全体を囲むコンテナ -->
14    <h1>Grid System（間隔の指定）</h1>
15    <div class="row">
16      <div class="col-3"          style="background:#FB8;height:150px;">ブロックA</div>
17      <div class="col-3 offset-3" style="background:#FD9;height:150px;">ブロックB</div>
18    </div>
19    <div class="row">
20      <div class="col-3 offset-3" style="background:#79F;height:150px;">ブロックC</div>
21      <div class="col-3 offset-3" style="background:#9BF;height:150px;">ブロックD</div>
22    </div>
23    <div class="row">
24      <div class="col-3"          style="background:#6D9;height:150px;">ブロックE</div>
25      <div class="col-3 offset-3" style="background:#BFA;height:150px;">ブロックF</div>
26    </div>
27  </div>          <!-- 全体を囲むコンテナ -->
```

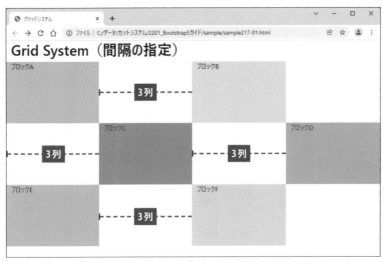

図2.1.7-1　ブロック左側の間隔の指定

　グリッドシステムの1行目にある「ブロックB」には、offset-3のクラスが追加されています。このため、左側に「3列分の間隔」を設けた状態で「ブロックB」が配置されます。3行目の「ブロックF」も同様です。2行目にある「ブロックC」と「ブロックD」は、両方にoffset-3のクラスが追加されています。よって、各ブロックの左側に「3列分の間隔」が設けられます。

　もちろん、offset-Nに3以外の数字を記述しても構いません。たとえば、offset-5を指定すると「5列分の間隔」をブロックの左側に設けることができます。

　また、**ms-auto**や**me-auto**のクラスを利用してブロックの配置を調整する方法も用意されています。これらのクラスには、それぞれ以下の書式が指定されています。

> **ms-auto** ┈┈┈┈┈ margin-left:auto（右寄せ）
>
> **me-auto** ┈┈┈┈┈ margin-right:auto（左寄せ）

　これらのクラスは、間隔を列数で指定するのではなく、「右寄せ」や「同じ幅の間隔」を指定する場合に活用できます。以下に、簡単な例を示しておくので参考にしてください。

<···> HTML sample217-02.html

```
       ⋮
15  <div class="row">
16    <div class="col-3"        style="background:#FB8;height:150px;">ブロックA</div>
17    <div class="col-3 ms-auto" style="background:#FD9;height:150px;">ブロックB</div>
18  </div>
19  <div class="row">
20    <div class="col-3 ms-auto" style="background:#79F;height:150px;">ブロックC</div>
21    <div class="col-3 ms-auto" style="background:#9BF;height:150px;">ブロックD</div>
22  </div>
23  <div class="row">
24    <div class="col-3 ms-auto" style="background:#6D9;height:150px;">ブロックE</div>
25    <div class="col-3 me-auto" style="background:#BFA;height:150px;">ブロックF</div>
26  </div>
       ⋮
```

クラス名の変更　　　　　　　　　　　　　　　　　　　▼Bootstrap 4からの変更点

　Bootstrap 5は「右から左に記述する言語」にも対応するようになりました。それに伴い、ml-autoは**ms-auto**に、mr-autoは**me-auto**にクラス名が変更されています。方向を示す文字が、**l**（左）→**s**（開始）、**r**（右）→**e**（終了）に変更されていることに注意してください。

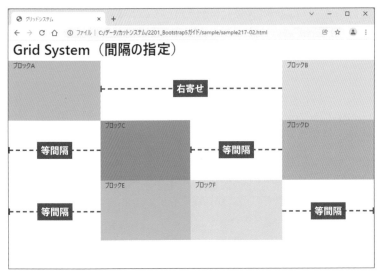

図2.1.7-2　marginを利用したブロック間隔の指定

　「ブロックB」にはms-autoのクラスが追加されているため、margin-left:autoの書式が指定されます。その結果、「ブロックB」は右寄せで配置されます。

　2行目にある「ブロックC」と「ブロックD」は、両方にms-autoのクラスが追加されています。この場合は、各ブロックの左側に「同じ幅の間隔」が設けられます。

　3行目では、「ブロックE」にms-auto、「ブロックF」にme-autoが追加されています。よって、「ブロックE」は左側、「ブロックF」は右側に「同じ幅の間隔」が設けられます。

　ms-autoやme-autoの利点は、列数を計算しなくても思い通りに配置を調整できることです。また、間隔の列数が整数にならない場合にもms-autoやme-autoが活用できます。たとえば、先ほどの例で「ブロックF」の幅を4列分に変更すると、左右に2.5列分の間隔を設けることができます。

※offset-Nは、整数の列幅（間隔）しか指定できません。

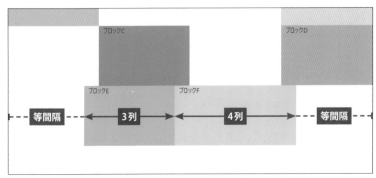

図2.1.7-3　間隔の列幅が整数にならない場合

2.1.8 ブロックを並べる順番

各行内でブロックの並び順を入れ替える **order-N** というクラスも用意されています。**N**の部分には1～5の数字を記述して各ブロックの並び順を指定します。

たとえば、以下の例のようにHTMLを記述すると、div要素を記述した順番ではなく、**order-N**の数字が小さい順に各ブロックが配置されます。

sample218-01.html

```
13  <div class="container-fluid">        <!-- 全体を囲むコンテナ -->
14    <h1>Grid System（並べ替え）</h1>
15    <div class="row">
16      <div class="col-6 order-3" style="background:#FD9;height:200px;">商品A</div>
17      <div class="col-3 order-1" style="background:#9BF;height:200px;">商品B</div>
18      <div class="col-3 order-2" style="background:#BFA;height:200px;">商品C</div>
19    </div>
20  </div>            <!-- 全体を囲むコンテナ -->
```

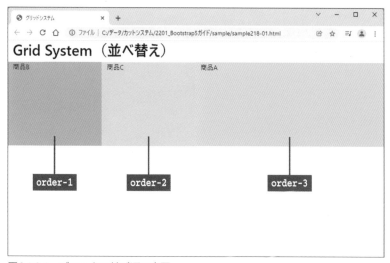

図2.1.8-1　ブロックの並び順の変更

この例を見たときに、「わざわざ面倒な処理をせずに、表示する順番でHTMLを記述すればよいのに……」と思った方もいるかもしれません。確かに、このような記述方法はトラブルを招く原因になりかねません。しかし、レスポンシブWebデザインにおいては大きな意味を持つ場合があります。

　たとえば「商品A」を目立たせたい場合に、パソコンでは「他の商品より大きく表示する」、スマートフォンでは「一番最初に表示する」といったレイアウトを採用する場合があります。このとき、「パソコン」と「スマートフォン」で商品の並び順を入れ替えなければならないケースもあるでしょう。このような場合にorder-Nのクラスが役立ちます。

※先ほどの例をレスポンシブWebデザインに対応させるには、画面サイズに応じたクラスを適用する必要があります。これについは2.2節で詳しく解説します。

図2.1.8-2　レスポンシブWebデザインのイメージ

　order-Nのクラスは頻繁に利用するものではありませんが、レイアウトの自由度を高めることができるので、ぜひ使い方を覚えておいてください。
　そのほか、**order-first**や**order-last**のクラスを使って並び順を指定する方法も用意されています。

　　order-first ················· 最初に表示
　　order-last ················· 最後に表示

　これらのクラスはorder-Nよりも優先されるため、order-1やorder-5のクラスが混在していた場合、その並び順は、

　　order-first → order-1 → order-2 → …… → order-5 → order-last

という順番になります。こちらも合わせて覚えておいてください。

order-0 のクラスも利用可能 ⊗

　ここで紹介したクラスのほかに、**order-0** というクラスを利用することも可能です。このクラスは、order-1 よりも前、order-first よりも後にブロックを配置するクラスとなります。

　order-N のクラスは、CSS の order プロパティにより各ブロックの並び順を指定しています。その書式指定は、order-0 が order:0、order-1 が order:1、……、order-5 が order:5 となっており、order-first のクラスには order:-1、order-last のクラスには order:6 の書式が指定されています。

▼ Bootstrap 4 からの変更点

order-N の仕様変更

　Bootstrap 4 では、order-N の N の部分に 1 ～ 12 の数字（並び順）を指定できました。Bootstrap 5 では、この仕様が変更され、N の部分に指定できる数字が 1 ～ 5 に制限されています。よって、order-6 以降のクラスは使えません。注意するようにしてください。

2.1.9　画像の挿入とガターの変更　New

　続いては、グリッドシステムを使って配置したブロック内に**画像**を表示するときの注意点について説明します。

　Bootstrap のグリッドシステムは、ブラウザの「ウィンドウ幅」に応じて「ブロックの幅」も変化する仕組みになっています。全体を container のクラスで囲んで固定幅にした場合も、「ウィンドウ幅」に応じて固定幅が段階的に変化していくため、各ブロックの幅が「何ピクセルになるか？」を断定することはできません。

　具体的な例で見ていきましょう。次ページに示した HTML は、6 列－ 3 列－ 3 列のブロック配置をグリッドシステムで作成した例です。これまでの例と同様に、各ブロックには「背景色」と「高さ」の書式を指定し、ブロックの範囲を分かりやすくしてあります。

sample219-01.html
HTML

```
      ┊
13  <div class="container">        <!-- 全体を囲むコンテナ -->
14
15    <h1>Grid System（画像の挿入）</h1>
16    <div class="row">
17      <div class="col-6" style="background:#FD9;height:350px;"></div>
18      <div class="col-3" style="background:#9BF;height:350px;"></div>
19      <div class="col-3" style="background:#BFA;height:350px;"></div>
20    </div>
21
22  </div>          <!-- 全体を囲むコンテナ -->
      ┊
```

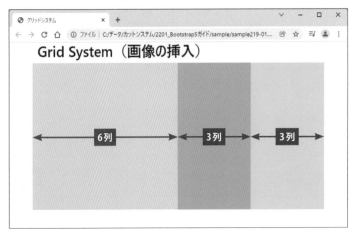

図2.1.9-1　6列－3列－3列のブロック配置

　続いて、各ブロック内にimg要素で画像を挿入していきます。このHTMLの記述は、以下のようになります。

sample219-02.html
HTML

```
      ┊
13  <div class="container">          <!-- 全体を囲むコンテナ -->
14
15    <h1>Grid System（画像の挿入）</h1>
16    <div class="row">
17      <div class="col-6" style="background:#FD9;height:350px;">
18        <img src="img/lighthouse-1.jpg">
19      </div>
```

```
20      <div class="col-3" style="background:#9BF;height:350px;">
21        <img src="img/lighthouse-2.jpg">
22      </div>
23      <div class="col-3" style="background:#BFA;height:350px;">
24        <img src="img/lighthouse-3.jpg">
25      </div>
26    </div>
27
28  </div>          <!-- 全体を囲むコンテナ -->
      ⋮
```

　これをブラウザで閲覧すると、各ブロックから画像がはみ出して表示されるのを確認できます。これは「ブロックのサイズ」より「画像サイズ」の方が大きいことが原因です。画像サイズを小さくすれば解決できる問題のようにも見えますが、「ブロックの幅」は「ウィンドウ幅」に応じて変化してしまうため、最適な画像サイズを求めることはできません。

図2.1.9-2　各ブロックに画像を配置した様子

　このような場合に活用できるのが**img-fluid**というクラスです。img要素にimg-fluidのクラスを適用すると、「ブロックの幅」に合わせて画像を縮小表示できるようになります。

```
      ⋮
13  <div class="container">        <!-- 全体を囲むコンテナ -->
14
15    <h1>Grid System（画像の挿入）</h1>
16    <div class="row">
17      <div class="col-6" style="background:#FD9;height:350px;">
18        <img src="img/lighthouse-1.jpg" class="img-fluid">
19      </div>
20      <div class="col-3" style="background:#9BF;height:350px;">
21        <img src="img/lighthouse-2.jpg" class="img-fluid">
22      </div>
23      <div class="col-3" style="background:#BFA;height:350px;">
24        <img src="img/lighthouse-3.jpg" class="img-fluid">
25      </div>
26    </div>
27
28  </div>          <!-- 全体を囲むコンテナ -->
      ⋮
```

sample219-03.html

図2.1.9-3　ブロック幅に合わせて画像サイズを自動調整

　img-fluidのクラスを適用すると、「**画像の幅**」が「**ブロックの幅**」と一致するように画像が縮小表示されます。「**画像の高さ**」は元の比率を維持するように自動調整されます。このように、「ブロックの幅」に応じて「画像の幅」を調整することも可能です。ただし、「画像の幅」が「ブロックの幅」より小さかった場合は、画像は本来のサイズで表示されます。「ブロックの幅」に合わせて画像を拡大表示する機能はないことに注意してください。

　先ほどの図2.1.9-3をよく見ると、画像の左右に余白が設けられているのを確認できます。これは各ブロックに「左右0.75rem（12px）のpadding」が指定されているためです。画像をブロック内に隙間なく表示するには、**px-0**というクラスを「各ブロックのdiv要素」に追加し、左右のpaddingを0にする必要があります。

sample219-04.html

```
      ⋮
13  <div class="container">        <!-- 全体を囲むコンテナ -->
14
15    <h1>Grid System（画像の挿入）</h1>
16    <div class="row">
17      <div class="col-6 px-0" style="background:#FD9;height:350px;">
18        <img src="img/lighthouse-1.jpg" class="img-fluid">
19      </div>
20      <div class="col-3 px-0" style="background:#9BF;height:350px;">
21        <img src="img/lighthouse-2.jpg" class="img-fluid">
22      </div>
23      <div class="col-3 px-0" style="background:#BFA;height:350px;">
24        <img src="img/lighthouse-3.jpg" class="img-fluid">
25      </div>
26    </div>
27
28  </div>           <!-- 全体を囲むコンテナ -->
      ⋮
```

図2.1.9-4　各ブロックにpx-0のクラスを追加した場合

paddingを指定するクラス　⊗

Bootstrapには、paddingを手軽に指定できるクラスが用意されています。先ほどのpx-0も、このクラスの一つです。paddingを指定するときは、**p**に続けて**方向を示す文字**を記述し、さらに**-（ハイフン）と0～5の数字**を記述します。

■方向を示す文字

t	上
e	右
b	下
s	左
x	左右
y	上下
なし	上下左右

■ハイフン後の数字

0	0
1	0.25rem
2	0.5rem
3	1rem
4	1.5rem
5	3rem

たとえば、前述したpx-0のクラスを適用すると、「左右に0」のpaddingを指定できます。同様に、ps-4は「左に1.5rem」、py-1は「上下に0.25rem」、p-3は「上下左右に1rem」のpaddingを指定するクラスとなります。便利に活用できるので、これらのクラスの記述方法も覚えておいてください。

　これまでの例では、各ブロックのdiv要素に「背景色」と「高さ」を指定し、ブロックの範囲を分かりやすく示してきました。とはいえ、実際にWebサイトを作成するときに、これらの書式を指定する必要はありません。作成するWebサイトのデザインに合わせて、必要な書式だけを指定するようにしてください。ブロックの「高さ」を指定しなかった場合は、ブロックの内容に合わせて「高さ」が自動調整されます。

　次ページに示した例は、各ブロックのdiv要素から「背景色」と「高さ」の書式指定を削除し、ブロック内に5枚の画像を表示した例です。先ほどの例と同様に、6列－3列－3列のブロック配置を行い、後半の2ブロックには2枚ずつ画像を配置しています。これらの画像はいずれも「ブロックの幅」に合わせて表示されるため、2枚の画像があるブロックは画像が縦に並べて表示されます。

sample219-05.html

```
     ⋮
13  <div class="container">          <!-- 全体を囲むコンテナ -->
14
15    <h1>灯台のある風景</h1>
16    <div class="row">
17      <div class="col-6 px-0">          ← style属性を削除
18        <img src="img/lighthouse-1.jpg" class="img-fluid">
19      </div>
20      <div class="col-3 px-0">          ← style属性を削除
21        <img src="img/lighthouse-2.jpg" class="img-fluid">
22        <img src="img/lighthouse-4.jpg" class="img-fluid">
23      </div>
24      <div class="col-3 px-0">          ← style属性を削除
25        <img src="img/lighthouse-3.jpg" class="img-fluid">
26        <img src="img/lighthouse-5.jpg" class="img-fluid">
27      </div>
28    </div>
29
30  </div>          <!-- 全体を囲むコンテナ -->
     ⋮
```

　このHTMLファイルをブラウザで開き、ウィンドウ幅を変化させていくと、レイアウトを維持したまま画像のサイズが変化していくのを確認できます。

図2.1.9-5　グリッドシステムを使って配置した画像

　なお、px-0のクラスでpaddingを0にする代わりに、**gx-0**のクラスを適用する方法もあります。行（row）のdiv要素にgx-0のクラスを追加すると、その行内にある各ブロックのpaddingを0にできます。

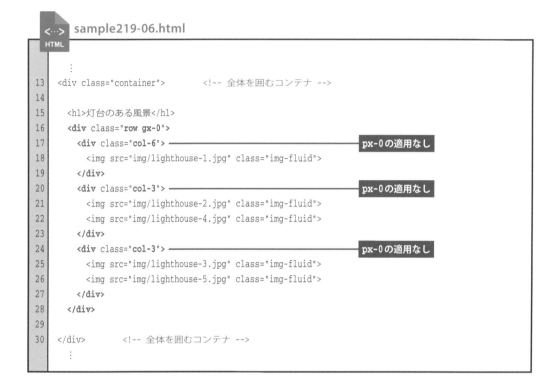

```
     ⋮
13  <div class="container">          <!-- 全体を囲むコンテナ -->
14
15    <h1>灯台のある風景</h1>
16    <div class="row gx-0">
17      <div class="col-6">   ────────────── px-0の適用なし
18        <img src="img/lighthouse-1.jpg" class="img-fluid">
19      </div>
20      <div class="col-3">   ────────────── px-0の適用なし
21        <img src="img/lighthouse-2.jpg" class="img-fluid">
22        <img src="img/lighthouse-4.jpg" class="img-fluid">
23      </div>
24      <div class="col-3">   ────────────── px-0の適用なし
25        <img src="img/lighthouse-3.jpg" class="img-fluid">
26        <img src="img/lighthouse-5.jpg" class="img-fluid">
27      </div>
28    </div>
29
30  </div>          <!-- 全体を囲むコンテナ -->
     ⋮
```

sample219-06.html

図2.1.9-6　gx-0のクラスを適用した場合

　gx-0のクラスは、CSS変数**bs-gutter-x**の値を0にすることにより、ガター（溝）の幅を0に変更しています。このとき、rowのクラスに指定されていた**ネガティブマージン**も0になることに注意してください（P37参照）。よって、グリッドシステムの左右に余白が設けらるようになります。画面の小さいスマートフォンで見たときに、できるだけ画像を大きく表示したい場合は、gx-0ではなく、px-0を利用した方が効果的です。

■px-0でガターを0にした場合　　　　　　　■gx-0でガターを0にした場合

図2.1.9-7　スマートフォンで閲覧した様子

　ブロック内に文章を配置するときもgx-0の利用は推奨できません。gx-0を適用すると、ブロック内の余白（padding）が0になってしまうため、隣のブロックとの隙間がなくなり、文章が読みづらくなってしまいます。

図2.1.9-8　上：通常のガター、下：gx-0でガターを0にした場合（sample219-07.html）

　gx-0のように**g**で始まるクラスは、ガター（溝）の幅を調整する役割を担っています。gに続けて**x**を記述すると「横方向」、**y**を記述すると「縦方向」、gだけを記述した場合は「縦横の両方」についてガターの幅を調整できます。**ガターの幅**は、ハイフンの後に**0～5の数字**を記述して指定します。

■方向を示す文字

x	横
y	縦
なし	縦横

■ハイフン後の数字

0	ガターの幅 0
1	ガターの幅 0.25rem（4px）
2	ガターの幅 0.5rem（8px）
3	ガターの幅 1rem（16px）
4	ガターの幅 1.5rem（24px）
5	ガターの幅 3rem（48px）

　具体的な例を紹介しておきましょう。1つの行内に「幅4列のブロック」を6個配置すると、合計24列分の幅になるため、見た目上は2行にわたってブロックが配置されます。この行にg-3のクラスを追加すると、縦横に幅1rem（16px）のガターを設けることができます。

sample219-08.html

```
13  <div class="container">          <!-- 全体を囲むコンテナ -->
14
15    <h1>灯台のある風景</h1>
16    <div class="row g-3">
17      <div class="col-4"><img src="img/lighthouse-1.jpg" class="img-fluid"></div>
18      <div class="col-4"><img src="img/lighthouse-2.jpg" class="img-fluid"></div>
19      <div class="col-4"><img src="img/lighthouse-3.jpg" class="img-fluid"></div>
20      <div class="col-4"><img src="img/lighthouse-4.jpg" class="img-fluid"></div>
21      <div class="col-4"><img src="img/lighthouse-5.jpg" class="img-fluid"></div>
22      <div class="col-4"><img src="img/lighthouse-6.jpg" class="img-fluid"></div>
23    </div>
24
25  </div>          <!-- 全体を囲むコンテナ -->
```

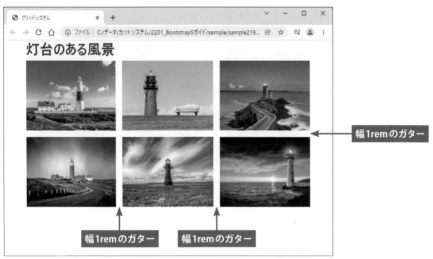

図2.1.9-9　g-3のクラスを適用した場合

　縦と横のガターの幅を変化させることも可能です。たとえば、先ほどの例で「行の div 要素」に指定するクラスを " `row gx-0 gy-5` " にすると、横方向は0、縦方向は3rem（48px）のガターを設けたレイアウトに変更できます。

図2.1.9-10　gx-0とgy-5のクラスを適用した場合

▼Bootstrap 4 からの変更点

─ no-guttersのクラスは廃止 ─

　Bootstrap 4には、ガター（溝）を0にするクラスとして no-gutters というクラスが用意されていました。Bootstrap 5では新たに「ガターの幅を調整するクラス」が採用されたため、no-gutters のクラスは廃止されています。注意するようにしてください。

2.2 画面サイズに応じたレイアウト

画面サイズに応じてレイアウトを変化させる「レスポンシブWebデザイン」に対応していることもBootstrapの大きな特長です。続いては、グリッドシステムを使ってレスポンシブWebデザインを実現する方法を解説します。

2.2.1　レスポンシブWebデザインとは？

　グリッドシステムを使うと、ページ全体を自由に分割したレイアウトを構築できます。ただし、このようなレイアウトは画面の小さいスマートフォンには向きません。訪問者の利便性を考えると、スマートフォン向けに新しいレイアウトを構築すべきです。

　たとえば、P60〜61で紹介したsample219-05.htmlをスマートフォンで閲覧すると、ページ全体のレイアウトは維持されるものの、各列の幅が小さくなってしまうため、それに合わせて画像のサイズも小さくなってしまいます。

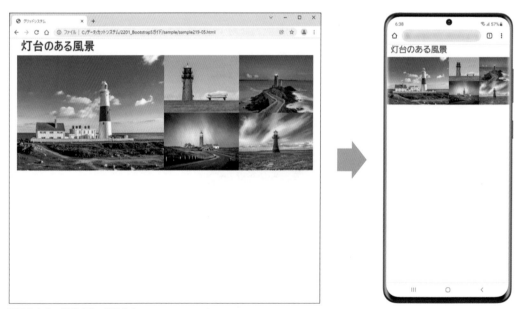

図2.2.1-1　通常のレイアウト

　画像だけで構成されるレイアウトであれば、「まだ何とかなるレベル……」といえますが、ブロック内に文章が入力されている場合はそうもいきません。列幅の少ないブロックは文章が数文字で折り返されてしまい、とても読めたものではありません。

図2.2.1-2　通常のレイアウト（sample221-01.html）

　そこで、画面サイズに応じてブロック配置を変更するように指定しておくと、あらゆる画面サイズに対応するWebサイトを作成できます。たとえば、先ほど紹介した2つの例の場合、パソコンとスマートフォンで以下の図のようにレイアウトを変化させることが可能です。

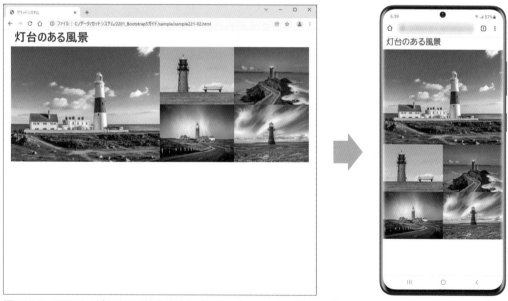

図2.2.1-3　画面サイズに応じて変化するレイアウト（sample221-02.html）

図2.2.1-4　画面サイズに応じて変化するレイアウト（sample221-03.html）

　このように画面サイズに応じて構成が変化するレイアウトのことを**レスポンシブWebデザイン**といいます。Bootstrapには、手軽にレスポンシブWebデザインを実現できる機能が用意されています。非常に便利な機能であり、昨今のWeb制作には欠かせない機能となるので、その使い方をよく理解しておいてください。

2.2.2　画面サイズに応じて列幅を変更 New

　画面サイズに応じてブロック配置を変更したいときは、`col-sm-N`などのクラスを使って列幅を指定します。クラス名の**N の部分には1〜12の数字**を記述し、この数字で各ブロックの列幅を指定します。`col-sm-N`のクラスは「画面サイズが576px以上」という条件を付けて列幅を指定するものです。条件に合わない場合、すなわち「画面サイズが576px未満」のときは、各ブロックは全体幅（12列）で表示されます。

　具体的な例で見ていきましょう。次ページの例は、`col-sm-N`を使って6列−3列−3列のブロック配置を作成した場合です。これまでと同様に、各ブロックの範囲が分かりやすいように`div`要素に「背景色」と「高さ」を指定してあります。

sample222-01.html

```
       ⋮
13  <div class="container">        <!-- 全体を囲むコンテナ -->
14
15    <h1>ブロック配置の変化</h1>
16
17    <div class="row">
18      <div class="col-sm-6" style="background:#FD9;height:200px;">ブロックA</div>
19      <div class="col-sm-3" style="background:#9BF;height:200px;">ブロックB</div>
20      <div class="col-sm-3" style="background:#BFA;height:200px;">ブロックC</div>
21    </div>
22
23  </div>            <!-- 全体を囲むコンテナ -->
       ⋮
```

　このHTMLファイルをパソコンなどの画面が大きい端末で閲覧すると、各ブロックが指定した列幅（6列−3列−3列）で表示されるのを確認できます。一方、スマートフォンのように小さい画面で閲覧したときは、列幅の指定が解除され、各ブロックが縦に並べて配置されます。

　Webサイトをスマートフォンで閲覧したときの様子は、スマートフォンの実機を使って確認するのが基本です。しかし、HTMLを書き換えるたびにスマートフォンで表示を確認するのは意外と面倒な作業になります。このような場合はパソコンでHTMLファイルを閲覧し、ブラウザのウィンドウ幅を小さくして表示を確認しても構いません。

　Bootstrapは OS やブラウザで端末を見分けるのではなく、**画面サイズに応じてレイアウトを変化させる**仕組みになっています。このため、ブラウザのウィンドウ幅を小さくするだけでレイアウトの変化を確認できます。

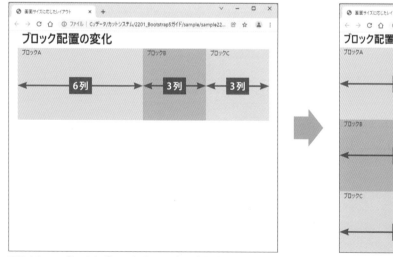

図2.2.2-1　ブレイクポイント（576px）で変化するレイアウト

　col-sm-Nのクラスを使って列幅を指定したときは、幅576pxを基準にレイアウトが変化します。このように、レイアウト変化の境界線となる幅のことを**ブレイクポイント**と呼びます。

　Bootstrap 5には、576pxのブレイクポイントのほかに、768px／992px／1200px／1400pxといったブレイクポイントが用意されています。768pxをブレイクポイントにするときは**col-md-N**、992pxをブレイクポイントにするときは**col-lg-N**、1200pxをブレイクポイントにするときは**col-xl-N**、1400pxをブレイクポイントにするときは**col-xxl-N**というクラスを使って列幅を指定します。いずれもクラス名の**Nの部分には1〜12の数字**を記述して列幅を指定します。

　つまり、列幅を指定するクラスはcol-Nのほかに、col-sm-N、col-md-N、col-lg-N、col-xl-N、col-xxl-Nの6種類が用意されていることになります。これらのクラスを上手に活用することで、スマートフォン／タブレット／パソコンで閲覧したときのレイアウトを変化させます。

　ただし、端末の種類ではなく、画面サイズ（ウィンドウ幅）に応じてレイアウトを変化させるため、**必ずしも「端末の種類」と「レイアウト」が一致するとは限りません。**パソコンの場合はブラウザのウィンドウサイズを自由に変更できるため、ウィンドウ幅に応じてレイアウトが変化することになります。

　以下に、「画面サイズ」（ウィンドウ幅）と「列幅を指定するクラス」の対応をまとめておくので一つの目安にしてください。

■「画面サイズ」と「列幅を指定するクラス」の対応

画面サイズ	0px 〜	576px 〜	768px 〜	992px 〜	1200px 〜	1400px 〜
クラス	col-N col	col-sm-N col-sm	col-md-N col-md	col-lg-N col-lg	col-xl-N col-xl	col-xxl-N col-xxl
主な用途	スマホ（縦）					
		スマホ（横）				
		スマホ（横）・タブレット				
		タブレット・パソコン				
			パソコン			
			パソコン（フルスクリーン）			

※クラス名のNの部分には1〜12の数字を記述して列幅を指定します。

　次ページに示した例は、col-lg-Nのクラスを使って列幅を指定した場合です。パソコンでHTMLファイルを閲覧し、ブラウザのウィンドウ幅を変化させていくと、幅992pxを境にレイアウトが変化するのを確認できます。

sample222-02.html

```
 13  <div class="container">        <!-- 全体を囲むコンテナ -->
 14
 15    <h1>ブロック配置の変化</h1>
 16
 17    <div class="row">
 18      <div class="col-lg-5" style="background:#FD9;height:200px;">ブロックA</div>
 19      <div class="col-lg-4" style="background:#9BF;height:200px;">ブロックB</div>
 20      <div class="col-lg-3" style="background:#BFA;height:200px;">ブロックC</div>
 21    </div>
 22
 23  </div>            <!-- 全体を囲むコンテナ -->
```

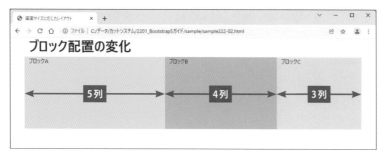

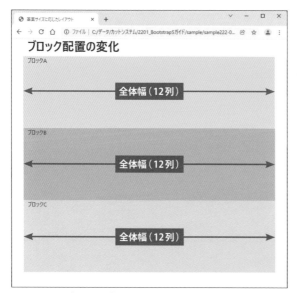

図2.2.2-2　ブレイクポイント（992px）で変化するレイアウト

ブレイクポイントと添字の変化

　Bootstrap 4のブレイクポイントは、576px／768px／992px／1200pxの4カ所でしたが、Bootstrap5では新たに1400pxのブレイクポイントが新設されました。これに応じて画面サイズを示す添字（sm／md／lgなど）も以下のように変更されています。

■画面サイズと添字

画面サイズ （ウィンドウ幅）	0px ～	576px ～	768px ～	992px ～	1200px ～	1400px ～
Bootstrap 4	（なし）	sm	md	lg	xl	
Bootstrap 5	（なし）	sm	md	lg	xl	xxl

　そのほか、**col-sm**、**col-md**、**col-lg**、**col-xl**、**col-xxl**といったクラスを使って**等分割のブロック配置**を行うことも可能です。この場合も、smやmdなどの添字に応じて「指定が有効になる画面サイズ」は変化します。

　以下は、col-mdのクラスを使って行を3等分するブロック配置を行った場合の例です。col-mdによるブロック配置は「ウィンドウ幅が768px以上」のときのみ有効になり、それ以外（ウィンドウ幅が768px未満）のときは全体幅で各ブロックが表示されます。

📄 **sample222-03.html**

```
13  <div class="container">        <!-- 全体を囲むコンテナ -->
14
15    <h1>ブロック配置の変化</h1>
16
17    <div class="row">
18      <div class="col-md" style="background:#FD9;height:200px;">ブロックA</div>
19      <div class="col-md" style="background:#9BF;height:200px;">ブロックB</div>
20      <div class="col-md" style="background:#BFA;height:200px;">ブロックC</div>
21    </div>
22
23  </div>         <!-- 全体を囲むコンテナ -->
```

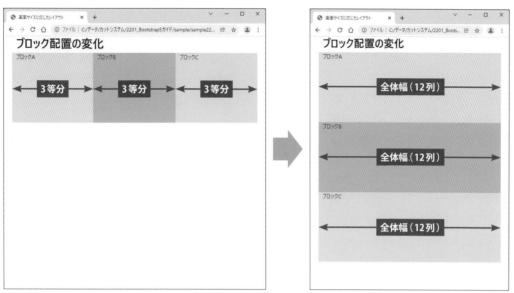

図2.2.2-3　ブレイクポイント（768px）で変化するレイアウト

2.2.3　列幅を指定するクラスを複数適用した場合

　ブロックを作成するdiv要素に「列幅を指定するクラス」を複数適用することも可能です。たとえば、col-6とcol-md-3の2つのクラスを適用すると、「幅が768px未満のときは6列、幅が768px以上のときは3列」といった具合に列幅が変化するブロックを作成できます。もちろん、3つ以上のクラスを適用して、画面サイズごとにブロック配置を細かくコントロールすることも可能です。

　「列幅を指定するクラス」をいくつも適用するときは、「画面サイズの小さいもの」から「画面サイズの大きいもの」へ向かってレイアウトを考えていくのが基本です。というのも、Bootstrapは**モバイルファースト**に従ってCSSが設計されているからです。

　モバイルファーストとは、スマートフォンを最優先してCSSを記述する手法のことです。こうすることで、処理速度の遅いスマートフォンでもWebページを短時間で表示できるようになります。その一方でパソコンは余計な処理を強いられることになり、少しだけ表示速度が遅くなりますが、パソコンの処理能力はスマートフォンに比べて圧倒的に速いため、体感できるほどの遅延にはなりません。

　「列幅を指定するクラス」をいくつも列記するときは、以下の図表を参考にしながら列幅を決めていくと状況を把握しやすくなります。各クラスに表示されている横棒は、そのクラスが有効になる画面サイズを示しています。複数のクラスが適用されている場合は、より上に記されているクラスほど優先度が高くなります。つまり、「赤色の横棒」で示されているクラスが「最も優先されるクラス」になります。

■各クラスの優先度と有効範囲

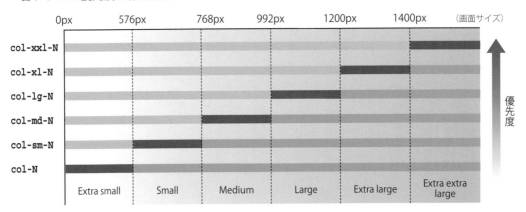

　少し分かりにくいと思うので、もう少し補足しておきましょう。たとえば、画面サイズがMedium（768〜992px未満）であった場合、以下の優先順位で列幅が決定されます。

① `col-md-N`で指定した列幅

　　（例1）class="col-9 **col-md-6**" ┈┈┈┈┈┈┈┈┈┈┈┈┈┈┈┈ 6列

　　（例2）class="col-9 **col-md-4** col-lg-3" ┈┈┈┈┈┈┈┈ 4列

② `col-sm-N`で指定した列幅（col-md-Nがない場合）

　　（例3）class="col-sm-5" ┈┈┈┈┈┈┈┈┈┈┈┈┈┈┈┈┈┈┈ 5列

　　（例4）class="col-8 col-sm-4" ┈┈┈┈┈┈┈┈┈┈┈┈┈┈ 4列

③ `col-N`で指定した列幅（col-sm-Nもない場合）

　　（例5）class="col-6 col-lg-3" ┈┈┈┈┈┈┈┈┈┈┈┈┈┈ 6列

④ 有効なクラスがない場合

　　（例6）class="col-lg-4" ┈┈┈┈┈┈┈┈┈┈┈┈┈┈┈┈┈ 12列（全体幅）

　画面サイズがMediumの場合、col-lg-N、col-xl-N、col-xxl-Nのクラスは範囲外になるため、ブロックの列幅に影響を与えることはありません。基本的に「範囲外のクラスを無視した状態で、図表の上に示されているクラスほど優先される」と考えておけばよいでしょう。

　具体的な例で見ていきましょう。以下は、3つのブロックで構成されたグリッドシステムです。いずれも col-N と col-md-N のクラスが適用されているため、768px がブレイクポイントになります。

sample223-01.html

```
 :
13  <div class="container">          <!-- 全体を囲むコンテナ -->
14
15    <h1>ブロック配置の変化</h1>
16
17    <div class="row">
18      <div class="col-12 col-md-6" style="background:#FD9;height:200px;">ブロックA</div>
19      <div class="col-6  col-md-3" style="background:#9BF;height:200px;">ブロックB</div>
20      <div class="col-6  col-md-3" style="background:#BFA;height:200px;">ブロックC</div>
21    </div>
22
23  </div>           <!-- 全体を囲むコンテナ -->
 :
```

　画面サイズが「768px未満」のときはcol-Nで列幅が指定されるため、12列、6列－6列の2行で構成されるブロック配置になります。画面サイズが「768px以上」になると、col-md-Nのクラスが有効になり、6列－3列－3列のブロック配置になります。

　なお、有効な「列幅を指定するクラス」がない場合は、全体幅（12列）でブロックが表示されます。よって、18行目にあるcol-12の記述を省略しても同様の結果を得られます。

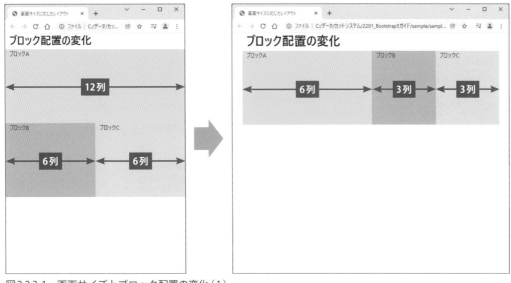

図2.2.3-1　画面サイズとブロック配置の変化（1）

　具体的な例をもう一つ紹介しておきます。以下の例では、col-N、col-sm、col-md-Nといったクラスが適用されています。このため、576pxと768pxの2カ所がブレイクポイントになります。

sample223-02.html

```
   ⋮
13  <div class="container">        <!-- 全体を囲むコンテナ -->
14
15    <h1>ブロック配置の変化</h1>
16
17    <div class="row">
18      <div class="col-md-7" style="background:#FB8;height:100px;">ブロックA</div>
19      <div class="col-md-5" style="background:#FD9;height:100px;">ブロックB</div>
20    </div>
21    <div class="row">
22      <div class="col-12 col-sm col-md-6" style="background:#79F;height:150px;">ブロックC</div>
23      <div class="col-6　 col-sm col-md-3" style="background:#6D9;height:150px;">ブロックD</div>
24      <div class="col-6　 col-sm col-md-3" style="background:#BFA;height:150px;">ブロックE</div>
25    </div>
26
27  </div>          <!-- 全体を囲むコンテナ -->
   ⋮
```

　画面サイズが「576px未満」のときは、col-Nのクラスで列幅が指定されます。ただし、前半の2ブロックにはcol-Nのクラスがありません。よって、全体幅（12列）でブロックが表示されます。その結果、12列、12列、12列、6列－6列の4行で構成されるブロック配置になります。

　画面サイズが「576px以上」になると、col-sm-Nのクラスが有効になります。ただし、前半の2ブロックにはcol-sm-Nのクラスがありません。よって、全体幅（12列）のまま変化しません。一方、後半の3ブロックは、col-smのクラスにより等分割されるようになります。その結果、12列、12列、3等分－3等分－3等分の3行で構成されるブロック配置になります。

　画面サイズが「768px以上」になると、col-md-Nのクラスが有効になります。よって、前半の2ブロックは7列－5列、後半の3ブロックは6列－3列－3列になり、全体が2行で構成されるブロック配置になります。

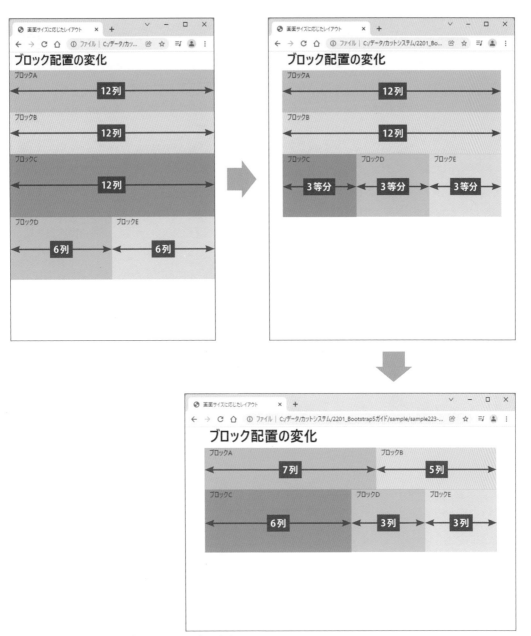

図2.2.3-2　画面サイズとブロック配置の変化（2）

　最初のうちは少し複雑に感じるかもしれませんが、慣れてしまえばブロック配置を思いどおりにカスタマイズできるようになります。2.2.2項と2.2.3項で解説した内容は、レスポンシブWebデザインの実現に欠かせない機能といえるので、実際に色々と試しながら仕組みをよく理解しておいてください。

2.2.4　画面サイズに応じて分割数を変更　　　　　　　　　New

　各ブロックのサイズを「列数」で指定するのではなく、**領域をN等分する**場合は、もっと簡単にレスポンシブWebデザインを実現できます。この場合は、P34で解説した**row-cols-N**を応用したクラスを使用します。

　row-cols-Nは、各ブロックを「N等分した幅」で配置するクラスです。このクラスに「画面サイズを示す添字」を付けると、「○○px以上」の条件で分割数を指定できるようになります。
　以下は、row-cols-Nに加えて、**row-cols-md-N**と**row-cols-xl-N**のクラスを追加した場合の例です。添字はmdとxlなので、この場合は768pxと1200pxがブレイクポイントになります。

<···> HTML　sample224-01.html

```
     ⋮
13  <div class="container">          <!-- 全体を囲むコンテナ -->
14
15    <h1>ブロック配置の変化</h1>
16
17    <div class="row row-cols-1 row-cols-md-2 row-cols-xl-3">
18      <div class="col" style="background:#FB8;height:120px;">ブロックA</div>
19      <div class="col" style="background:#FD9;height:120px;">ブロックB</div>
20      <div class="col" style="background:#79F;height:120px;">ブロックC</div>
21      <div class="col" style="background:#9BF;height:120px;">ブロックD</div>
22      <div class="col" style="background:#6D9;height:120px;">ブロックE</div>
23      <div class="col" style="background:#BFA;height:120px;">ブロックF</div>
24    </div>
25
26  </div>            <!-- 全体を囲むコンテナ -->
     ⋮
```

　画面サイズが「768px未満」のときは、row-cols-1により1等分、つまり全体幅で各ブロックが縦に並べて配置されます。画面サイズが「768px以上」になると、row-cols-md-2のクラスが有効になり、各ブロックが2等分の幅で配置されます。画面サイズが「1200px以上」になると、row-cols-xl-3のクラスが有効になり、各ブロックが3等分の幅で配置されます。

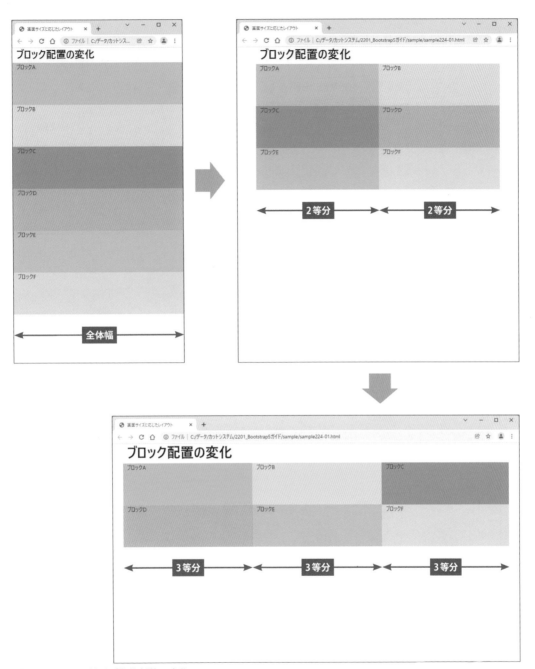

図2.2.4-1　画面サイズと分割数の変化

　もちろん、この例で紹介したクラスだけでなく、**row-cols-sm-N**（ブレイクポイント576px）や**row-cols-lg-N**（ブレイクポイント992px）、**row-cols-xxl-N**（ブレイクポイント1400px）といったクラスを使ってレイアウトを指定しても構いません。

2.2.5　ブロック間隔と並び順の調整

　ブロックの左側に間隔を設ける**offset-N**も、画面サイズに応じて有効／無効を切り替えることが可能です。この場合もsm／md／lg／xl／xxlの添字を付けてクラスを記述します。たとえば、画面サイズが「768px以上」のときだけ間隔を空けるときは、offset-md-Nで間隔の列幅を指定します。

　以下は、offset-md-6のクラスを適用して6列分の間隔を設けた場合の例です。

sample225-01.html

```
   ⋮
13  <div class="container">          <!-- 全体を囲むコンテナ -->
14
15    <h1>間隔の変化</h1>
16
17    <div class="row">
18      <div class="col-6" style="background:#FB8;height:150px;">ブロックA</div>
19      <div class="col-6" style="background:#FD9;height:150px;">ブロックB</div>
20    </div>
21    <div class="row">
22      <div class="col-6 col-md-3" style="background:#79F;height:150px;">ブロックC</div>
23      <div class="col-6 col-md-3 offset-md-6" style="background:#9BF;height:150px;">ブロックD</div>
24    </div>
25    <div class="row">
26      <div class="col-6" style="background:#6D9;height:150px;">ブロックE</div>
27      <div class="col-6" style="background:#BFA;height:150px;">ブロックF</div>
28    </div>
29
30  </div>           <!-- 全体を囲むコンテナ -->
   ⋮
```

　画面サイズが「768px未満」のときはcol-6のクラスにより、すべてのブロックが6列の幅で表示されます。画面サイズが「768px以上」になるとcol-md-3のクラスが有効になり、2行目のブロックは3列－3列の配置になります。さらに、offset-md-6のクラスも有効になり、「ブロックD」の左側に6列分の間隔が設けられます。

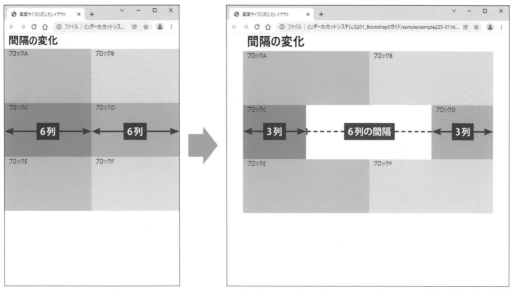

図2.2.5-1　画面サイズと間隔の変化

marginを自動調整する**ms-auto**や**me-auto**で同様の仕組みを実現することも可能です（P51〜52参照）。これらのクラスも、sm／md／lg／xl／xxlの添字を付けることで有効になる画面サイズを限定できます。

先ほど示した例の場合、HTMLの23行目を以下のように書き換えても、同様の結果を得られます。

sample225-02.html

```
     ⋮
17   <div class="row">
18     <div class="col-6" style="background:#FB8;height:150px;">ブロックA</div>
19     <div class="col-6" style="background:#FD9;height:150px;">ブロックB</div>
20   </div>
21   <div class="row">
22     <div class="col-6 col-md-3" style="background:#79F;height:150px;">ブロックC</div>
23     <div class="col-6 col-md-3 ms-md-auto" style="background:#9BF;height:150px;">ブロックD</div>
24   </div>
25   <div class="row">
26     <div class="col-6" style="background:#6D9;height:150px;">ブロックE</div>
27     <div class="col-6" style="background:#BFA;height:150px;">ブロックF</div>
28   </div>
     ⋮
```

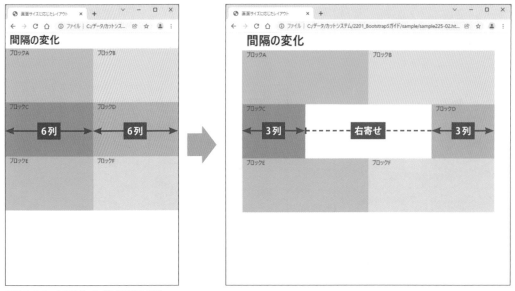

図2.2.5-2　画面サイズと間隔の変化

　ブロックの並び順を変更する**order-N**も画面サイズに応じて有効／無効を切り替えることが可能です。基本的な考え方はこれまでと同じで、sm／md／lg／xl／xxlの添字を付けて有効になる画面サイズを指定します。

　以下は、order-md-Nのクラスを使って「ブロックB」と「ブロックC」の並び順を入れ替えた場合の例です。

sample225-03.html

```
   ⋮
13  <div class="container">         <!-- 全体を囲むコンテナ -->
14
15    <h1>並び順の変更</h1>
16
17    <div class="row">
18      <div class="col" style="background:#FD9;height:100px;">ブロックA</div>
19    </div>
20    <div class="row">
21      <div class="col-md-8 order-md-2" style="background:#9BF;height:200px;">ブロックB</div>
22      <div class="col-md-4 order-md-1" style="background:#BFA;height:200px;">ブロックC</div>
23    </div>
24
25  </div>         <!-- 全体を囲むコンテナ -->
   ⋮
```

　念のため、「ブロックB」と「ブロックC」の挙動について解説しておきます。画面サイズが「768px未満」のときは、各ブロックが全体幅（12列）で表示されます。ブロックの並び順はHTMLを記述したとおりの順番で「ブロックB」→「ブロックC」となります。

　画面サイズが「768px以上」になるとcol-md-Nが有効になり、「ブロックB」は8列分、「ブロックC」は4列分の幅に変更されます。さらに、order-md-Nも有効になり、並び順が変更されて「ブロックC」→「ブロックB」の順番で各ブロックが表示されます。

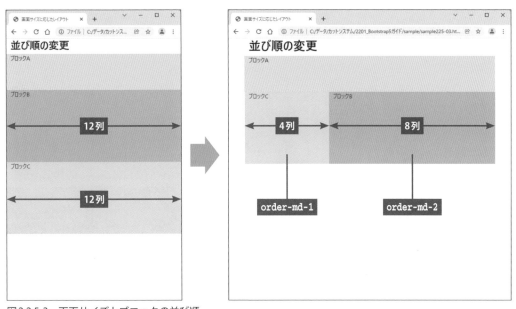

図2.2.5-3　画面サイズとブロックの並び順

▼Bootstrap 4からの変更点

order-(添字)-N の仕様変更

　Bootstrap 4では、order-(添字)-NのNの部分に1〜12の数字（並び順）を指定できました。Bootstrap 5では、この仕様が変更され、Nの部分に指定できる数字が1〜5に制限されています。よって、order-(添字)-6以降のクラスは使えません。注意するようにしてください。

2.2.6　画面サイズに応じて要素を表示／非表示　　`New`

　続いては、画面サイズに応じて**要素の表示／非表示**を切り替えるクラスの使い方を解説します。このクラスを各ブロックのdiv要素に適用すると、「スマートフォンで閲覧したときのみ表示されるブロック」などを作成できるようになります。レスポンシブWebデザインの活用方法として覚えておくとよいでしょう。

　まずは、**要素を非表示にする**方法から解説します。要素を非表示にするときは、その要素に**d-none**というクラスを適用します。このとき、**d-（添字）-none**という形でクラス名を記述し、要素を非表示にする画面サイズを限定することも可能です。以下に、各クラスと画面サイズの対応を示しておくので参考にしてください。

■要素を非表示にするクラス

画面サイズ	0px〜	576px〜	768px〜	992px〜	1200px〜	1400px〜
d-none	非表示					
d-sm-none	—	非表示				
d-md-none	—		非表示			
d-lg-none	—			非表示		
d-xl-none	—				非表示	
d-xxl-none	—					非表示

　具体的な例で見ていきましょう。以下は、画面サイズが「768px未満」のときだけ「スマホ広告」を表示し、それ以上の画面サイズでは「スマホ広告」を非表示にした例です。

sample226-01.html

```
       ⋮
13  <div class="container">          <!-- 全体を囲むコンテナ -->
14
15    <h1>要素の表示／非表示</h1>
16
17    <div class="row">
18      <div class="col" style="background:#FD9;height:150px;">ブロックA</div>
19    </div>
```

```
20    <div class="row">
21      <div class="col-md-6" style="background:#9BF;height:150px;">ブロックB</div>
22      <div class="col d-md-none" style="background:#000;height: 75px;">
23        <h3 style="color:#FFF">スマホ広告</h3>
24      </div>
25      <div class="col-md-6" style="background:#BFA;height:150px;">ブロックC</div>
26    </div>
27
28  </div>          <!-- 全体を囲むコンテナ -->
     ⋮
```

画面サイズが「768px以上」になると、col-md-6のクラスが有効になり、「ブロックB」と「ブロックC」は6列分の幅で配置されます。さらに、d-md-noneのクラスも有効になり、「スマホ広告」のブロックは非表示になります。

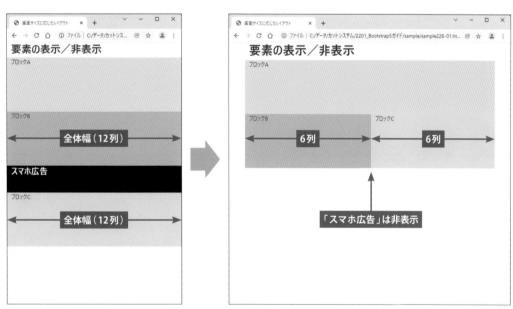

図2.2.6-1　画面サイズとブロックの表示／非表示

この例とは逆に、**要素を表示**するクラスも用意されています。要素を表示するときは**d-block**というクラスを適用します。こちらも**d-（添字）-block**という形で有効になる画面サイズを限定することが可能です。

■要素を表示するクラス（ブロックレベル要素）

画面サイズ	0px〜	576px〜	768px〜	992px〜	1200px〜	1400px〜
d-block	表示					
d-sm-block	−	表示				
d-md-block	−		表示			
d-lg-block	−			表示		
d-xl-block	−				表示	
d-xxl-block	−					表示

　ただし、これらのクラスを単独で使用するケースは滅多にありません。というのも、通常の
HTMLでは、特に指定しない限り「要素は表示されるもの」として扱われるからです。画面サイ
ズに応じて要素の表示／非表示を切り替えるには、あらかじめd-noneのクラスで要素を非表
示にしておく必要があります。

　以下は、sample226-01.htmlに「PC広告」のブロックを追加した例です。「PC広告」のブロッ
クは、画面サイズが「768px以上」のときだけ表示されます。

sample226-02.html

```
         ⋮
13  <div class="container">          <!-- 全体を囲むコンテナ -->
14
15    <h1>要素の表示／非表示</h1>
16
17    <div class="row">
18      <div class="col-md-8" style="background:#FD9;height:150px;">ブロックA</div>
19      <div class="col-md-4 d-none d-md-block" style="background:#F00;height:150px;">
20        <h3 style="color:#FFF">PC広告</h3>
21      </div>
22    </div>
23    <div class="row">
24      <div class="col-md-6" style="background:#9BF;height:150px;">ブロックB</div>
25      <div class="col d-md-none" style="background:#000;height: 75px;">
26        <h3 style="color:#FFF">スマホ広告</h3>
27      </div>
28      <div class="col-md-6" style="background:#BFA;height:150px;">ブロックC</div>
29    </div>
30
31  </div>          <!-- 全体を囲むコンテナ -->
         ⋮
```

　この例では、「ブロックA」に適用するクラスをcol-md-8に変更しています。このため、画面サイズが「768px以上」になると、「ブロックA」は8列分の幅に変更されます。

　「PC広告」のブロックには、d-noneのクラスが適用されているため、通常は非表示として扱われます。画面サイズが「768px以上」になるとd-md-blockが有効になり、「PC広告」のブロックが4列分の幅（col-md-4）で表示されます。

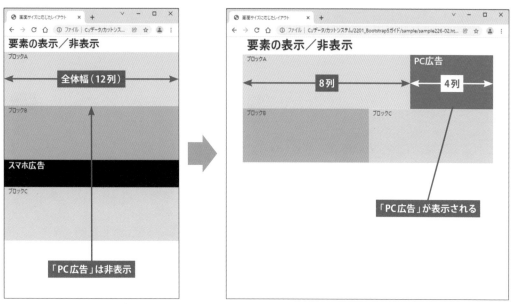

図2.2.6-2　画面サイズとブロックの表示／非表示

　なお、d-（添字）-blockは、要素を**ブロックレベル要素**として表示するクラスとなります。要素を**インライン要素**などで表示したい場合は、以下のクラスを適用するようにしてください。

d-（添字）-inline	インライン要素として表示
d-（添字）-inline-block	インラインブロック要素として表示
d-（添字）-table	テーブル要素（table）として表示
d-（添字）-table-row	テーブルの行要素（tr）として表示
d-（添字）-table-cell	テーブルのセル要素（th、td）として表示
d-（添字）-flex	フレックスコンテナとして表示
d-（添字）-inline-flex	インラインのフレックスコンテナとして表示
d-（添字）-grid	グリッドコンテナとして表示

▼ Bootstrap 4 からの変更点

CSSのGrid Layoutへの対応

　d-（添字）-gridは、Bootstrap 5で新たに採用されたクラスです。d-（添字）-gridを適用した要素にはdisplay:gridのCSSが指定され、子要素を「グリッドレイアウトのアイテム」として扱えるようになります。

2.2.7　ブロックを縦に並べたときの間隔調整　

　これまでに解説してきたように、グリッドシステムを使うと手軽にレスポンシブWebデザインを実現することができます。ただし、スマートフォン用にブロックを縦に並べたときに、**上下の間隔**を調整しなければならない場合があることに注意してください。

　以下は、1番目のブロックに「画像」、2番目のブロックに「文章」を配置した例です。この例をブラウザで閲覧すると、ブロックが縦に並べられたときに「文字の上」の間隔がなくなることに気付くと思います。

HTML sample227-01.html

```
     ⋮
13  <div class="container">        <!-- 全体を囲むコンテナ -->
14
15    <h1>上下の間隔調整</h1>
16
17    <div class="row">
18      <div class="col-md-6">
19        <img src="img/lighthouse-1.jpg" class="img-fluid">
20      </div>
21      <div class="col-md-6">
22        <h3>灯台の役割</h3>
23        <p>沿岸を航行する船が現在の位置を把握したり、……撤去する動きがあるようです。</p>
24      </div>
25    </div>
26
27  </div>          <!-- 全体を囲むコンテナ -->
     ⋮
```

図2.2.7-1 「画像」と「文章」を配置したグリッドシステム

　このような不具合を改善する最も簡単な方法は、**縦方向のガター**（溝）を調整してあげることです。「縦方向のガター」は0に初期設定されています。このため、何もしないと、上記のようにブロックの間隔は0になってしまいます。これを適当な間隔に変更するには、P64で解説したクラスを追加しておく必要があります。

　たとえば、**gy-4** のクラスを追加すると、縦方向に1.5remのガターを設けられ、ブロックが縦に配置されたときも適当な間隔を保てるようになります。

sample227-02.html

```
       ⋮
13  <div class="container">        <!-- 全体を囲むコンテナ -->
14
15    <h1>上下の間隔調整</h1>
16
17    <div class="row gy-4">
18      <div class="col-md-6">
19        <img src="img/lighthouse-1.jpg" class="img-fluid">
20      </div>
21      <div class="col-md-6">
22        <h3>灯台の役割</h3>
23        <p>沿岸を航行する船が現在の位置を把握したり、……撤去する動きがあるようです。</p>
24      </div>
25    </div>
26
27  </div>          <!-- 全体を囲むコンテナ -->
       ⋮
```

図2.2.7-2　縦方向のガターを指定した場合

　なお、ガターの幅を指定するクラスも、画面サイズに応じて有効／無効を切り替えることが可能です。この場合は、以下のように「添字」を付けてクラスを記述します。

　　　g（方向）-（添字）-（数字）

　たとえば、g-md-3 とクラスを記述すると、画面サイズが「768px以上」のときだけ幅1remのガターを設けることができます。

sample227-03.html

```
     ⋮
15   <h1>灯台のある風景</h1>
16
17   <div class="row row-cols-2 row-cols-md-3 g-0 g-md-3">
18     <div class="col"><img src="img/lighthouse-1.jpg" class="img-fluid"></div>
19     <div class="col"><img src="img/lighthouse-2.jpg" class="img-fluid"></div>
20     <div class="col"><img src="img/lighthouse-3.jpg" class="img-fluid"></div>
21     <div class="col"><img src="img/lighthouse-4.jpg" class="img-fluid"></div>
22     <div class="col"><img src="img/lighthouse-5.jpg" class="img-fluid"></div>
23     <div class="col"><img src="img/lighthouse-6.jpg" class="img-fluid"></div>
24   </div>
     ⋮
```

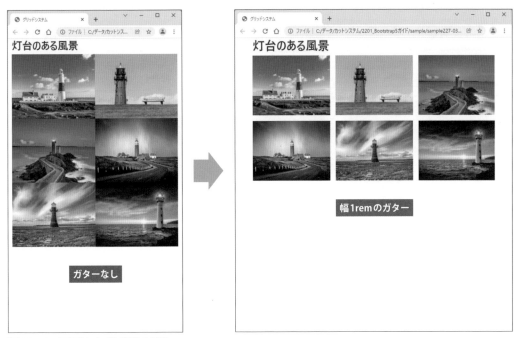

図2.2.7-3　画面サイズと間隔の変化

　画面サイズが「768px未満」のときは、`row-cols-2`のクラスにより各ブロックが2等分の幅で配置されます。また、`g-0`のクラスによりガターは0になります。

　画面サイズが「768px以上」のときは、`row-cols-md-3`が有効になり、各ブロックが3等分の幅で配置されます。さらに、**g-md-3**も有効になり、縦横に1remのガターが設けられます。

　なお、画面サイズが小さいときだけガターを設けたい場合は、`g-3`と`g-md-0`などのようにクラスを記述します。この場合、

　　画面サイズが「768px未満」……………… ガターは1rem（`g-3`）
　　画面サイズが「768px以上」……………… ガターは0（`g-md-0`）

という挙動になり、結果として、画面サイズが小さいときだけガターを設けられるようになります。

remについて補足

　remはCSSで使える相対単位のひとつで、1rem＝「ルートの文字サイズ」になります。ここでいう「ルートの文字サイズ」とは、ブラウザに初期設定されている文字サイズ、もしくはhtml要素に指定した文字サイズ（font-size）のことを指します。

　主要ブラウザの多くは、「ルートの文字サイズ」が16pxに初期設定されています。このため、特に文字サイズを指定しなかった場合は、1rem＝16pxになります。ただし、環境に依存する単位なので、必ずしも1rem＝16pxになるとは限りません。ユーザーが文字サイズの初期設定を変更している場合は、それに応じて1remが示すサイズも変化します。

画面サイズを制限した「固定幅のコンテナ」

　「固定幅のコンテナ」を作成するcontainerに（添字）を付けて、「固定幅が有効になる画面サイズ」を限定することも可能です。たとえば、container-mdのクラスを適用した場合は、その画面サイズ「768px以上」のときだけ固定幅になり、画面サイズが「768px未満」のときは常に幅100%（可変幅）のコンテナになります。

- container-sm ……………「576px未満」は幅100%、それ以上は固定幅
- container-md ……………「768px未満」は幅100%、それ以上は固定幅
- container-lg ……………「992px未満」は幅100%、それ以上は固定幅
- container-xl ……………「1200px未満」は幅100%、それ以上は固定幅
- container-xxl …………「1400px未満」は幅100%、それ以上は固定幅

第3章

コンテンツの書式指定

Bootstrap には、コンテンツの書式を指定するためのクラスも用意されています。続いては、文字や画像、テーブル、フォームなどの書式を指定する方法を解説します。

3.1 | 文字と見出しの書式

第3.1節では、文字の書式をBootstrapで指定する方法を解説します。自分でCSSを記述しても構いませんが、Bootstrapに用意されているクラスを利用した方が手軽に書式指定を行える場合もあります。いちど試してみてください。

3.1.1　文字の配置

　まずは、**文字の配置**を指定するクラスについて解説します。Bootstrap 5には、文字の配置を指定するクラスとして、以下のようなクラスが用意されています。このため、自分でCSS（style属性）を記述しなくても、クラスを適用するだけで文字の配置を指定できます。

■文字の配置を指定するクラス

クラス	文字の配置
text-start	左揃え
text-center	中央揃え
text-end	右揃え

　以下に、具体的な例を紹介しておくので参考にしてください。

📄 **sample311-01.html**

```
         ⋮
13   <div class="container">        <!-- 全体を囲むコンテナ -->
14
15     <h1>文字の配置</h1>
16     <div class="row">
17       <div class="col-12 text-start"    style="background:#FD9;"><h3>文字の配置</h3></div>
18       <div class="col-12 text-center"   style="background:#9BF;"><h3>文字の配置</h3></div>
19       <div class="col-12 text-end"      style="background:#BFA;"><h3>文字の配置</h3></div>
20     </div>
21
22   </div>        <!-- 全体を囲むコンテナ -->
         ⋮
```

図3.1.1-1　文字の配置を指定するクラス

参考までに、ここで紹介したクラスに指定されている CSS を示しておきます。text-align プロパティで文字の配置を指定しているだけで、特に難しい内容はありません。

bootstrap.css

```
       ⋮
7644   .text-start {
7645     text-align: left !important;
7646   }
7647
7648   .text-end {
7649     text-align: right !important;
7650   }
7651
7652   .text-center {
7653     text-align: center !important;
7654   }
       ⋮
```

▼ Bootstrap 4 からの変更点

─ クラス名の変更 ─────────────────

　Bootstrap 5 は「右から左に記述する言語」にも対応するようになりました。それに伴い、text-left は text-start に、text-right は text-end にクラス名が変更されています。方向を示す文字が **start** や **end** に変更されていることに注意してください。なお、文字を両端揃えで配置する text-justify のクラスは廃止されました。

　この程度の書式指定であれば、「自分でCSSを記述した方が速い」と思うかもしれません。し
かし、そのためには独自のCSSファイルを用意したり、`style`属性を記述したりする必要があ
ります。なるべくクラスだけで書式指定を済ませられるように、Bootstrapに用意されているク
ラスを積極的に活用していくとよいでしょう。

　これらのクラスに`sm`／`md`／`lg`／`xl`／`xxl`の添字を付けて、書式指定が有効になる画面サイ
ズを限定することも可能です。この場合は、`text-`（添字）`-`（方向）という形でクラスを記述
します。たとえば、以下のようにクラスを記述すると、画面サイズが「768px未満」のときは
左揃え、「768px以上」のときは右揃えで文字を配置できます。

```html
    ⋮
13  <div class="container">        <!-- 全体を囲むコンテナ -->
14
15    <h1>文字の配置</h1>
16    <address class="text-start text-md-end p-3" style="background:#EEE">
17      東京都新宿区百人町0-0-0<br>ABCDビル4F<br>TEL：03-1234-5678
18    </address>
19
20  </div>        <!-- 全体を囲むコンテナ -->
    ⋮
```

sample311-02.html

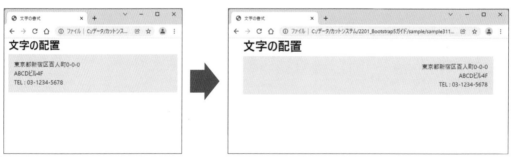

図3.1.1-2　画面サイズに応じて変化する文字の配置

文字列の折り返しの制御 ⊗

　文字列の折り返しを禁止する`text-nowrap`、文字列を折り返す`text-wrap`（折り
返し禁止の解除）、長い英単語がレイアウトを乱すのを防ぐ`text-break`といったク
ラスも用意されています。

3.1.2 文字の太さと斜体　　　　　　　　　　　　`New`

太字や斜体の書式を指定するクラスも用意されています。これらも簡単な書式指定を行うクラスでしかありませんが、覚えておいても損はないと思われます。

■文字の太さを指定するクラス

クラス	文字の太さ
fw-bold	太字（700）
fw-normal	標準（400）
fw-light	細字（300）
fw-bolder	親要素より太くする
fw-lighter	親要素より細くする

■斜体を指定するクラス

クラス	字形
fst-italic	斜体
fst-normal	標準

`<・・・>` **sample312-01.html**
HTML

```
      ⋮
17  <p class="fw-bold">文字の太さと斜体  Bootstrap is an open source toolkit.</p>
18  <p class="fw-normal">文字の太さと斜体  Bootstrap is an open source toolkit.</p>
19  <p class="fw-light">文字の太さと斜体  Bootstrap is an open source toolkit.</p>
20  <p class="fst-italic">文字の太さと斜体  Bootstrap is an open source toolkit.</p>
      ⋮
```

図3.1.2-1　「文字の太さ」と「斜体」の指定

▼Bootstrap 4 からの変更点

── クラス名の変更 ──────────────────────────

Bootstrap 4 では、これらの書式を`font-weight-bold`や`font-italic`などのクラスで指定していました。Bootstrap 5 ではクラス名の短縮が行われ、`fw-XXXXX`や`fst-XXXXX`といったクラス名に変更されていることに注意してください。

3.1.3　文字色 [New]

　続いては、**文字色**を指定するクラスを紹介します。Bootstrap 5には、primary（主要）、secondary（予備）、success（成功）、info（お知らせ）、warning（警告）、danger（危険）といった名前が付けられた6個の色が定義されています。これらに加えて「黒」～「白」の文字色を手軽に指定できるクラスとして、以下のようなクラスが用意されています。

■文字色を指定するクラス

クラス	CSS変数	文字の色（初期値）
text-primary	bs-primary-rgb	rgba(13, 110, 253, 1)
text-secondary	bs-secondary-rgb	rgba(108, 117, 125, 1)
text-success	bs-success-rgb	rgba(25, 135, 84, 1)
text-info	bs-info-rgb	rgba(13, 202, 240, 1)
text-warning	bs-warning-rgb	rgba(255, 193, 7, 1)
text-danger	bs-danger-rgb	rgba(220, 53, 69, 1)
text-black	bs-black-rgb	rgba(0, 0, 0, 1)
text-dark	bs-dark-rgb	rgba(33, 37, 41, 1)
text-light	bs-light-rgb	rgba(248, 249, 250, 1)
text-white	bs-white-rgb	rgba(255, 255, 255, 1)
text-body	bs-body-color-rgb	rgba(33, 37, 41, 1)
text-muted	（なし）	#6c757d
text-black-50	（なし）	rgba(0, 0, 0, 0.5)
text-white-50	（なし）	rgba(255, 255, 255, 0.5)
text-reset	（なし）	親要素の文字色を引き継ぐ

　これらのクラスを使って文字色を指定すると、Webサイトを統一感のあるデザインに仕上げられます。以下に、文字色を指定した例を紹介しておくので参考にしてください。

sample313-01.html

```
        ⋮
15   <h1>文字色の指定</h1>
16   <hr>
17   <h3 class="text-primary">text-primaryの文字色</h3>
18   <h3 class="text-secondary">text-secondaryの文字色</h3>
19   <h3 class="text-success">text-successの文字色</h3>
```

```
20    <h3 class="text-info">text-infoの文字色</h3>
          ⋮
31    <h3 class="text-black-50" style="background:#090">text-black-50の文字色</h3>
32    <h3 class="text-white-50" style="background:#090">text-white-50の文字色</h3>
33    <hr>
          ⋮
```

図3.1.3-1　Bootstrapに用意されている文字色

　CSS変数の値を変更して、primaryやsecondaryなどの色を「好きな色」にカスタマイズすることも可能です。Webサイト全体の配色を変更する場合などに便利に活用できるでしょう。なお、Bootstrapをカスタマイズする方法については、本書の第6章で詳しく解説します。

　そのほか、**文字の不透明度**（opacity）を指定するクラスとして、以下のようなクラスも用意されています。

■文字の不透明度を指定するクラス

クラス	不透明度
text-opacity-25	0.25
text-opacity-50	0.5
text-opacity-75	0.75
text-opacity-100	1

3.1.4　文字サイズと見出し　　New

　h1〜h6の要素で作成した「見出し」と同じ文字の書式にする、**h1**、**h2**、**h3**、**h4**、**h5**、**h6**といったクラスも用意されています。これらのクラスは、p要素の文字を「h2要素と同じ見た目で表示したい」といった場合などに活用できます。

　そのほか、**fs-1**、**fs-2**、**fs-3**、**fs-4**、**fs-5**、**fs-6**といったクラスも用意されています。こちらは、文字サイズ（font-size）だけを「h1〜h6要素と同じ書式」にするクラスです。

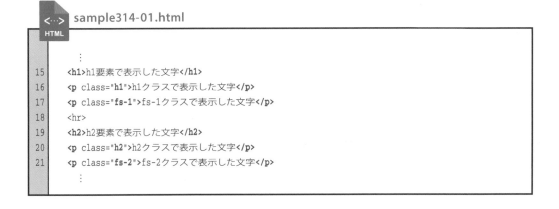

```
     sample314-01.html
15   <h1>h1要素で表示した文字</h1>
16   <p class="h1">h1クラスで表示した文字</p>
17   <p class="fs-1">fs-1クラスで表示した文字</p>
18   <hr>
19   <h2>h2要素で表示した文字</h2>
20   <p class="h2">h2クラスで表示した文字</p>
21   <p class="fs-2">fs-2クラスで表示した文字</p>
```

　また、サイズの大きい文字を細字で表示できる**display-1**、**display-2**、**display-3**、**display-4**、**display-5**、**display-6**といったクラスも用意されています。

```
     sample314-01.html
23   <p class="display-1">display-1で表示した文字</p>
24   <p class="display-2">display-2で表示した文字</p>
25   <p class="display-3">display-3で表示した文字</p>
26   <p class="display-4">display-4で表示した文字</p>
27   <p class="display-5">display-5で表示した文字</p>
28   <p class="display-6">display-6で表示した文字</p>
```

　なお、h1〜h6の要素をはじめ、上記のクラスを適用した要素は、画面サイズに応じて文字サイズが変化する**レスポンシブな文字サイズ**になります。

図3.1.4-1　h1 ～ h6、fs-1 ～ fs-6、display-1 ～ display-6のクラスを適用した文字

　具体的な例を使って解説していきましょう。たとえば、「h1 要素」や「h1 のクラス」には、font-size: calc(1.375rem + 1.5vw) というCSSが指定されています。vwは「画面の幅」を基準にした単位で、1.5vwは「画面の幅の1.5%」に相当します。1rem ＝ 16pxと考えると、1.375remは22pxになるため、h1 要素の文字サイズは「画面の幅」に応じて以下のように変化していくことになります。

■ **h1 要素、h1 クラス、fs-1 クラスの文字サイズ**
　　「画面の幅」が400pxの場合 ························· 文字サイズは28px（1.5vw ＝ 6px）
　　「画面の幅」が600pxの場合 ························· 文字サイズは31px（1.5vw ＝ 9px）
　　「画面の幅」が800pxの場合 ························· 文字サイズは34px（1.5vw ＝ 12px）
　　「画面の幅」が1000pxの場合 ······················ 文字サイズは37px（1.5vw ＝ 15px）

　なお、「画面の幅」が1200px以上になると、これらの文字サイズを2.5rem（40px）に固定するCSSが記述されているため、h1の文字サイズが2.5rem以上になることはありません。文字を「見出し」として扱うときは、このような仕組みがあることも覚えておく必要があります。

┌─ **h1 ～ h6 の文字サイズがレスポンシブに** ──────── ▼ **Bootstrap 4 からの変更点**

　Bootstrap 4 では、h1 ～ h6 の文字サイズに固定値が指定されていました。一方、Bootstrap 5 では、上述したようにレスポンシブな文字サイズになっています。

> ### small と lead のクラス
>
> 　文字を少しだけ小さく表示したい場合に、**small** という名前のクラスを利用することも可能です。smallのクラスには、`font-size:0.875em`のCSSが指定されています。このため、「親要素の87.5％の文字サイズ」で文字を表示できます。
> 　また、リード文向けのクラスとして、**lead** というクラスも用意されています。このクラスには、`font-size:1.25rem`と`font-weight:300`のCSSが指定されています。

3.1.5　その他、文字関連の書式 `New`

　そのほか、文字の書式に関連するクラスとして、以下のようなクラスも用意されています。

■行間を指定するクラス

クラス	行間（line-height）
lh-1	1
lh-sm	1.25
lh-base	1.5
lh-lg	2

■大文字／小文字を変換するクラス

クラス	大文字／小文字の表記
text-lowercase	すべて小文字
text-uppercase	すべて大文字
text-capitalize	各単語の先頭のみ大文字

■下線、取り消し線を指定するクラス

クラス	装飾の指定
text-decoration-underline	下線を指定
text-decoration-line-through	取り消し線を指定
text-decoration-none	標準（下線、取り消し線なし）

■等幅フォントを指定するクラス

クラス	フォント
font-monospace	等幅フォントを指定

■文字色をリセットするクラス

クラス	文字色
text-reset	親要素の文字色を引き継ぐ

3.2 リストの書式

続いては、リストの書式をBootstrapで指定する方法を解説します。ulとliで構成されるリストは、文字を「箇条書き」で示す場合だけでなく、さまざまな用途に使われます。よって、その書式を手軽に指定する方法を覚えておくと便利です。

3.2.1 マーカーの削除

Bootstrapを読み込んだHTMLは、ul要素とli要素で作成した**リスト**が以下の図のような形で表示されます。

図3.2.1-1　リストの表示

各項目の先頭には●のマーカー、下位レベルの項目には○のマーカーが表示されます。これらのマーカーを削除し、左の余白を0にするときはul要素に**list-unstyled**のクラスを適用します。

sample321-01.html

```
        ⋮
15   <h1 class="">閉会式のプログラム</h1>
16   <hr>
```

```
17   <ul class="list-unstyled">
18     <li>閉会の言葉</li>
19     <li>各部門賞の発表
20       <ul>
21         <li>技術賞</li>
22         <li>アイデア賞</li>
23         <li>デザイン賞</li>
24       </ul>
25     </li>
26     <li>グランプリの発表</li>
27     <li>総評</li>
28   </ul>
29   <hr>
       ⋮
```

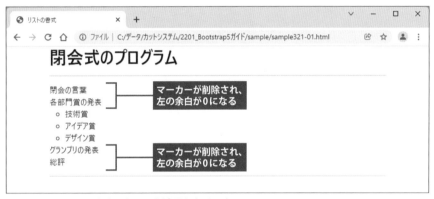

図3.2.1-2　list-unstyledのクラスを適用したリスト

　この例では、上位レベルのul要素だけにlist-unstyledのクラスを適用しているため、下位レベルの項目には○のマーカーが表示されます。このマーカーを削除するには、下位レベルのul要素にもlist-unstyledのクラスを適用する必要があります。ただし、これだけでは「左の余白」も0になってしまうため、リストを階層的に表示できなくなります。よって、ps-4などのクラスを追記して、左側の余白を調整する必要があります。

```
       ⋮
   <li>各部門賞の発表
     <ul class="list-unstyled ps-4">
       <li>技術賞</li>
       <li>アイデア賞</li>
         ⋮
```

　なお、ol要素で「番号付きリスト」を作成する場合もlist-unstyledでマーカー（番号）を削除できます。この場合は、ol要素にlist-unstyledのクラスを適用します。

3.2.2 リストを横に並べて配置

リストの各項目を横に並べて配置するクラスも用意されています。この場合は、ul要素に **list-inline** のクラスを適用し、それぞれのli要素に **list-inline-item** のクラスを適用します。

sample322-01.html

```html
     ⋮
13  <div class="container">        <!-- 全体を囲むコンテナ -->
14
15    <h2>観測地点</h2>
16    <ul class="list-inline">
17      <li class="list-inline-item">札幌</li>
18      <li class="list-inline-item">仙台</li>
19      <li class="list-inline-item">東京</li>
20      <li class="list-inline-item">名古屋</li>
21      <li class="list-inline-item">大阪</li>
22      <li class="list-inline-item">福岡</li>
23      <li class="list-inline-item">那覇</li>
24    </ul>
25
26  </div>          <!-- 全体を囲むコンテナ -->
     ⋮
```

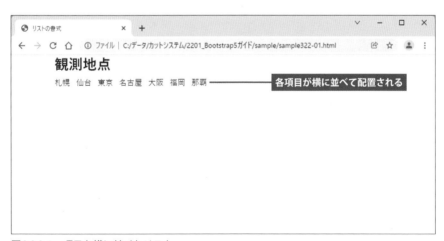

図3.2.2-1 項目を横に並べたリスト

3.2.3　定義リストの表示

　用語の意味などを解説するときに**定義リスト**を利用する場合もあると思います。続いては、Bootstrapを読み込んだHTMLで定義リストを作成したときの表示について解説します。

　`dl`、`dt`、`dd`といった要素を使って普通に定義リストを作成した場合は、以下のような形で定義リストが表示されます。

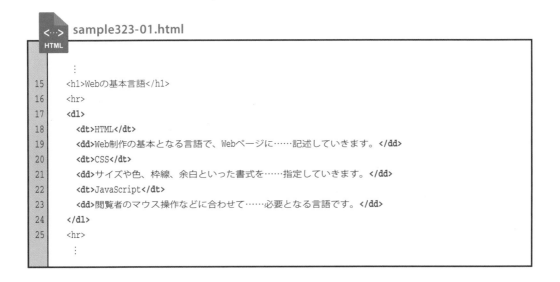

```
        ⋮
15   <h1>Webの基本言語</h1>
16   <hr>
17   <dl>
18     <dt>HTML</dt>
19     <dd>Web制作の基本となる言語で、Webページに……記述していきます。</dd>
20     <dt>CSS</dt>
21     <dd>サイズや色、枠線、余白といった書式を……指定していきます。</dd>
22     <dt>JavaScript</dt>
23     <dd>閲覧者のマウス操作などに合わせて……必要となる言語です。</dd>
24   </dl>
25   <hr>
        ⋮
```

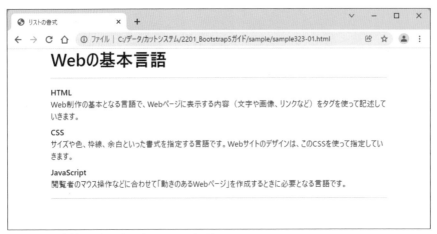

図3.2.3-1　定義リストの表示（Bootstrapあり）

　参考までに、「Bootstrapなし」の環境で定義リストを表示した場合を図3.2.3-2に紹介しておきます。左側の余白や文字の書式が調整されるため、「Bootstrapあり」の方が見やすい定義リストに仕上がっているのを確認できると思います。

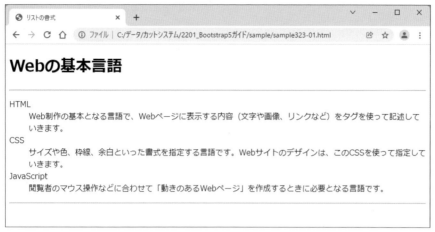

図3.2.3-2　定義リストの表示（Bootstrapなし）

3.2.4　横配置の定義リスト

　定義リストの「用語」と「意味」を横に並べて、レスポンシブ対応にすることも可能です。この場合は、dl要素に**row**、dt要素とdd要素に**col-N**のクラスを適用します。もちろん、**sm／md／lg／xl／xxl**の添字を付けて、書式指定が有効になる画面サイズを限定しても構いません。この基本的な考え方は、グリッドシステムを構築する場合と同じです。

　以下は、「用語」を2列（col-2）、「意味」を10列（col-10）で配置した例です。「用語」を示すdt要素には、文字を右揃えにする**text-end**のクラスも追加されています。いずれも**md**の添字があるため、これらのクラスは画面サイズが「768px以上」のときのみ有効になります。

sample324-01.html
HTML

```
 17  <dl class="row">
 18    <dt class="col-md-2 text-md-end">HTML</dt>
 19    <dd class="col-md-10">Web制作の基本となる言語で、Webページに……記述していきます。</dd>
 20    <dt class="col-md-2 text-md-end">CSS</dt>
 21    <dd class="col-md-10">サイズや色、枠線、余白といった書式を……指定していきます。</dd>
 22    <dt class="col-md-2 text-md-end">JavaScript</dt>
 23    <dd class="col-md-10">閲覧者のマウス操作などに合わせて……必要となる言語です。</dd>
 24  </dl>
```

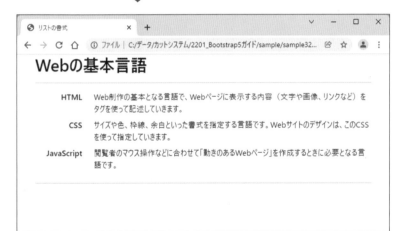

図3.2.4-1　グリッドシステムを使って配置した定義リスト

> ### text-truncateのクラス ✕
>
> 　「用語」の文字数が多くてブロック内に1行で配置できない場合は、dt要素に **text-truncate** のクラスを追加します。すると、ブロック幅からオーバーフローした文字が「...」の省略表示になり、「用語」を必ず1行で配置できるようになります。ただし、省略された文字が読めなくなってしまうことに注意してください。

3.3 画像の書式

続いては、Bootstrap 5に用意されているクラスのうち、画像（img要素）に適用できるクラスについて解説します。画像のサイズを調整したり、画像の形状を角丸や楕円にしたりする場合に活用してください。

3.3.1 画像を幅100%で表示

P57〜58で解説したように、画像をブロック幅に合わせて表示するときは**img-fluid**のクラスを適用します。このクラスには「親要素と同じ幅で画像を表示する」という書式が指定されています。このため、グリッドシステム以外の場所でも活用できます。

たとえば、幅400pxを指定したdiv要素の中に画像を配置し、この画像にimg-fluidのクラスを適用すると、画像をdiv要素（親要素）と同じ幅で表示できます。

sample331-01.html

```
      ⋮
15    <h1>画像を親要素の幅に縮小</h1>
16    <div style="width:400px;">
17      <img src="img/lighthouse-1.jpg" class="img-fluid">
18    </div>
      ⋮
```

図3.3.1-1　画像をdiv要素の幅に縮小して表示

　ただし、「親要素の幅」より「画像の幅」が小さかった場合は、実サイズで画像が表示されることに注意してください。画像を拡大表示する機能はありません。参考までに、img-fluidのクラスに指定されているCSSを紹介しておきます。

{···} bootstrap.css

```
       ⋮
596   .img-fluid {
597     max-width: 100%;
598     height: auto;
599   }
       ⋮
```

　「最大幅：100%」と「高さ：自動」の書式を指定することにより、「画像の幅」を「親要素の幅」と同じサイズに縮小しています。width:100%ではなくmax-width:100%なので、画像の拡大は行われません。縮小表示だけが行われることになります。

3.3.2　画像のサムネール表示

　画像の周囲を角丸の枠線で囲み、**サムネール**のように表示できる**img-thumbnail**というクラスも用意されています。画像を何枚も並べて表示するときに活用できるでしょう。
　なお、このクラスにはmax-width:100%のCSSも含まれているため、img-fluidのクラスを適用しなくても画像を「親要素と同じ幅」に縮小表示できます。

　以下に、グリッドシステムを使って8枚の画像を並べた例を紹介しておきます。各画像（img要素）にimg-thumbnailのクラスを適用することで、画像をサムネールのように表示しています。

<···> sample332-01.html

```
       ⋮
13   <div class="container">        <!-- 全体を囲むコンテナ -->
14
15     <h1>画像のサムネール表示</h1>
```

```
16      <div class="row row-cols-2 row-cols-md-3 g-3">
17        <div class="col"><img src="img/lighthouse-1.jpg" class="img-thumbnail"></div>
18        <div class="col"><img src="img/lighthouse-2.jpg" class="img-thumbnail"></div>
19        <div class="col"><img src="img/lighthouse-3.jpg" class="img-thumbnail"></div>
20        <div class="col"><img src="img/lighthouse-4.jpg" class="img-thumbnail"></div>
21        <div class="col"><img src="img/lighthouse-5.jpg" class="img-thumbnail"></div>
22        <div class="col"><img src="img/lighthouse-6.jpg" class="img-thumbnail"></div>
23        <div class="col"><img src="img/lighthouse-7.jpg" class="img-thumbnail"></div>
24        <div class="col"><img src="img/lighthouse-8.jpg" class="img-thumbnail"></div>
25      </div>
26
27    </div>          <!-- 全体を囲むコンテナ -->
        ⋮
```

　グリッドシステムを使用し、row-cols-2 と row-cols-md-3 のクラスを適用しているため、画面サイズが「768px未満」のときは2等分、画面サイズが「768px以上」のときは3等分の幅で各画像が並べられます。また、g-3 のクラスで縦横に 1rem のガターを設けています。

図3.3.2-1　画像のサムネール表示

3.3.3　画像の形状

　続いては、画像の形状を変化させるクラスを紹介します。画像の四隅を**角丸**にするときは
rounded、画像を**楕円形**で表示するときは**rounded-circle**というクラスを適用します。

sample333-01.html

```
      ⋮
13  <div class="container">          <!-- 全体を囲むコンテナ -->
14
15    <h1>画像の形状</h1>
16    <div class="row row-cols-1 row-cols-sm-2 g-5">
17      <div class="col">
18        <img src="img/lighthouse-2.jpg" class="img-fluid rounded">
19      </div>
20      <div class="col">
21        <img src="img/lighthouse-5.jpg" class="img-fluid rounded-circle">
22      </div>
23    </div>
24
25  </div>          <!-- 全体を囲むコンテナ -->
      ⋮
```

図3.3.3-1　画像の形状を指定するクラス

　参考までに、各クラスに指定されているCSSを紹介しておきます。roundedのクラスには
0.25remの角丸が指定されています。そのほか、角丸の半径を0／0.2rem／0.25rem／0.3rem

に指定する**rounded-0** ／ **rounded-1** ／ **rounded-2** ／ **rounded-3** といったクラスも用意され
ています。rounded-circleのクラスは、半径50%の角丸を指定することで楕円形の表示を
実現しています。

　いずれも角丸の書式だけを指定するクラスなので、img以外の要素にも適用できます。div
要素の形状を角丸や楕円形に変更する場合などにも活用できます。

bootstrap.css

```
          ┊
7896    .rounded {
7897      border-radius: 0.25rem !important;
7898    }
7899
7900    .rounded-0 {
7901      border-radius: 0 !important;
7902    }
7903
7904    .rounded-1 {
7905      border-radius: 0.2rem !important;
7906    }
7907
7908    .rounded-2 {
7909      border-radius: 0.25rem !important;
7910    }
7911
7912    .rounded-3 {
7913      border-radius: 0.3rem !important;
7914    }
7915
7916    .rounded-circle {
7917      border-radius: 50% !important;
7918    }
7919
7920    .rounded-pill {
7921      border-radius: 50rem !important;
7922    }
          ┊
```

▼ **Bootstrap 4 からの変更点**

―**クラス名の変更**―――――――――――――――――――――――

　Bootstrap 4では、0.2remの角丸を指定するrounded-sm、0.3remの角丸を指定する
rounded-lgといったクラスが用意されていました。Bootstrap 5では、これらのクラス名が
rounded-1や**rounded-3**に変更されています。注意するようにしてください。

3.4 | ブロック要素の書式

続いては、幅、高さ、背景色、枠線、余白など、主にブロックレベル要素の書式指定に使える
クラスについて解説します。また、幅（width）と高さ（height）を指定するときの注意点につい
ても補足しておきます。

3.4.1　ブロック要素の幅と高さ

Bootstrapを読み込むと、すべての要素に`box-sizing:border-box`のCSSが指定されま
す。このCSSは「幅」と「高さ」の指定方法を決めるもので、値が`border-box`のときは**内余白**
（**padding**）と**枠線**（**border**）を含めて「幅」（**width**）や「高さ」（**height**）を指定するとい
う決まりになっています。

bootstrap.css

```
62  *,
63  *::before,
64  *::after {
65    box-sizing: border-box;
66  }
```

CSSは、内余白と枠線を除いたサイズで「幅」と「高さ」を指定するように初期設定されてい
ます。一方、Bootstrapを読み込んだHTMLでは、**枠線までを含めたサイズ**で「幅」と「高さ」を
指定する必要があります。この指定方法に慣れていないと、間違った考え方でサイズを指定し
てしまう恐れがあります。注意するようにしてください。

■ 通常のサイズ指定（`box-sizing:content-box`）

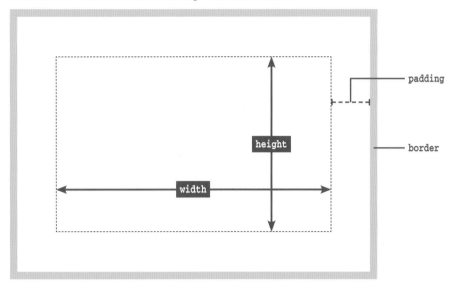

■ Bootstrapのサイズ指定（`box-sizing:border-box`）

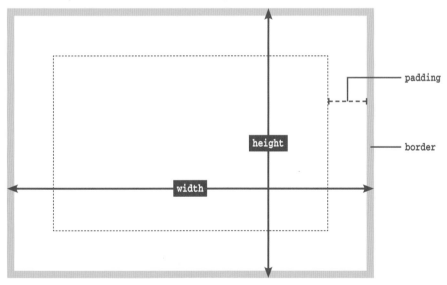

　次ページに、幅200pxのdiv要素内に画像を配置した例を示しておきます。内余白（`padding`）や枠線（`border`）を大きくするほど、内容のサイズ（画像のサイズ）が小さくなっていくのを確認できると思います。

sample341-01.html

```
    :
13  <div class="container">        <!-- 全体を囲むコンテナ -->
14
15    <h1>ブロックレベル要素の幅</h1>
16    <div style="width:200px;">
17      <img src="img/lighthouse-3.jpg" class="img-fluid">
18    </div>
19    <div style="width:200px;padding:10px;border:solid 4px #FB8;">
20      <img src="img/lighthouse-3.jpg" class="img-fluid">
21    </div>
22    <div style="width:200px;padding:20px;border:solid 8px #6D9;">
23      <img src="img/lighthouse-3.jpg" class="img-fluid">
24    </div>
25
26  </div>            <!-- 全体を囲むコンテナ -->
    :
```

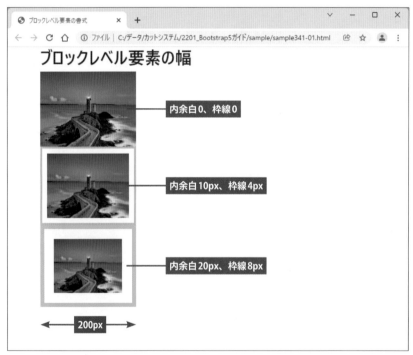

図3.4.1-1　「幅」と内余白、枠線の関係

　この指定方法の利点は、「幅」や「高さ」の計算が簡単になることです。従来の指定方法に慣れている方は少し戸惑うかもしれませんが、なるべく早く使いこなせるようになってください。枠線や余白が内側に向かって太っていく、と考えると理解しやすいでしょう。

幅や高さを指定するクラス ⊗

Bootstrapには、幅や高さを指定するクラスとして以下のようなクラスが用意されています。

■幅を指定するクラス

w-25 ⋯⋯⋯⋯⋯	width:25%
w-50 ⋯⋯⋯⋯⋯	width:50%
w-75 ⋯⋯⋯⋯⋯	width:75%
w-100 ⋯⋯⋯⋯	width:100%
w-auto ⋯⋯⋯⋯	width:auto
mw-100 ⋯⋯⋯⋯	max-width:100%
vw-100 ⋯⋯⋯⋯	width:100vw
min-vw-100 ⋯⋯	min-width:100vw

■高さを指定するクラス

h-25 ⋯⋯⋯⋯⋯	height:25%
h-50 ⋯⋯⋯⋯⋯	height:50%
h-75 ⋯⋯⋯⋯⋯	height:75%
h-100 ⋯⋯⋯⋯	height:100%
h-auto ⋯⋯⋯⋯	height:auto
mh-100 ⋯⋯⋯⋯	max-height:100%
vh-100 ⋯⋯⋯⋯	height:100vh
min-vh-100 ⋯⋯	min-height:100vh

3.4.2 背景色の指定

文字色の指定と同様に、要素の**背景色**を指定するクラスも用意されています。Bootstrapを使って背景色を指定するときは、以下のクラスを適用します。

■背景色を指定するクラス

クラス	CSS変数	背景の色（初期値）
bg-primary	bs-primary-rgb	rgba(13, 110, 253, 1)
bg-secondary	bs-secondary-rgb	rgba(108, 117, 125, 1)
bg-success	bs-success-rgb	rgba(25, 135, 84, 1)
bg-info	bs-info-rgb	rgba(13, 202, 240, 1)
bg-warning	bs-warning-rgb	rgba(255, 193, 7, 1)
bg-danger	bs-danger-rgb	rgba(220, 53, 69, 1)
bg-dark	bs-dark-rgb	rgba(33, 37, 41, 1)
bg-light	bs-light-rgb	rgba(248, 249, 250, 1)
bg-white	bs-white-rgb	rgba(255, 255, 255, 1)
bg-body	bs-body-bg-rgb	rgba(255, 255, 255, 1)
bg-transparent	透明	

図 3.4.2-1　背景色の指定（sample342-01.html）

　さらに、**bg-gradient** のクラスを追加して、背景をグラデーションにすることも可能となっています。

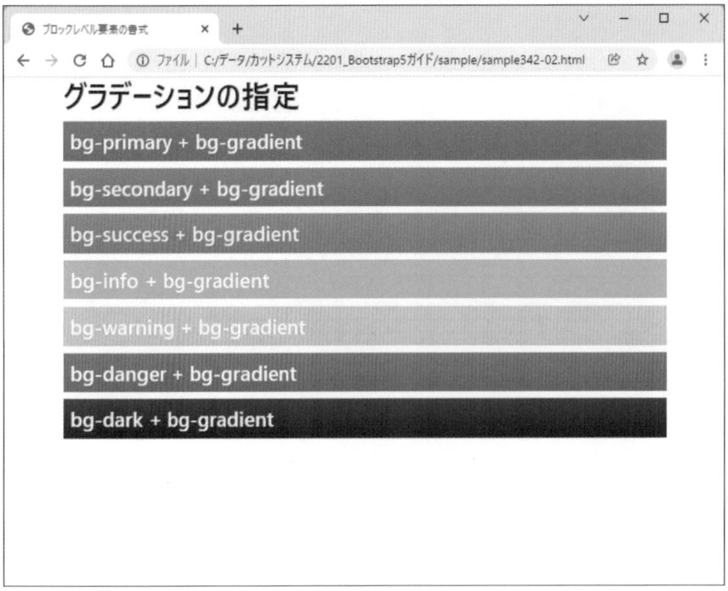

図 3.4.2-2　bg-gradient のクラスを追加した場合（sample342-02.html）

そのほか、背景を**半透明**にするクラスも用意されています。この場合は、以下のクラスをclass属性に追加します。

■背景を半透明にするクラス

クラス	不透明度（opacity）
`bg-opacity-100`	1
`bg-opacity-75`	0.75
`bg-opacity-50`	0.5
`bg-opacity-25`	0.25
`bg-opacity-10`	0.1

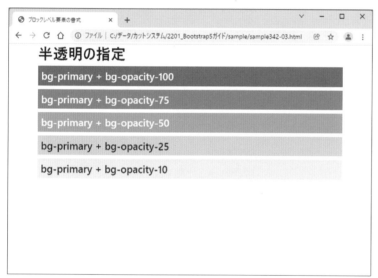

図3.4.2-3　半透明の指定（sample342-03.html）

グラデーションと半透明の指定について　　　　　　　　　　▼ Bootstrap 4 からの変更点

　背景を半透明にするクラスは、Bootstrap 5.1.0で新たに採用されたクラスです。また、Bootstrap 5では、`bg-gradient`のクラスを使って手軽に背景をグラデーションにできるようになりました。

3.4.3　枠線と角丸の指定　

　要素の枠線（border）を指定するクラスとしては、以下のようなクラスが用意されています。

■枠線を描画するクラス

クラス	枠線を描画する位置
border	上下左右
border-top	上
border-end	右
border-bottom	下
border-start	左

■枠線を消去するクラス

クラス	枠線を消去する位置
border-0	上下左右
border-top-0	上
border-end-0	右
border-bottom-0	下
border-start-0	左

■枠線の色を指定するクラス

クラス	指定される色
border-primary	#0d6efd
border-secondary	#6c757d
border-success	#198754
border-info	#0dcaf0
border-warning	#ffc107
border-danger	#dc3545
border-dark	#212529
border-light	#f8f9fa
border-white	#fff

■枠線の太さを指定するクラス

クラス	枠線の太さ
border-1	1px
border-2	2px
border-3	3px
border-4	4px
border-5	5px

　枠線の色を指定するクラスは、CSS変数を使った色指定ではなく、RGBの16進数（固定値）で色を指定する仕組みになっています。このため、色指定用のCSS変数を変更しても枠線の色は変化しません。念のため、覚えておいてください。

　具体的な例を紹介しておきましょう。たとえば、次ページのようにHTMLを記述すると、要素の左右に「solid 4px #0d6efd」の枠線を描画できます。背景色はbg-warningのクラスで指定しています。なお、style属性で指定しているwidthとheigtは、div要素を適当なサイズで表示するためのCSSなので必須ではありません。

```
<div class="bg-warning border-start border-end border-primary border-4"
    style="width:100px;height:100px">
</div>
```

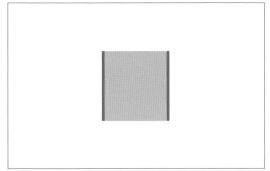

図 3.4.3-1　左右に枠線を描画した例

　もうひとつ例を紹介しておきます。以下の例では、borderのクラスで「上下左右の枠線」を描画し、さらにborder-end-0のクラスで「右の枠線」を消去しています。結果として、上・下・左に枠線が描画されることになります。

```
<div class="bg-warning border border-end-0 border-primary border-5"
    style="width:100px;height:100px">
</div>
```

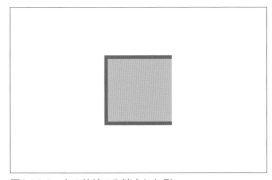

図 3.4.3-2　右の枠線のみ消去した例

P112〜113で解説したように、要素に**角丸**（border-radius）を指定するクラスも用意されています。

■0.25remの角丸を指定するクラス

クラス	角丸の位置
rounded	四隅
rounded-top	上（左上と右上）
rounded-end	右（右上と右下）
rounded-bottom	下（右下と左下）
rounded-start	左（左上と左下）

■四隅に角丸を指定するクラス

クラス	角丸の半径
rounded-0	0（角丸にしない）
rounded-1	0.2rem
rounded-2	0.25rem
rounded-3	0.3rem

たとえば、以下のようにHTMLを記述すると、右側（右上と右下）だけを0.25remの角丸にしたdiv要素を作成できます。

```
<div class="bg-primary rounded-end" style="width:50px;height:20px">
</div>
```

図3.4.3-3　右側を角丸にした例

そのほか、四隅に50%の角丸を指定して**楕円形**にする**rounded-circle**、四隅に50remの角丸を指定する**rounded-pill**といったクラスも用意されています。これらのクラスもP112〜113で紹介したものと同じです。

▼Bootstrap 4 からの変更点

── **クラス名の変更** ──

Bootstrap 5では、左右の方向を示す文字がleft / rightではなく、**start / end**に変更されています。これに伴い、枠線の書式を指定するクラス名も変更されています。

また、Bootstrap 4では、0.2remの角丸を指定するrounded-sm、0.3remの角丸を指定するrounded-lgといったクラスが用意されていました。Bootstrap 5では、これらのクラス名が**rounded-1**や**rounded-3**に変更されています。注意するようにしてください。

3.4.4　余白の指定

　内余白や外余白を指定するクラスも用意されています。外余白（margin）を指定するときは
mで始まるクラス、内余白（padding）を指定するときはpで始まるクラスを以下の形式で記述
します。

　　　m（方向）-（添字）-（数字）………………… marginの指定
　　　p（方向）-（添字）-（数字）………………… paddingの指定

■方向

t	上
e	右
b	下
s	左
x	左右
y	上下
なし	上下左右

■添字

なし	画面サイズ0px〜
sm	画面サイズ576px〜
md	画面サイズ768px〜
lg	画面サイズ992px〜
xl	画面サイズ1200px〜
xxl	画面サイズ1400px〜

■数字

0	0
1	0.25rem
2	0.5rem
3	1rem
4	1.5rem
5	3rem
auto	auto[※1]

（※1）marginのみ指定可能

　たとえば、mt-2と記述した場合は「上のmarginが0.5rem」に指定されます。同様に、px-0
は「左右のpaddingを0」に指定するクラスとなります。

　添字を付けてレスポンシブ対応の余白を指定することも可能です。たとえば、mb-md-3と記
述した場合は、画面サイズが「768px以上」のときだけ、「下のmarginを1rem」に指定できます。
同様に、py-lg-4と記述すると、画面サイズが「992px以上」のときだけ、「上下のpadding
を1.5rem」に指定できます。

　レイアウトを微調整する際に必須となるクラスなので、上記の表を見なくてもクラス名を記
述できるように暗記しておくと便利に活用できるでしょう。

クラス名の変更　　　　　　　　　　　　　　　　　　　▼ Bootstrap 4からの変更点

　左の方向を示す文字がl（左）からs（開始）に、右の方向を示す文字がr（右）からe（終了）
に変更されています。注意するようにしてください。

3.4.5　影の指定

　要素に**影**を指定するときは**shadow**というクラスを適用します。小さい影を指定する**shadow-sm**、大きめの影を指定する**shadow-lg**といったクラスも用意されています。

■影を指定するクラス

クラス	影のサイズ
shadow-none	影なし
shadow-sm	小さめの影
shadow	通常の影
shadow-lg	大きめの影

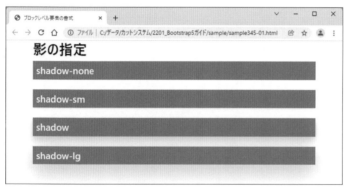

図3.4.5-1　影の指定（sample345-01.html）

3.4.6　半透明の指定　`New`

　要素を**半透明**にするクラスとしては、以下のようなクラスが用意されています。

■要素を半透明にするクラス

クラス	不透明度（opacity）
opacity-100	1
opacity-75	0.75
opacity-50	0.5
opacity-25	0.25
opacity-0	0

　背景を半透明にするクラス（P119参照）と似ていますが、こちらは背景だけでなく、要素内の**文字も半透明になる**ことに注意してください。

図3.4.6-1　半透明の指定（sample346-01.html）

3.4.7　オーバーフローの制御　　New

　要素の中に文字が収まらないとき（**オーバーフロー**）の処理方法を指定するクラスも用意されています。

■オーバーフローを制御するクラス

クラス	制御方法
overflow-auto	文字数に合わせて自動的に制御
overflow-hidden	あふれた文字を表示しない
overflow-visible	あふれた文字を表示する
overflow-scroll	スクロールバーを表示する

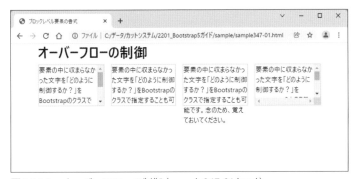

図3.4.7-1　オーバーフローの制御（sample347-01.html）

3.4.8　フロート（回り込み）の指定

　要素を**フロート**（float）の**左寄せ**で配置するときは**float-start**というクラスを適用します。同様に、**float-end**というクラスを適用すると、要素を**右寄せ**で配置できます。float:leftやfloat:rightといったCSSが指定されるだけの簡単なクラスですが、覚えておいても損はないでしょう。

■フロートを指定するクラス

クラス	配置
float-start	左寄せ（float:left）
float-end	右寄せ（float:right）
float-none	フロートなし（float:none）

　これらのクラスも**sm** / **md** / **lg** / **xl** / **xxl**の添字を付けて、画面サイズを限定することが可能です。たとえば、float-md-endとクラス名を記述すると、画面サイズが「768px以上」のときだけ「右寄せ」にする書式を指定できます。

　そのほか、フロートを解除するクラスとして**clearfix**というクラスも用意されています。このクラスは、**以降の兄弟要素の回り込みを解除するCSS**として機能します。
　以下は、float-md-startのクラスを使って、画像を左寄せで配置し、以降の文章を右側に回り込ませた例です。

sample348-01.html　`HTML`

```
     ⋮
13  <div class="container">        <!-- 全体を囲むコンテナ -->
14
15    <h1 class="mt-4">フロートの指定</h1>
16    <div class="clearfix">
17      <img src="img/lighthouse-1s.jpg" class="float-md-start me-md-4">
18      <h2 class="mt-4 mt-md-0">灯台の役割</h2>
19      <p>沿岸を航行する船が現在の位置を把握したり、……灯台を撤去する動きがあるようです。</p>
20    </div>
21    <h2 class="mt-4">灯台と景観</h2>
22    <p>灯台は船が安全に航行するためだけに存在するのではなく、……活動している人もいます。</p>
23
24  </div>          <!-- 全体を囲むコンテナ -->
     ⋮
```

　　float-md-startが適用されているため、画面サイズが「768px以上」のときだけ「左寄せ」が有効になります。画面サイズが「768px未満」のときは、各要素が縦に並べて配置されます。

　　また、16〜20行目の<div>〜</div>にclearfixのクラスが適用されているため、それ以降にあるh2要素とp要素（21〜22行目）は、回り込みが解除された状態で配置されます。

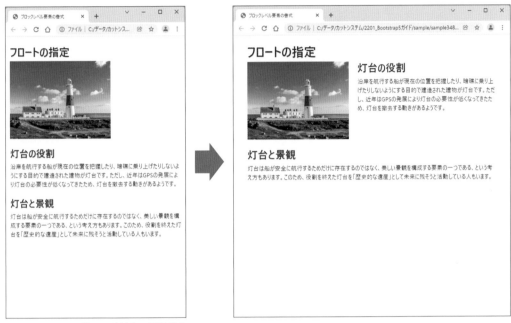

図3.4.8-1　レスポンシブ対応の回り込み

クラス名の変更

　　Bootstrap 5では、左右の方向を示す文字がleft / rightではなく、**start** / **end**に変更されています。これに伴い、フロートを指定するクラス名も変更されています。

3.5 | フレックスボックスの活用

Bootstrapには、フレックスボックスのCSSを指定するクラスも用意されています。第2章で解説したグリッドシステムではなく、フレックスボックスを使って自分でレイアウトを構築する場合などに活用してください。

3.5.1 要素のスタック

要素を「縦」または「横」に単純に積み重ねていく**フレックスボックス**を作成するときは、**vstack**や**hstack**といったクラスを利用すると便利です。

また、要素間の**ギャップ**（間隔）を指定するクラスも用意されています。ギャップを指定するクラスはレスポンシブ対応になっているため、**sm／md／lg／xl／xxl**といった添字を付けて**gap-（添字）-（数字）**のように記述することも可能です。

■スタックを指定するクラス

クラス	スタック方法
vstack	縦に積み重ね
hstack	横に積み重ね

■ギャップ（間隔）を指定するクラス

クラス	間隔
gap-（添字）-0	0
gap-（添字）-1	0.25rem
gap-（添字）-2	0.5rem
gap-（添字）-3	1rem
gap-（添字）-4	1.5rem
gap-（添字）-5	3rem

たとえば、以下のようにHTMLを記述すると、子要素のdiv要素を「縦」または「横」に積み重ねて配置できます。

sample351-01.html

```
       ⋮
13  <div class="container">        <!-- 全体を囲むコンテナ -->
14
15    <h1>要素のスタック</h1>
```

```
16    <div class="vstack gap-3 text-white fw-bold">
17      <div class="bg-primary p-2">札幌</div>
18      <div class="bg-success p-2">東京</div>
19      <div class="bg-warning p-2">名古屋</div>
20      <div class="bg-danger  p-2">大阪</div>
21      <div class="bg-dark    p-2">福岡</div>
22    </div>
23
24  </div>          <!-- 全体を囲むコンテナ -->
        ⋮
```

図3.5.1-1　スタック（縦）を利用した要素の配置

sample351-02.html

```
        ⋮
15  <h1>要素のスタック</h1>
16  <div class="hstack gap-2 text-white fw-bold">
17    <div class="bg-primary p-2">札幌</div>
18    <div class="bg-success p-2">東京</div>
19    <div class="bg-warning p-2">名古屋</div>
20    <div class="bg-danger  p-2">大阪</div>
21    <div class="bg-dark    p-2">福岡</div>
22  </div>
        ⋮
```

図3.5.1-2　スタック（横）を利用した要素の配置

3.5.2　フレックスボックスの作成

　グリッドシステムを使うのではなく、自分で**フレックスボックス**を作成してWebページをレイアウトしていくためのクラスも用意されています。フレックスボックスを作成するときは、div要素に以下のクラスを適用します。

> **d-flex** ……………………………… ブロックレベルのフレックスコンテナを作成
> **d-inline-flex** ………………… インラインのフレックスコンテナを作成

　これらのクラスを適用したdiv要素は**フレックスコンテナ**になり、その子要素が**フレックスアイテム**として扱われるようになります。簡単な例を示しておきましょう。以下は、d-flexのクラスでフレックスコンテナを作成し、その中に「札幌」～「福岡」の5つのフレックスアイテムを配置した例です。

sample352-01.html

```
13   <div class="container">          <!-- 全体を囲むコンテナ -->
14
15     <h1>フレックスボックスの活用</h1>
16     <div class="d-flex bg-secondary">
17       <div class="bg-warning m-2 p-3">札幌</div>
18       <div class="bg-warning m-2 p-3">東京</div>
19       <div class="bg-warning m-2 p-3">名古屋</div>
20       <div class="bg-warning m-2 p-3">大阪</div>
21       <div class="bg-warning m-2 p-3">福岡</div>
22     </div>
23
24   </div>          <!-- 全体を囲むコンテナ -->
```

　状況が分かりやすくなるように、フレックスコンテナとなるdiv要素には、bg-infoのクラスで背景色を指定しています。また、フレックスアイテムとなるdiv要素には、bg-warningの背景色、m-2の外余白、p-3の内余白を指定しています。

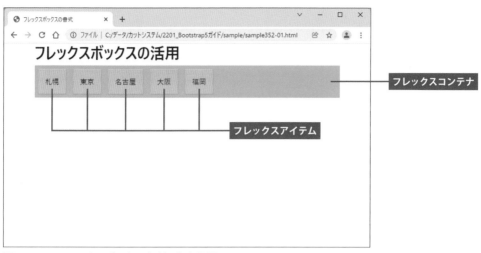

図3.5.2-1　フレックスボックスを利用した配置

　上図のように、フレックスボックスを使うと、その中にある子要素（フレックスアイテム）が横に並べて配置されます。

　なお、インラインのフレックスコンテナ（d-inline-flex）を作成した場合は、以下の図のような配置になり、フレックスコンテナがインライン要素として扱われます。

図3.5.2-2　d-inline-flexを適用した場合

　インラインのフレックスコンテナを利用する機会はあまり多くありませんが、念のため覚えておいてください。

3.5.3　アイテムの配置　　　`New`

　フレックスボックス内にあるアイテムの配置を変更することも可能です。アイテムの配置を変更するときは、コンテナのdiv要素に以下のクラスを追加します。

■左右方向の配置を指定するクラス

クラス	配置
`justify-content-start`	左揃え（初期値）
`justify-content-center`	中央揃え
`justify-content-end`	右揃え
`justify-content-between`	アイテムを等間隔で配置（両端はアイテム）
`justify-content-evenly`	アイテムを等間隔で配置（両端は間隔）
`justify-content-around`	各アイテムの左右に均等の間隔

　たとえば、`justify-content-center`のクラスを追加すると、アイテムを「中央揃え」で配置できます。

📄 **sample353-01.html**

```
 :
16  <div class="d-flex justify-content-center bg-secondary">
17    <div class="bg-warning m-2 p-3">札幌</div>
18    <div class="bg-warning m-2 p-3">東京</div>
19    <div class="bg-warning m-2 p-3">名古屋</div>
20    <div class="bg-warning m-2 p-3">大阪</div>
21    <div class="bg-warning m-2 p-3">福岡</div>
22  </div>
 :
```

図3.5.3-1　アイテムを「中央揃え」で配置した場合

　以下に、それぞれのクラスを適用したときの配置を紹介しておきます。基本的な考え方は、グリッドシステムの配置を変更する場合と同じです。

・**justify-content-start**　（左揃え）　※初期値

・**justify-content-center**　（中央揃え）

・**justify-content-end**　（右揃え）

・**justify-content-between**　（等間隔、両端はアイテム）

・**justify-content-evenly**　（等間隔、両端は間隔）

・**justify-content-around**　（各アイテムの左右に均等の間隔）

　また、アイテムを並べる方向を変更するクラスも用意されています。アイテムを縦や逆順に並べるときは、以下のクラスをフレックスコンテナに追加します。

■アイテムを並べる方向を指定するクラス

クラス	並べ方
flex-row	横方向（左 → 右、初期値）
flex-row-reverse	横方向（右 → 左）
flex-column	縦方向（上 → 下）
flex-column-reverse	縦方向（下 → 上）

・**flex-row** （横方向） ※初期値

・**flex-row-reverse** （横方向、逆順）

・**flex-column** （縦方向）

・**flex-column-reverse** （縦方向、逆順）

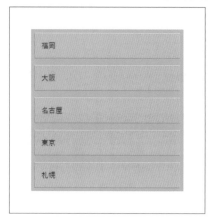

3.5.4 上下方向の位置揃え

コンテナ内の上下方向について、アイテムを揃える位置を指定するクラスも用意されています。

■上下方向の位置揃えを指定するクラス

クラス	位置揃え
align-items-start	上揃え
align-items-center	上下中央揃え
align-items-end	下揃え
align-items-baseline	ベースライン揃え
align-items-stretch	コンテナの高さに伸長（初期値）

これらのクラスもコンテナのdiv要素に適用します。ただし、その効果を確認するには、コンテナの高さ（height）を指定するか、もしくは各アイテムの高さを変化させる必要があります。

以下は、コンテナの高さに250px、各アイテムの高さに60〜180pxを指定し、「下揃え」でアイテムを配置した場合の例です。

sample354-01.html
`HTML`

```
     ⋮
13  <div class="container">        <!-- 全体を囲むコンテナ -->
14
15    <h1>フレックスボックスの活用</h1>
16    <div class="d-flex align-items-end bg-info" style="height:250px;">
17      <div class="bg-warning m-2 p-3" style="height: 60px;">札幌</div>
18      <div class="bg-warning m-2 p-3" style="height:120px;">東京</div>
19      <div class="bg-warning m-2 p-3" style="height:180px;">名古屋</div>
20      <div class="bg-warning m-2 p-3" style="height:140px;">大阪</div>
21      <div class="bg-warning m-2 p-3" style="height: 80px;">福岡</div>
22    </div>
23
24  </div>          <!-- 全体を囲むコンテナ -->
     ⋮
```

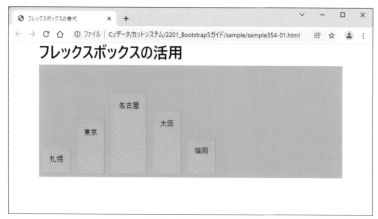

図3.5.4-1　アイテムを「下揃え」で配置した場合

　この仕組みを応用して、簡易的な縦棒グラフを作成することも可能です。参考までに、他の
クラスを適用したときの配置についても紹介しておきます。

・`align-items-start` （上揃え）

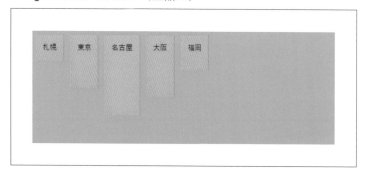

・`align-items-center` （上下中央揃え）

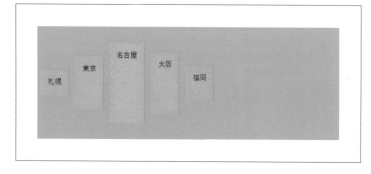

・**align-items-end** （下揃え）

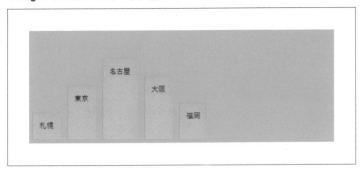

・**align-items-baseline** （ベースライン揃え）

・**align-items-stretch** （コンテナの高さに伸長） ※初期値

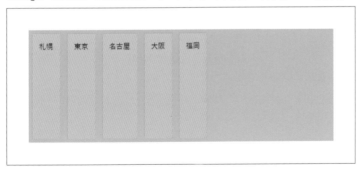

※heightプロパティで「高さ」が指定されているアイテムは伸長されません。「コンテナの高さ」に合わせて
　伸長させるには、各アイテムのheightプロパティを削除する必要があります。

　なお、フレックスコンテナの高さを指定しなかった場合は、コンテナ内にあるアイテムのう
ち「最も高さの大きいアイテム」が「コンテナの高さ」になります。

各アイテムの配置を指定するクラス

　コンテナ全体ではなく、各アイテムに対して上下位置を指定するクラスも用意されています。

　　　`align-self-start` ················ そのアイテムを「上揃え」で配置
　　　`align-self-center` ·············· そのアイテムを「上下中央揃え」で配置
　　　`align-self-end` ···················· そのアイテムを「下揃え」で配置
　　　`align-self-baseline` ·········· そのアイテムを「ベースライン揃え」で配置
　　　`align-self-stretch` ············· そのアイテムを「コンテナの高さに伸長」

　そのほか、各アイテムの幅を伸縮させてコンテナ内に隙間が生じないように配置する `flex-fill` というクラスも用意されています。

　　　`flex-fill` ··········· そのアイテムの幅を伸縮して「コンテナ内の隙間を埋める」

　なお、これらのクラスはコンテナではなく、それぞれのアイテムに適用しなければいけません。

3.5.5　アイテムの折り返し

　アイテムの数が多くてコンテナ内に納まらない場合は、**`flex-wrap`** というクラスをコンテナに追加すると、アイテムを折り返して配置できるようになります。

`<···>` HTML　sample355-01.html

```
        ⋮
16   <div class="d-flex flex-wrap bg-info">
17     <div class="bg-warning m-2 p-3">札幌</div>
18     <div class="bg-warning m-2 p-3">仙台</div>
19     <div class="bg-warning m-2 p-3">東京</div>
20     <div class="bg-warning m-2 p-3">横浜</div>
        ⋮
26     <div class="bg-warning m-2 p-3">福岡</div>
27     <div class="bg-warning m-2 p-3">熊本</div>
28     <div class="bg-warning m-2 p-3">那覇</div>
29   </div>
        ⋮
```

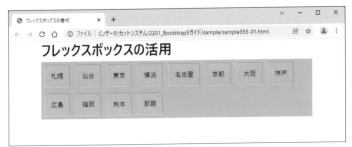

図3.5.5-1　アイテムをコンテナ内で折り返して配置

そのほか、アイテムの折り返しを指定するクラスとして、以下のクラスが用意されています。

■アイテムの折り返しを指定するクラス

クラス	折り返し方法
flex-nowrap	折り返しなし（初期値）
flex-wrap	折り返しあり
flex-wrap-reverse	逆順で折り返し

・flex-nowrap（折り返しなし）※初期値

・flex-wrap（折り返しあり）

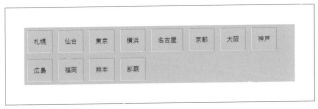

・flex-wrap-reverse（逆順で折り返し）

　また、アイテムを折り返して配置する際に、上下方向の位置揃えを指定できるクラスも用意されています。このクラスもコンテナのdiv要素に適用します。

■折り返すときの配置を指定するクラス

クラス	配置
align-content-start	上揃え
align-content-center	上下中央揃え
align-content-end	下揃え
align-content-between	上下に等間隔で配置（両端はアイテム）
align-content-around	各アイテムの上下に均等の間隔
align-content-stretch	上下に伸長（初期値）

　たとえば、コンテナの高さ（height）に250pxを指定し、align-content-betweenのクラスを適用すると、図3.5.5-2のようにアイテムを配置できます。

sample355-02.html

```
      ⋮
16   <div class="d-flex flex-wrap align-content-between bg-info" style="height:250px;">
17     <div class="bg-warning m-2 p-3">札幌</div>
18     <div class="bg-warning m-2 p-3">仙台</div>
19     <div class="bg-warning m-2 p-3">東京</div>
        ⋮
27     <div class="bg-warning m-2 p-3">熊本</div>
28     <div class="bg-warning m-2 p-3">那覇</div>
29   </div>
      ⋮
```

図3.5.5-2　アイテムを上下に等間隔で配置した場合

参考までに、他のクラスを適用したときの配置についても紹介しておきます。

・`align-content-start` （上揃え）

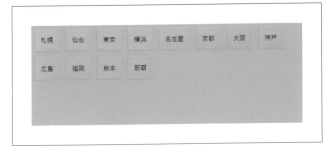

・`align-content-center` （上下中央揃え）

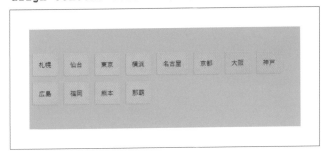

・`align-content-end` （下揃え）

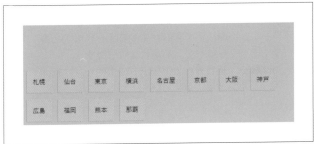

・`align-content-between` （上下に等間隔、両端はアイテム）

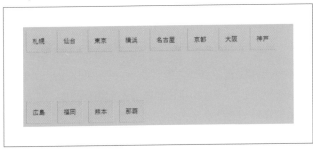

・**align-content-around** （各アイテムの上下に均等の間隔）

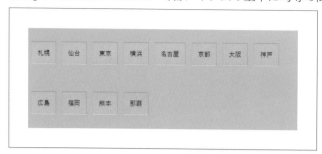

・**align-content-stretch** （上下に伸長） ※初期値

アイテムの並び順の指定

　order-0～**order-5**のクラスを使って、アイテムの並び順を入れ替えることも可能です。この場合は、クラス名の数字が小さい順にアイテムが並べ替えられます。基本的な考え方は、グリッドシステムでブロックを並べ替える場合と同じです。
　なお、これらのクラスはコンテナではなく、それぞれのアイテムに適用しなければいけません。

3.5.6　レスポンシブ対応

　これまでに紹介してきたフレックスボックス関連のクラスは、クラス名の間に**sm** / **md** / **lg** / **xl** / **xxl**の添字を付けて、画面サイズを限定した書式指定にすることが可能です。この動作に関する基本的な考え方は、これまでに紹介してきたクラスと同じです。レスポンシブ対応のフレックスボックスを作成するときに必要となるので、クラス名の記述方法をよく確認しておいてください。

◆添字と画面サイズの対応

sm ·················	画面サイズが「576px以上」のときに有効
md ·················	画面サイズが「768px以上」のときに有効
lg ·················	画面サイズが「992px以上」のときに有効
xl ·················	画面サイズが「1200px以上」のときに有効
xxl ···············	画面サイズが「1400px以上」のときに有効

◆フレックスコンテナの作成

d-（添字）-flex ···························	ブロックレベルのフレックスコンテナを作成
d-（添字）-inline-flex ·················	インラインのフレックスコンテナを作成

　たとえば、d-sm-flexとクラス名を記述すると、画面サイズが「576px以上」のときだけフレックスボックスを有効にできます。以下に、フレックスボックスを活用したレイアウトの例を紹介しておきます。

sample356-01.html

```html
     ⋮
13  <div class="container">        <!-- 全体を囲むコンテナ -->
14
15    <h1>会場一覧</h1>
16    <div class="d-sm-flex flex-wrap text-white">
17      <div class="bg-primary p-3 mb-2 me-sm-2">
18        <h3>札幌</h3><p class="mb-0">5月15日（日）　20時開演</p>
19      </div>
20      <div class="bg-secondary p-3 mb-2 me-sm-2">
21        <h3>仙台</h3><p class="mb-0">5月17日（火）　20時開演</p>
22      </div>
23      <div class="bg-primary p-3 mb-2 me-sm-2">
24        <h3>東京</h3><p class="mb-0">5月19日（木）　19時開演</p>
25      </div>
        ⋮
50      <div class="bg-secondary p-3 mb-2 me-sm-2">
51        <h3>那覇</h3><p class="mb-0">6月03日（金）　17時開演</p>
52      </div>
53    </div>
54
55  </div>        <!-- 全体を囲むコンテナ -->
     ⋮
```

　d-sm-flexが適用されているため、画面サイズが「576px以上」のときだけフレックスボックスが有効になります。画面サイズが「576px未満」のときは、通常のdiv要素として扱われるため、各アイテムは縦に並べて配置されます。

■画面サイズ「576px未満」　　　　　　　　　　　　　■画面サイズ「576px以上」（sm）

図3.5.6-1　フレックスボックスのレスポンシブ対応

　また、flex-wrapが適用されているため、各アイテムは折り返して配置されます。このため、画面サイズに応じて1行に並ぶアイテムの数は変化します。

■画面サイズ「768px以上」（md）

■画面サイズ「992px以上」（lg）

■画面サイズ「1200px以上」（xl）

■画面サイズ「1400px以上」（xxl）

図3.5.6-2　画面サイズとアイテムの配置

　各アイテムの左右の間隔は`me-sm-2`のクラスにより調整しています。画面サイズが「576px以上」のときだけ「右に0.5remの外余白」を設けることで、左右の間隔を調整しています。画面サイズが「576px未満」のときは、このクラスは無効になるため、右の外余白は0になります。

　そのほか、アイテムの**配置**や**折り返し**を指定するクラスも、以下の形式でクラス名を記述すると、画面サイズを限定した書式指定になります。

◆アイテムの配置

`justify-content-`（添字）`-`（方向）……………… 左右方向の配置
　　※（方向）はstart／center／end／between／evenly／aroundのいずれか

`align-items-`（添字）`-`（方向）…………………… 上下方向の位置揃え
　　※（方向）はstart／center／end／baseline／stretchのいずれか

`flex-`（添字）`-`（並べ方）……………………………… アイテムを並べる方向
　　※（並べ方）はrow／row-reverse／column／column-reverseのいずれか

◆アイテムの折り返し

`flex-`（添字）`-`（折り返し）……………………… 折り返しの有無・方向の指定
　　※（折り返し）はnowrap／wrap／wrap-reverse のいずれか

`align-content-`（添字）`-`（方向）……………… 折り返すときの配置
　　※（方向）はstart／center／end／between／around／stretchのいずれか

◆各アイテムに適用するクラス

`align-self-`（添字）`-`（方向）………………… 各アイテムのコンテナ内での上下位置
　　※（方向）はstart／center／end／baseline／stretchのいずれか

`flex-`（添字）`-fill` ……………… 各アイテムの幅を伸縮し、コンテナ内の隙間を埋める

`order-`（添字）`-N` ……………… 各アイテムの並び順
　　※Nは0〜5の数字

　これらのクラスを使うと、より複雑に変化するレイアウトを実現できます。Bootstrapにはグリッドシステムが用意されているため、フレックスボックスを自分で指定する機会は少ないかもしれませんが、レイアウトの自由度を高める手法の一つとして使い方を研究しておくとよいでしょう。

3.6 | テーブルの書式

第3.6節では、テーブルの書式をBootstrapで指定する方法を解説します。パソコンだけでなくスマートフォンでも見やすい表を作成できるように、それぞれのクラスの使い方を学んでおいてください。

3.6.1 テーブルの表示

Bootstrapには、表を見やすい形に書式指定してくれる **table** というクラスが用意されています。このクラスを **table** 要素に適用すると、表を図3.6.1-1のような形で表示できます。

sample361-01.html `HTML`

```
         ⋮
13  <div class="container">          <!-- 全体を囲むコンテナ -->
14
15    <h1>空室一覧</h1>
16
17    <table class="table">
18      <thead>
19        <tr><th>部屋No.</th><th>タイプ</th><th>定員</th><th>喫煙</th><th>料金</th></tr>
20      </thead>
21      <tbody>
22        <tr><td>402</td><td>ツイン</td>   <td>2名</td><td>可</td>   <td>8,800円</td></tr>
23        <tr><td>407</td><td>ダブル</td>   <td>2名</td><td>不可</td><td>7,800円</td></tr>
24        <tr><td>501</td><td>シングル</td><td>1名</td><td>不可</td><td>4,800円</td></tr>
25        <tr><td>605</td><td>シングル</td><td>1名</td><td>可</td>   <td>4,800円</td></tr>
26        <tr><td>608</td><td>シングル</td><td>1名</td><td>可</td>   <td>5,200円</td></tr>
27        <tr><td>702</td><td>DXツイン</td><td>3名</td><td>不可</td><td>13,800円</td></tr>
28        <tr><td>703</td><td>DXダブル</td><td>3名</td><td>不可</td><td>12,800円</td></tr>
29      </tbody>
30    </table>
31
32  </div>          <!-- 全体を囲むコンテナ -->
         ⋮
```

図3.6.1-1　tableクラスを適用した表

---

scope属性の記述について　ⓧ

　table要素を使って表を作成するときは、それぞれの見出し（th要素）が「列または行のどちらを対象にしているか？」を示すscope属性を記述するのが一般的です。本書の例ではHTMLを見やすくするためにscope属性の記述を省略していますが、必要に応じて記述するようにしてください。

表内の文字を右揃えで配置　ⓧ

　セル内の数値を「右揃え」で配置したいときは、th要素やtd要素に**text-end**のクラスを適用します。先ほどの例の場合、以下のようにHTMLを記述すると「料金」を右揃えで配置できます。

```
    ⋮
<tr><td>402</td><td>ツイン</td>………<td class="text-end">8,800円</td></tr>
<tr><td>407</td><td>ダブル</td>………<td class="text-end">7,800円</td></tr>
    ⋮
```

　なお、本書では、HTMLの記述をなるべく簡素化するために、数値の「右揃え」を指定せずに解説を進めていきます。

また、**キャプション**（caption要素）を表の上に配置する**caption-top**というクラスも用意されています。このクラスは**table**要素に追加する必要があります。caption要素に適用するクラスではないことに注意してください。

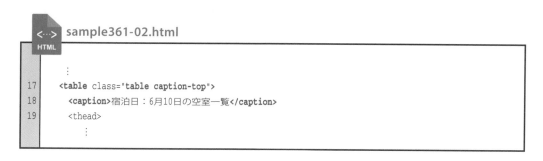

sample361-02.html

```
17    <table class="table caption-top">
18      <caption>宿泊日：6月10日の空室一覧</caption>
19      <thead>
```

図3.6.1-2　キャプションを表の上に配置

文字の上下方向の配置 ⊗

　tableのクラスを適用すると、`<thead>`～`</thead>`の文字は「下揃え」、それ以外の文字は「上揃え」で配置されます。これらの配置を変更するときは、各要素に以下のクラスを適用します。

align-top ……………… 上揃え	**align-baseline** …………… ベースライン揃え
align-middle ……… 中央揃え	**align-text-bottom** …… 文字の下端揃え
align-bottom ……… 下揃え	**align-text-top** ………… 文字の上端揃え

　上記のクラスをtable要素に適用すると「表全体」、tr要素に適用すると「行」、th要素やtd要素に適用すると「セル」を対象に、文字の上下の配置を変更できます。

3.6.2　テーブルの背景色

表の**背景色**を指定するクラスも用意されています。表全体の背景色を変更するときは、table要素に以下のクラスを追加します。これらのクラスをtr要素に適用して「行」の背景色を変更したり、th要素やtd要素に適用して「セル」の背景色を変更したりすることも可能です。

■テーブルの背景色を指定するクラス

クラス	背景色
table-primary	#cfe2ff
table-secondary	#e2e3e5
table-success	#d1e7dd
table-info	#cff4fc
table-warning	#fff3cd
table-danger	#f8d7da
table-light	#f8f9fa
table-dark	#212529

sample362-01.html

```
15    <h1>空室一覧</h1>
16
17    <table class="table">
18      <thead>
19        <tr class="table-dark"><th>部屋No.</th><th>タイプ</th> ……… <th>料金</th></tr>
20      </thead>
21      <tbody>
22        <tr><td>402</td><td>ツイン</td>  <td>2名</td><td>可</td>  <td>8,800円</td></tr>
23        <tr><td>407</td> ……… <td>2名</td><td class="table-warning">不可</td><td>7,800円</td></tr>
24        <tr><td>501</td> ……… <td>1名</td><td class="table-warning">不可</td><td>4,800円</td></tr>
25        <tr><td>605</td><td>シングル</td><td>1名</td><td>可</td>  <td>4,800円</td></tr>
26        <tr><td>608</td><td>シングル</td><td>1名</td><td>可</td>  <td>5,200円</td></tr>
27        <tr class="table-primary"><td>702</td><td>DXツイン</td> ……… <td>13,800円</td></tr>
28        <tr class="table-success"><td>703</td><td>DXダブル</td> ……… <td>12,800円</td></tr>
29      </tbody>
30    </table>
```

図3.6.2-1　背景色の指定

▼ Bootstrap 4 からの変更点

thead-light、thead-darkのクラスは廃止

　Bootstrap 4では、見出し行（thead）を強調するクラスとしてthead-lightやthead-darkといったクラスが用意されていました。Bootstrap 5では、これらのクラスが廃止されています。注意するようにしてください。

3.6.3　データ行を縞模様で表示

　続いては、1行おきに背景色を変化させて表を**縞模様**にする方法を紹介します。この場合は、table要素に**table-striped**というクラスを追加します。

sample363-01.html

```html
17    <table class="table table-striped">
18      <thead>
19        <tr><th>部屋No.</th><th>タイプ</th><th>定員</th><th>喫煙</th><th>料金</th></tr>
20      </thead>
21      <tbody>
22        <tr><td>402</td><td>ツイン</td>   <td>2名</td><td>可</td>   <td>8,800円</td></tr>
23        <tr><td>407</td><td>ダブル</td>   <td>2名</td><td>不可</td><td>7,800円</td></tr>
```

図3.6.3-1　データ行を縞模様で表示

　なお、table-primaryなどのクラスで背景色を指定してある場合も、table-stripedのクラスを追加してデータ行を縞模様にすることが可能です。

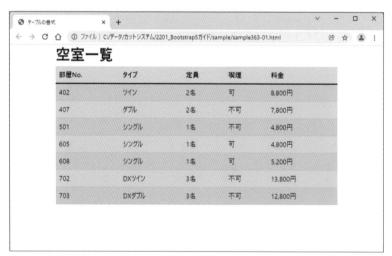

図3.6.3-2　表全体（table要素）にtable-primaryのクラスを適用している場合

縞模様にするにはtbody要素が必要 ⊗

　table-stripedは<tbody>〜</tbody>の中にある「奇数番目のtr要素」の背景色を変更するクラスとなります。thead要素やtbody要素の記述を省略した場合は、表全体がtbody要素とみなされるため、表の1、3、5行目……の背景色が変更されます。

3.6.4 テーブルの枠線

　続いては、表全体を**枠線**で囲む方法を解説します。tableのクラスを適用した表は、各行の下に枠線が描画される仕組みになっています。ここに**table-bordered**というクラスを追加すると、表内の各セルを枠線で囲んで表示できます。

　さらに、P120で解説した「枠線の色を指定するクラス」を追加して、枠線の色を指定することも可能となっています。

📄 **sample364-01.html**

```
17    <table class="table table-striped table-bordered border-primary">
18      <thead>
19        <tr><th>部屋No.</th><th>タイプ</th><th>定員</th><th>喫煙</th><th>料金</th></tr>
20      </thead>
21      <tbody>
22        <tr><td>402</td><td>ツイン</td>　<td>2名</td><td>可</td>　<td>8,800円</td></tr>
23        <tr><td>407</td><td>ダブル</td>　<td>2名</td><td>不可</td><td>7,800円</td></tr>
24        <tr><td>501</td><td>シングル</td><td>1名</td><td>不可</td>　<td>4,800円</td></tr>
25        <tr><td>605</td><td>シングル</td><td>1名</td><td>可</td>　<td>4,800円</td></tr>
```

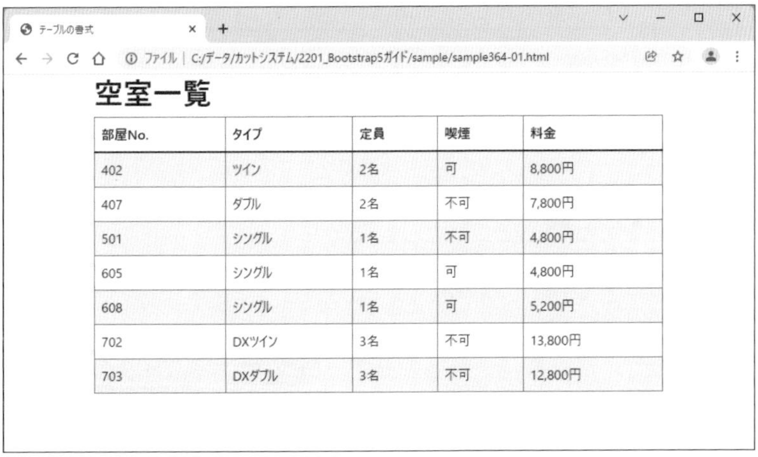

図3.6.4-1　枠線で囲み、枠線の色を指定したテーブル

　そのほか、「枠線なしの表」に変更する**table-borderless**というクラスも用意されています。表の枠線を消去するときは、このクラスをtable要素に追加します。

3.6.5　マウスオーバー時の行の強調

　表内にマウスポインタを移動したときに、**行を強調して表示する**クラスも用意されています。この場合は、**table-hover** というクラスを table 要素に追加します。

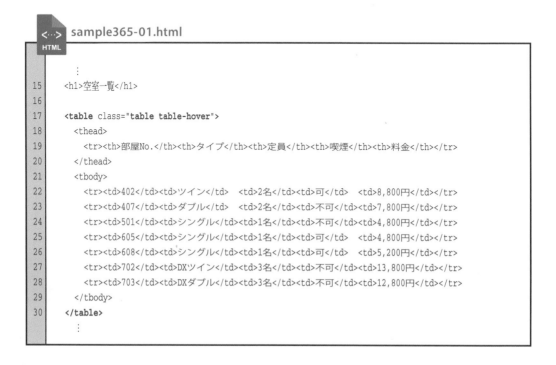

sample365-01.html

```
15        ⋮
      <h1>空室一覧</h1>
16
17    <table class="table table-hover">
18      <thead>
19        <tr><th>部屋No.</th><th>タイプ</th><th>定員</th><th>喫煙</th><th>料金</th></tr>
20      </thead>
21      <tbody>
22        <tr><td>402</td><td>ツイン</td>  <td>2名</td><td>可</td>  <td>8,800円</td></tr>
23        <tr><td>407</td><td>ダブル</td>   <td>2名</td><td>不可</td><td>7,800円</td></tr>
24        <tr><td>501</td><td>シングル</td><td>1名</td><td>不可</td><td>4,800円</td></tr>
25        <tr><td>605</td><td>シングル</td><td>1名</td><td>可</td>  <td>4,800円</td></tr>
26        <tr><td>608</td><td>シングル</td><td>1名</td><td>可</td>  <td>5,200円</td></tr>
27        <tr><td>702</td><td>DXツイン</td><td>3名</td><td>不可</td><td>13,800円</td></tr>
28        <tr><td>703</td><td>DXダブル</td><td>3名</td><td>不可</td><td>12,800円</td></tr>
29      </tbody>
30    </table>
          ⋮
```

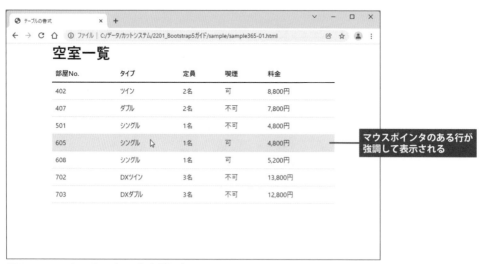

図3.6.5-1　マウスオーバーで行を強調表示

なお、table-primaryなどのクラスで背景色を指定してある場合も、table-hoverのクラスを追加してマウスオーバーしている行を強調表示することが可能です。

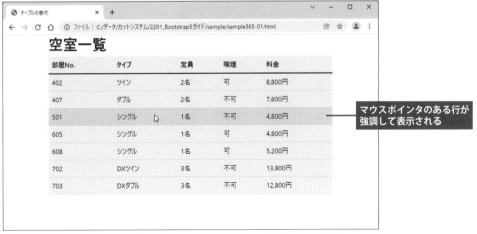

図3.6.5-2　表全体（table要素）にtable-warningのクラスを適用している場合

3.6.6　テーブルをコンパクトに表示

table要素に **table-sm** というクラスを追加すると、セル内の余白を小さくして表全体をコンパクトに表示できます。このクラスも、これまでに紹介してきた他のクラスと併用することが可能です。

以下は、table要素にtable-smとtable-stripedのクラスを適用し、見出し行の背景色をtable-darkにした場合の例です。

sample366-01.html

```
17    <table class="table table-sm table-striped">
18      <thead>
19        <tr class="table-dark"><th>部屋No.</th><th>タイプ</th> ……… <th>喫煙</th><th>料金</th></tr>
20      </thead>
21      <tbody>
22        <tr><td>402</td><td>ツイン</td>  <td>2名</td><td>可</td>  <td>8,800円</td></tr>
23        <tr><td>407</td><td>ダブル</td>  <td>2名</td><td>不可</td><td>7,800円</td></tr>
24        <tr><td>501</td><td>シングル</td><td>1名</td><td>不可</td><td>4,800円</td></tr>
              ⋮
```

図3.6.6-1　表をコンパクトに表示

3.6.7　横スクロール可能なテーブル

　列数の多い表をスマートフォンで閲覧すると、以下の図のようにセル内の文字が折り返されて表示されます。このような表はお世辞にも見やすいとはいえません。画面の小さい端末でも見やすい表を作成できるように、表を**レスポンシブ対応**にする方法も覚えておいてください。

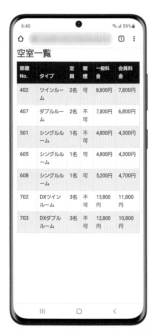

図3.6.7-1　列数の多い表を閲覧した様子

　表をレスポンシブ対応にするときは、表全体を**\<div\> ～ \</div\>**で囲んでおく必要があります。そして、このdiv要素に**table-responsive**というクラスを適用します。すると、表全体が横スクロールできるようになり、小さな画面でも快適に閲覧できるようになります。さらに、P96で紹介した**text-nowrap**のクラスをtable要素に追加しておくと、表内の文字が折り返されなくなり、より見やすい表に仕上げられます。

　以下は、table-responsiveのクラスを使って「横スクロールにも対応する表」を作成した例です。スマートフォンでも快適に表を閲覧できるのを確認できると思います。

\<···\> HTML sample367-01.html

```
      ⋮
13  <div class="container">        <!-- 全体を囲むコンテナ -->
14
15    <h1>空室一覧</h1>
16
17    <div class="table-responsive">
18      <table class="table table-striped table-bordered text-nowrap">
19        <thead>
20          <tr class="table-dark"><th>部屋No.</th><th>タイプ</th><th>定員</th><th>喫煙</th><th>一般料
            金</th><th>会員料金</th></tr>
21        </thead>
22        <tbody>
23          <tr><td>402</td><td>ツインルーム</td>  <td>2名</td><td>可</td>  <td>8,800円</td><td>7,800円
            </td></tr>
24          <tr><td>407</td><td>ダブルルーム</td>  <td>2名</td><td>不可</td><td>7,800円</td><td>6,800円
            </td></tr>
25          <tr><td>501</td><td>シングルルーム</td><td>1名</td><td>不可</td><td>4,800円</td><td>4,300円
            </td></tr>
26          <tr><td>605</td><td>シングルルーム</td><td>1名</td><td>可</td>  <td>4,800円</td><td>4,300円
            </td></tr>
27          <tr><td>608</td><td>シングルルーム</td><td>1名</td><td>可</td>  <td>5,200円</td><td>4,700円
            </td></tr>
28          <tr><td>702</td><td>DXツインルーム</td><td>3名</td><td>不可</td><td>13,800円</td><td>11,800
            円</td></tr>
29          <tr><td>703</td><td>DXダブルルーム</td><td>3名</td><td>不可</td><td>12,800円</td><td>10,800
            円</td></tr>
30        </tbody>
31      </table>
32    </div>
33
34  </div>          <!-- 全体を囲むコンテナ -->
      ⋮
```

図3.6.7-2　横スクロール可能なテーブル

　なお、table-responsiveのクラスを**table-responsive-**（添字）と記述して、画面サイズを限定した書式指定にすることも可能です。

> **table-responsive-sm** ·············· 画面サイズが「575.98px以下」のときに有効
> **table-responsive-md** ·············· 画面サイズが「767.98px以下」のときに有効
> **table-responsive-lg** ·············· 画面サイズが「991.98px以下」のときに有効
> **table-responsive-xl** ·············· 画面サイズが「1199.98px以下」のときに有効
> **table-responsive-xxl** ············ 画面サイズが「1399.98px以下」のときに有効

　クラス名に（添字）を付けるという点では、これまでに紹介してきたクラスと同じ形式になります。ただし、書式指定が有効になる画面サイズが「○○px以上」ではなく、「○○px以下」になっていることに注意してください。

3.7 アラートとカード

Bootstrapには、「アラート」や「カード」といったコンテンツ・デザインが用意されています。囲み記事を手軽に作成したい場合などに活用できるので、この機会に使い方を覚えておいてください。

3.7.1 アラートの作成

　アラートは、メッセージを表示する場合などに活用できる「囲み記事」のデザインです。アラートを作成するときは、その範囲を<div>～</div>で囲み、このdiv要素に**alert**と色を指定するクラスを適用します。色指定に使用できるクラスは以下のとおりです。

■アラートの色を指定するクラス

クラス	背景色	文字色
alert-primary	#cfe2ff	#084298
alert-secondary	#e2e3e5	#41464b
alert-success	#d1e7dd	#0f5132
alert-info	#cff4fc	#055160
alert-warning	#fff3cd	#664d03
alert-danger	#f8d7da	#842029
alert-light	#fefefe	#636464
alert-dark	#d3d3d4	#141619

sample371-01.html

```
         ⋮
15   <h1>アラートの作成</h1>
16   <div class="alert alert-danger">氏名は必ず全角文字で入力してください。</div>
17   <div class="alert alert-info">
18     2022/05/22　利用規約の一部を更新しました。<br>
19     2022/05/15　7月の予約受付を開始しました。<br>
20   </div>
         ⋮
```

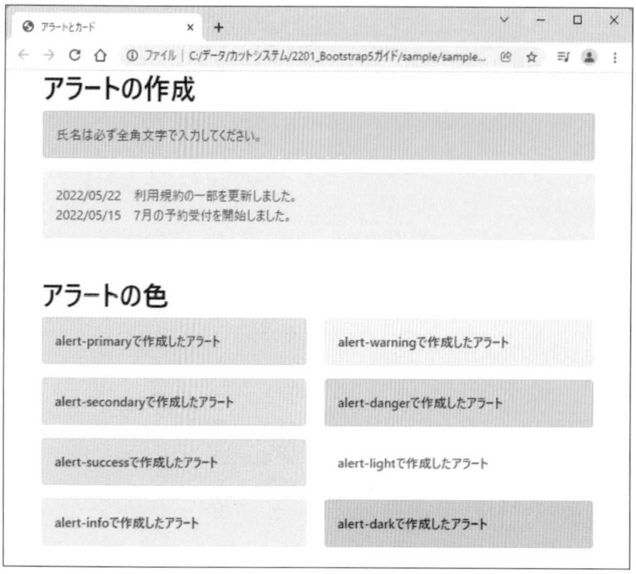

図3.7.1-1　アラートの表示

3.7.2　アラート内の見出しとリンク

　アラート内に「見出し」や「リンク」を配置するためのクラスも用意されています。見出しの書式指定は**alert-heading**のクラスで行います。また、a要素に**alert-link**のクラスを適用すると、リンク文字を「太字、少し濃い文字色」で表示できます。なお、アラート内に配置した水平線（hr要素）の色は、「アラートの色」に応じて自動調整される仕組みになっています。

sample372-01.html

```
15    <h1>アラートの作成</h1>
16    <div class="alert alert-success">
17     <h5 class="alert-heading">新着情報</h5>
18     <hr>
19     05/25　会員数が10万人を突破<br>
20     05/02　会員数が5万人を突破<br>
21     <hr>
22     04/09　<a href="#" class="alert-link">キャンペーンアイテム</a>の配布を開始<br>
23     04/01　テストサーバーの運用を開始
24    </div>
```

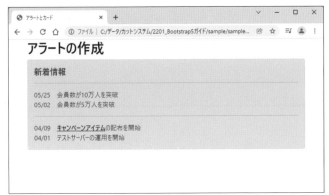

図3.7.2-1　見出し、リンク、水平線を配置したアラート

アラートを閉じる機能

　Bootstrapには、アラートを閉じる（アラートを消去する）機能も用意されています。この機能の使い方は、P278で詳しく解説します。

3.7.3　カードの基本

　文字や画像を**カード**のような形式にまとめて表示できる機能も用意されています。まずは、カードの基本的な使い方から解説していきます。

　カードを使用するときは**card**のクラスを適用した`<div>`〜`</div>`を用意し、その中に**card-body**のクラスを適用したdiv要素を配置します。これがカードの本体となります。

　card-bodyのクラスを適用したdiv要素内では、以下のクラスを使って各要素の書式を指定するのが基本です。

■**card-body**内で利用するクラス

クラス	用途
card-title	タイトルの書式指定
card-subtitle	サブタイトルの書式指定
card-text	本文の書式指定
card-link	リンクの書式指定

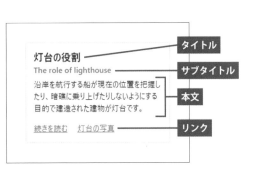

　HTMLの記述例を示しておきましょう。以下は、先ほど紹介したクラスを使ってカードを作成した例です。

```
      ⋮
13  <div class="container">          <!-- 全体を囲むコンテナ -->
14
15    <h1>Cardの作成</h1>
16    <div class="card" style="width:300px;">
17      <div class="card-body">
18        <h5 class="card-title">灯台の役割</h5>
19        <h6 class="card-subtitle mb-2 text-muted">The role of lighthouse</h6>
20        <p class="card-text">沿岸を航行する船が現在の位置を ……… された建物が灯台です。</p>
21        <a href="sample221-03.html" class="card-link">続きを読む</a>
22        <a href="img/lighthouse-1.jpg" class="card-link">灯台の写真</a>
23      </div>
24    </div>
25
26  </div>            <!-- 全体を囲むコンテナ -->
      ⋮
```

sample373-01.html

図3.7.3-1　カードの基本

　カード内に記述すべき要素について特に制限はありません。タイトル（card-title）やサブタイトル（card-subtitle）、リンク（card-link）が存在しない、本文だけのカードを作成しても構いません。

　また、各クラスの適用も「絶対に必要」という訳ではありません。参考までに、各クラスに指定されているCSSを次ページに紹介しておきます。

```
bootstrap.css

        ⋮
4528  .card-title {
4529    margin-bottom: 0.5rem;
4530  }
4531
4532  .card-subtitle {
4533    margin-top: -0.25rem;
4534    margin-bottom: 0;        サブタイトルの「下の余白」は0
4535  }
4536
4537  .card-text:last-child {
4538    margin-bottom: 0;
4539  }
4540
4541  .card-link + .card-link {
4542    margin-left: 1rem;        リンクが2つ以上並んだときに
4543  }                           1remの間隔を設ける
        ⋮
```

タイトル（card-title）とサブタイトル（card-subtitle）は、余白（margin）を調整するだけのクラスでしかありません。

サブタイトルを利用するときは、card-subtitleのクラスにmargin-bottom:0のCSSが指定されていることに注意してください。このため、そのままでは（すぐ下にある）本文との間隔が0になってしまいます。先ほどの例では、mb-2のクラスを追加することにより「下に0.5rem」の間隔を設けています。ちなみに、text-mutedは文字色を「灰色」にするクラスです（19行目）。

card-textのクラスにもmargin-bottom:0のCSSが指定されています。こちらは、カードの本文にp要素を使用したときの対策です。p要素にはmargin-bottom:1remのCSSが指定されているため、そのままの状態では「下の余白」が大きくなり過ぎてしまいます。そこで、「最後の本文」（最後のp要素）のみ「下の余白」を0にすることで枠線との間隔を調整しています。

　カードを使用するときは、カードの幅（width）にも注意しなければなりません。カードは幅100％で表示されるように初期設定されているため、パソコンで閲覧すると横長のカードが作成されてしまいます。これを回避するには、自分で幅を指定するか、もしくはグリッドシステムを活用する必要があります。

　以下は、グリッドシステムを使ってカードを配置した例です。画面サイズが「768px未満」のときは全体幅（12列）、「768px以上」のときは6列分の幅、「992px以上」のときは4列分の幅でカードが表示されるように工夫しています。

sample373-02.html

```
13  <div class="container">          <!-- 全体を囲むコンテナ -->
14
15    <h1>Cardの作成</h1>
16    <div class="row">
17      <div class="col-md-6 col-lg-4">
18        <div class="card">————————————— style属性（幅の指定）を削除
19          <div class="card-body">
20            <h5 class="card-title">灯台の役割</h5>
21            <h6 class="card-subtitle mb-2 text-muted">The role of lighthouse</h6>
22            <p class="card-text">沿岸を航行する船が現在の位置を ……… された建物が灯台です。</p>
23            <a href="sample221-03.html" class="card-link">続きを読む</a>
24            <a href="img/lighthouse-1.jpg" class="card-link">灯台の写真</a>
25          </div>
26        </div>
27      </div>
28    </div>
29
30  </div>          <!-- 全体を囲むコンテナ -->
```

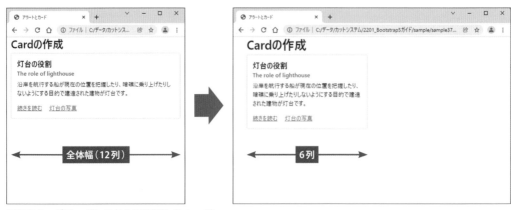

図373-2　グリッドシステムで配置したカード

　div要素が何重にも入れ子になるためミスを犯しやすくなるのが欠点といえますが、カードの幅を調整する手法の一つとして覚えておいてください。

3.7.4　画像を配置したカード

　カード内に**画像**を配置することも可能です。続いては、画像に関連するクラスについて解説していきます。Bootstrapには、カード内の画像（img要素）に適用するクラスとして以下のようなクラスが用意されています。

■カード内の画像に適用するクラス

クラス	用途
`card-img-top`	カードの上部に配置する場合
`card-img`	card-body内に配置する場合
`card-img-bottom`	カードの下部に配置する場合

　これらのクラスには、「幅100％」と「四隅の角丸」を調整する書式が指定されています。具体的な例を示しながら紹介していきましょう。以下は、画像を「カードの上部」に配置した例です。

sample374-01.html

```
13  <div class="container">        <!-- 全体を囲むコンテナ -->
14
15    <h1>Cardの作成</h1>
16    <div class="card" style="width:300px;">
17      <img src="img/lighthouse-1.jpg" class="card-img-top">  ─── card-bodyより前に記述
18      <div class="card-body">
19        <h5 class="card-title">灯台の役割</h5>
20        <p class="card-text">沿岸を航行する船が現在の位置を ……… された建物が灯台です。</p>
21        <a href="sample221-03.html" class="card-link">続きを読む</a>
22      </div>
23    </div>
24
25  </div>          <!-- 全体を囲むコンテノ -->
```

　画像を「カードの上部」に配置するときは、「card-bodyのdiv要素」よりも前にimg要素を記述します。続いて、このimg要素に**card-img-top**のクラスを適用すると、画像の「左上」と「右上」が角丸になり、カードに適したデザインに仕上がります。

図3.7.4-1　画像を「カードの上部」に配置

　画像を「カードの下部」に配置するときは、「card-bodyのdiv要素」よりも後にimg要素を記述し、このimg要素に**card-img-bottom**のクラスを適用します。

sample374-02.html

```
     ⋮
13  <div class="container">          <!-- 全体を囲むコンテナ -->
14
15    <h1>Cardの作成</h1>
16    <div class="card" style="width:300px;">
17      <div class="card-body">
18        <h5 class="card-title">灯台の役割</h5>
19        <p class="card-text">沿岸を航行する船が現在の位置を ……… された建物が灯台です。</p>
20        <a href="sample221-03.html" class="card-link">続きを読む</a>
21      </div>
22      <img src="img/lighthouse-1.jpg" class="card-img-bottom">     card-bodyより後に記述
23    </div>
24
25  </div>          <!-- 全体を囲むコンテナ -->
     ⋮
```

図3.7.4-2 画像を「カードの下部」に配置

card-bodyの中に画像を配置するときは、img要素に**card-img**のクラスを適用します。すると、画像の四隅が角丸で表示されます。このとき、上下の余白調整が必要になる場合もあります。以下の例では、mb-2のクラスにより画像の「下の余白」を調整しています。

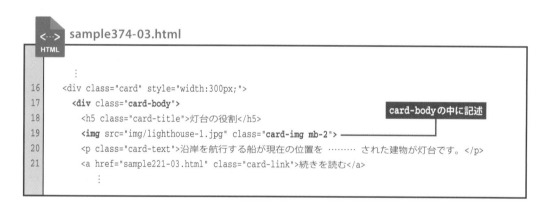

sample374-03.html

```
        ⋮
16    <div class="card" style="width:300px;">
17      <div class="card-body">
18        <h5 class="card-title">灯台の役割</h5>
19        <img src="img/lighthouse-1.jpg" class="card-img mb-2">
20        <p class="card-text">沿岸を航行する船が現在の位置を ……… された建物が灯台です。</p>
21        <a href="sample221-03.html" class="card-link">続きを読む</a>
          ⋮
```

card-bodyの中に記述

図3.7.4-3 画像を「カードの内部」に配置

　そのほか、カードの背景を画像にする方法も用意されています。この場合は、「カードの本体」を**card-img-overlay**のクラスで作成する必要があります。背景に敷く画像は、**card-img**のクラスを適用したimg要素で指定します。

```
      ⋮
15    <h1>Cardの作成</h1>
16    <div class="card" style="width:300px;">
17      <img src="img/lighthouse-1.jpg" class="card-img opacity-25">
18      <div class="card-img-overlay">
19        <h5 class="card-title">灯台の役割</h5>
20        <p class="card-text">沿岸を航行する船が現在の位置を ……… された建物が灯台です。</p>
21        <a href="sample221-03.html" class="card-link">続きを読む</a>
22      </div>
23    </div>
      ⋮
```

sample374-04.html

背景用の画像

card-img-overlayで「カードの本体」を作成

図3.7.4-4　背景に画像を敷いたカード

　上記の例では、img要素にopacity-25のクラスを指定することで画像を半透明にしています。この処理を行う代わりにカード全体にtext-whiteのクラスを適用し、文字を白色で表示する方法なども考えられます。

「背景画像」＋「ヘッダー」は不可　

　次節で解説する「カードのヘッダー」と「背景画像」を同時に使用することはできません。「カードのフッター」と「背景画像」を同時に使用することは可能ですが、フッター部分には背景画像が表示されないことに注意してください。

3.7.5 カードのヘッダーとフッター

以下の図のように、**ヘッダー**や**フッター**を追加したカードを作成することも可能です。ヘッダー・フッターは、以下のクラスを適用した要素で作成します。

card-header ···················· カードの「ヘッダー」として表示
card-footer ···················· カードの「フッター」として表示

図3.7.5-1 カードのヘッダーとフッター

図3.7.5-1のHTMLは、以下のように記述されています。h4要素でヘッダー、div要素でフッターを作成し、フッターの文字を「右揃え」にするtext-endのクラスを追加してあります。

sample375-01.html `<···>` `HTML`

```
16    <div class="card" style="width:300px;">
17      <h4 class="card-header">灯台のある風景</h4>           card-bodyより前に記述
18      <div class="card-body">
19        <h5 class="card-title">灯台の役割</h5>
20        <img src="img/lighthouse-1.jpg" class="card-img mb-2">
21        <p class="card-text">沿岸を航行する船が現在の位置を ……… された建物が灯台です。</p>
22        <a href="sample221-03.html" class="card-link">続きを読む</a>
23      </div>
24      <div class="card-footer text-end">Update 2022/5/15</div>   card-bodyより後に記述
25    </div>
```

フッターの作成にp要素は不向き？ ⊗

　ヘッダーやフッターを作成する要素に特に制限はありません。ただし、p要素でフッターを作成すると、フッターの表示に不具合が生じることに注意してください。これは、p要素にmargin-bottom:1remのCSSが指定されているためです。p要素を使ってフッターを作成するときは、p要素にmb-0のクラスを追加し、「下の余白」を0にしておく必要があります。

3.7.6　カードの色

　カードに**背景色**を指定するクラスを追加して、カラフルなカードを作成することも可能です。カード全体に色を付けるときは、cardのdiv要素に「背景色を指定するクラス」を追加します。さらに、**text-white**のクラスも追加して文字色を「白色」に変更すると、読みやすいカードを作成できます。

※使用可能なクラスは本書のP117を参照してください。

```
<div class="card bg-primary text-white">
  <h4 class="card-header">ヘッダー</h4>
  <div class="card-body">
     ⋮
  </div>
</div>
```

　「ヘッダー・フッター」や「カードの本体」（card-body）に対して背景色を指定することも可能です。この場合は、該当する要素に「背景色を指定するクラス」を追加します。

```
<div class="card">
  <h4 class="card-header bg-success text-white">ヘッダー</h4>
  <div class="card-body">
     ⋮
  </div>
</div>
```

　次ページに、いくつかの例を紹介しておくので参考にしてください。

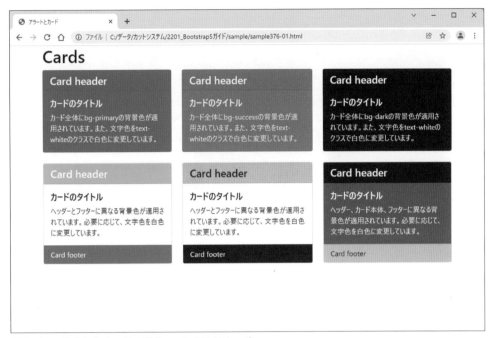

図3.7.6-1　着色したカードの例（sample376-01.html）

---

bg-transparentの活用

　ヘッダー・フッターの背景色を透明にしたい場合は、**bg-transparent** のクラスを適用します。このクラスには、`background-color:transparent`（親要素の背景色をそのまま引き継ぐ）のCSSが指定されています。

　また、カードの枠線の色を変更することも可能です。この場合は、各要素に「枠線の色を指定するクラス」を追加します。基本的な考え方は、背景色を変更する場合と同じです。次ページに、いくつかの例を紹介しておくので参考にしてください。

※使用可能なクラスは本書のP120を参照してください。

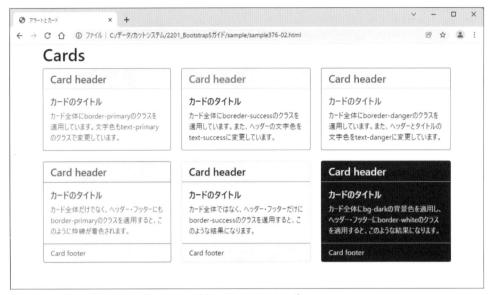

図3.7.6-2　枠線の色を変更したカードの例（sample376-02.html）

3.7.7　カードグループ

複数枚のカードを連結させて、横に配置する**カードグループ**というレイアウトも用意されています。

図3.7.7-1　3枚のカードを連結したカードグループ

カードグループを作成するときは、**card-group**のクラスを適用したdiv要素を作成し、その中に各カードのHTMLを記述していきます。たとえば、図3.7.7-1のように3枚のカードを並べるときは、以下のようにHTMLを記述します。

sample377-01.html

```
     ⋮
13  <div class="container">          <!-- 全体を囲むコンテナ -->
14
15    <h1>Card groups</h1>
16
17    <div class="card-group">
18
19      <div class="card">
20        <img src="img/lighthouse-1.jpg" class="card-img-top">
21        <div class="card-body">
22          <h5 class="card-title">灯台の役割</h5>
23          <p class="card-text">沿岸を航行する船が現在の位置を ……… された建物が灯台です。</p>
24          <a href="sample221-03.html" class="card-link">続きを読む</a>
25        </div>
26        <div class="card-footer text-end small text-muted">Update 2022/5/15</div>
27      </div>
28
29      <div class="card">
30        <img src="img/lighthouse-2.jpg" class="card-img-top">
31        <div class="card-body">
32          <h5 class="card-title">灯台と景観</h5>
33          <p class="card-text">灯台は、船が安全に航行するため ……… の一つにもなります。</p>
34          <a href="sample221-03.html" class="card-link">続きを読む</a>
35        </div>
36        <div class="card-footer text-end small text-muted">Update 2022/5/12</div>
37      </div>
38
39      <div class="card">
40        <img src="img/lighthouse-3.jpg" class="card-img-top">
41        <div class="card-body">
42          <h5 class="card-title">プルザネ灯台</h5>
43          <p class="card-text">フランス、ブルターニュ地方の ……… として知られています。</p>
44          <a href="sample221-03.html" class="card-link">続きを読む</a>
45        </div>
46        <div class="card-footer text-end small text-muted">Update 2022/5/10</div>
47      </div>
48
49    </div>
50
51  </div>          <!-- 全体を囲むコンテナ -->
     ⋮
```

　カードグループを利用するときは、各カードの幅（width）を指定しなくても構いません。グループ内にあるカードの枚数に応じて、幅を等分割するようにカードが配置されます。たとえば、カードが2枚の場合は2等分、3枚の場合は3等分、4枚の場合は4等分、……という仕組みになります。もちろん、5枚以上のカードをグループ化することも可能ですし、ヘッダー・フッターのあるカードをグループ化することも可能です。

　なお、カードグループは、**画面サイズが「576px以上」**のときだけ有効になる仕様になっています。画面サイズが576px未満のときは、各カードが縦に並べて配置されます。このため、カードグループをスマートフォンで見ると、以下の図のようなイメージになります。

図3.7.7-2　カードグループをスマートフォンで閲覧したイメージ

---

card-deck、card-columnのクラスは廃止　　　　　　　　▼Bootstrap 4からの変更点

　Bootstrap 4には、カードを並べて配置する方法としてcard-deckやcard-columnといったクラスが用意されていました。Bootstrap 5では、これらのクラスが廃止されています。注意するようにしてください。

3.7.8　グリッドカード

　Bootstrap 4に用意されていた「カードデッキ」のようなレイアウトを実現するときは、グリッドシステムを使ってカードの配置を指定します。たとえば、P78〜79で解説した`row-cols-N`のクラスを活用すると、画面サイズに応じてカードの配置が変化するレイアウトを実現できます。

　たとえば、画面サイズが「576px未満」のときは「カードを縦に並べて配置」、画面サイズが「576px以上」のときは「カードを2列に配置」（2等分）、画面サイズが「992px以上」のときは「カードを4列に配置」（4等分）、といったレイアウトを構築するときは、次ページのようにHTMLを記述します。

■画面サイズ「576px未満」

■画面サイズ「576px以上」（sm）

■画面サイズ「992px以上」（lg）

図3.7.8-1　画面サイズに応じてカードの配置が変化するレイアウト

sample378-01.html

```
    ⋮
15    <h1>Grid cards</h1>
16
17    <div class="row row-cols-1 row-cols-sm-2 row-cols-lg-4 g-4">
18
19      <div class="col">
20        <div class="card h-100">
21          <img src="img/lighthouse-1.jpg" class="card-img-top">
22          <div class="card-body">
                 ⋮
26          </div>
27          <div class="card-footer text-end small text-muted">Update 2022/5/15</div>
28        </div>
29      </div>
30
31      <div class="col">
32        <div class="card h-100">
33          <div class="card-body">
```

```
37            ⋮
38            </div>
39            <div class="card-footer text-end small text-muted">Update 2022/5/14</div>
40          </div>

41        </div>

42        <div class="col">
43          <div class="card h-100">
44            <img src="img/lighthouse-2.jpg" class="card-img-top">
45            <div class="card-body">
46              ⋮
49            </div>
50            <div class="card-footer text-end small text-muted">Update 2022/5/12</div>
51          </div>
52        </div>

53
54        <div class="col">
55          <div class="card h-100">
56            <img src="img/lighthouse-3.jpg" class="card-img-top">
57            <div class="card-body">
58              ⋮
61            </div>
62            <div class="card-footer text-end small text-muted">Update 2022/5/10</div>
63          </div>
64        </div>
              ⋮
              ⋮
87      </div>
              ⋮
```

　カードとカードの間隔は、ガター（溝）を指定するクラス（g-4 など）で調整します。また、それぞれのカードに **h-100** のクラス（高さを100%にするクラス）を適用しておくと、横に並んだカードの高さを揃えて配置できます。

▼ Bootstrap 4 からの変更点

┌─ ジャンボトロン、メディアオブジェクトは廃止 ─────────────

　Bootstrap 4 には「ジャンボトロン」や「メディアオブジェクト」といったコンテンツ・デザインが用意されていました。Bootstrap 5 では、これらのコンテンツ・デザインが廃止されています。注意するようにしてください。

└──

3.8 ｜ フォームの書式

続いては、フォームの書式をBootstrapで指定する方法を解説します。パソコンだけでなくスマートフォンでも操作しやすいフォームを作成できるように、各クラスの使い方を学んでおいてください。

3.8.1　フォームの基本

　通常のHTMLで作成した**フォーム**は入力欄や選択項目の表示が小さく、スマートフォンでは操作しにくい傾向があります。スマートフォンでも操作しやすいフォームを作成するには、各要素に書式を指定してサイズなどを調整しなければいけません。このような場合にもBootstrapが活用できます。

　まずは、input やtextarea などの要素（入力欄）の書式指定について解説します。これらの要素には**form-control**というクラスを適用します。このクラスは、幅100%、角丸の枠線、余白、フォーカス時の書式などを指定するもので、入力欄のデザインをスマートフォンでも操作しやすい形に整えてくれるクラスとなります。

　label 要素には**form-label** のクラスを適用します。このクラスには、「下の余白」（margin-bottom）を0.5remにするCSSが指定されています。

sample381-01.html

```
       ⋮
13  <div class="container">          <!-- 全体を囲むコンテナ -->
14
15    <h1 class="my-4">お問い合わせ</h1>
16
17    <form>
18      <div class="mb-4">
19        <label for="Q_Name" class="form-label">お名前</label>
20        <input type="text" class="form-control" id="Q_Name">
21      </div>
```

```
22      <div class="mb-4">
23        <label for="Q_Mail" class="form-label">メールアドレス</label>
24        <input type="email" class="form-control" id="Q_Mail">
25      </div>
26      <div class="mb-4">
27        <label for="Q_Ask" class="form-label">お問い合わせ内容</label>
28        <textarea rows="5" class="form-control" id="Q_Ask"></textarea>
29      </div>
30      <button type="submit" class="btn btn-primary">送信</button>
31    </form>
32
33  </div>          <!-- 全体を囲むコンテナ -->
      ⋮
```

図3.8.1-1 フォームの基本書式

　上記の例では、「送信」ボタンにbtnとbtn-primaryのクラスを適用しています（30行目）。これらのクラスはボタンの書式を指定するものです。ボタンはWebサイトのナビゲーションにもよく利用されるので、これらのクラスの使い方については本書の第4.1節（P198〜208）で詳しく解説します。

▼ Bootstrap 4 からの変更点

form-groupのクラスは廃止

　Bootstrap 4では、それぞれの質問項目を囲むdiv要素にform-groupのクラスを適用していました。Bootstrap 5では、このクラスが廃止されています。必要に応じて、mb-3やmb-4などのクラスで「下の余白」を調整するようにしてください。

3.8.2　テキストボックスのサイズ変更

　Bootstrapには、テキストボックスのサイズ（高さ）を変更できるクラスも用意されています。サイズを大きくするときは**form-control-lg**、小さくするときは**form-control-sm**のクラスをinput要素に追加します。作成するフォームの内容に合わせて活用してください。

sample382-01.html

```
17    <form>
18      <div class="mb-4">
19        <label for="inp_1" class="form-label">テキストボックス（大）</label>
20        <input type="text" class="form-control form-control-lg" id="inp_1">
21      </div>
22      <div class="mb-4">
23        <label for="inp_2" class="form-label">テキストボックス（標準）</label>
24        <input type="text" class="form-control" id="inp_2">
25      </div>
26      <div class="mb-4">
27        <label for="inp_3" class="form-label">テキストボックス（小）</label>
28        <input type="text" class="form-control form-control-sm" id="inp_3">
29      </div>
30    </form>
```

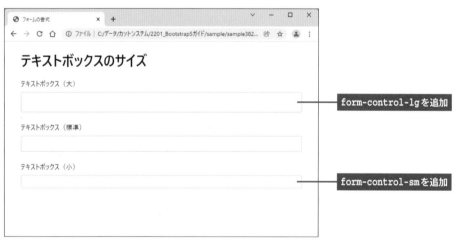

図3.8.2-1　テキストボックスのサイズ

3.8.3　グリッドシステムを使ったフォームの配置

　フォームの配置を細かく指定して**レスポンシブ対応**にするときは、**グリッドシステム**を使って各要素を配置します。基本的な考え方は通常のグリッドシステムと同じなので、すぐに仕組みを理解できると思います。

　なお、「ラベル」と「テキストボックス」を左右に並べて配置するときは、label要素に**col-form-label**のクラスを適用しておく必要があります。このクラスは、ラベルを「テキストボックスの上下中央」に配置する役割を担っています。

sample383-01.html

```
     ⋮
13  <div class="container">         <!-- 全体を囲むコンテナ -->
14
15    <h1 class="my-4">お問い合わせ</h1>
16
17    <form>
18      <div class="row gx-2 mb-4">
19        <label for="Q_Name" class="col-md-3 col-form-label text-md-end">お名前</label>
20        <div class="col-md-5">
21          <input type="text" class="form-control" id="Q_Name">
22        </div>
23      </div>
24      <div class="row gx-2 mb-4">
25        <label for="Q_Mail" class="col-md-3 col-form-label text-md-end">メールアドレス</label>
26        <div class="col-md-5">
27          <input type="email" class="form-control" id="Q_Mail">
28        </div>
29      </div>
30      <div class="row gx-2 mb-4">
31        <label for="Q_Ask" class="col-md-3 col-form-label text-md-end">お問い合わせ内容</label>
32        <div class="col-md-9">
33          <textarea rows="5" class="form-control" id="Q_Ask"></textarea>
34        </div>
35      </div>
36      <div class="row">
37        <div class="col-12 text-end">
38          <button type="submit" class="btn btn-primary">送信</button>
39        </div>
40      </div>
41    </form>
42
43  </div>          <!-- 全体を囲むコンテナ -->
     ⋮
```

　「お名前」の質問項目は、ラベルを3列、テキストボックスを5列の幅で表示しています。よって、右側に4列分の空白が生じます。また、ラベルには文字を「右揃え」で配置するクラスも適用されています。これらのクラスにはmdの添字が付けられているため、この指定は画面サイズが「768px以上」のときのみ有効になります。画面サイズが「768px未満」のときは、各要素が全体幅（12列）で表示され、ラベルは「左揃え」（初期値）になります。

　「メールアドレス」の質問項目も仕組みは同様です。「お問い合わせ内容」はテキストエリアを9列の幅で表示しているため、右側の空白はありません。「送信」ボタンは常に全体幅（12列）の「右揃え」で配置されます。

　なお、「ラベル」と「テキストボックス」の間隔は、ガター（溝）を指定するクラス（gx-2など）で調整します。

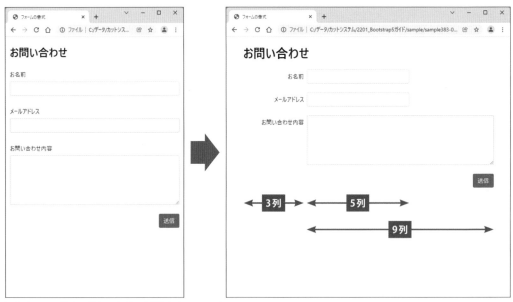

図3.8.3-1　グリッドシステムで配置したフォーム

　このようにグリッドシステムを活用すると、ラベルと入力欄の配置を自由にカスタマイズできるようになります。

▼ Bootstrap 4 からの変更点

── form-row、form-inlineのクラスは廃止 ────

　Bootstrap 5では、ガター（溝）の幅を手軽に変更できるようになりました。これに伴い、form-rowのクラスは廃止されています。また、レスポンシブ対応のフォームを作成するform-inlineのクラスも廃止されています。注意するようにしてください。

ラベルの上下中央揃え ⊗

　P180で解説したform-control-lgのクラスを使って「サイズの大きいテキストボックス」を配置するときは、label要素に**col-form-label-lg**のクラスを追加します。この記述を忘れると、「ラベル」と「テキストボックス」の上下中央が揃わなくなります。

```
<label class="col-md-3 col-form-label col-form-label-lg text-md-end"
       for="Q_Name">お名前</label>
```

　同様に、form-control-smで「サイズの小さいテキストボックス」を配置するときは、label要素に**col-form-label-sm**を追加して上下位置を調整します。

3.8.4 テキストボックスに関連する書式指定

　続いては、**テキストボックス**に関連する書式指定について解説します。まずは、テキストボックスの下に補足説明を表示する場合です。この場合は、div要素に**form-text**のクラスを適用すると、最適な書式で補足説明を表示できます。

HTML sample384-01.html

```
      ⋮
22    <div class="mb-4">
23      <label for="Q_Mail" class="form-label">メールアドレス</label>
24      <input type="email" class="form-control" id="Q_Mail">
25      <div class="form-text">※半角文字で入力してください。</div>
26    </div>
      ⋮
```

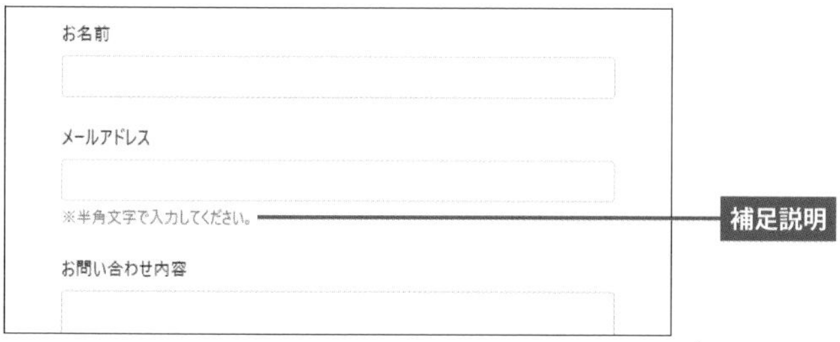

図3.8.4-1　form-textのクラスを適用した補足説明

　文字を入力できない、読み取り専用のテキストボックスにする機能も用意されています。この場合は、input要素に**readonly属性**（値なし）を追加します。さらに、form-controlのクラスを**form-control-plaintext**に変更すると、テキストボックス内の文字（value属性）を「通常の文字」として表示できます。

sample384-02.html

```
   ⋮
18   <div class="mb-4">
19     <label for="Q_Name" class="form-label">お名前</label>
20     <input type="text" class="form-control-plaintext" id="Q_Name" value="相澤 裕介" readonly>
21   </div>
22   <div class="mb-4">
23     <label for="Q_Mail" class="form-label">メールアドレス</label>
24     <input type="email" class="form-control" id="Q_Mail" value="aizawa@???.ne.jp" readonly>
25   </div>
26   <div class="mb-4">
27     <label for="Q_Ask" class="form-label">お問い合わせ内容</label>
28     <textarea rows="5" class="form-control" id="Q_Ask"></textarea>
29   </div>
   ⋮
```

図3.8.4-2　入力不可のテキストボックス

> **無効化されたテキストボックス** ⊗
>
> 　input要素に**disabled属性**（値なし）を追加すると、そのテキストボックスを無効化できます。この場合、テキストボックスをフォーカスすることも不可になります。

3.8.5 インプットグループ

前後に「単位」や「ドメイン名」などを配置したテキストボックスを作成することも可能です。この場合は、「**input-group**のクラスを適用したdiv要素」でインプットグループの範囲を囲み、「**input-group-text**のクラスを適用したspan要素」で前後（または中間）に配置する文字を作成します。

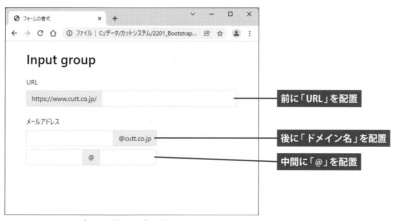

図3.8.5-1　インプットグループの例

📄 **sample385-01.html**

```html
        ⋮
17    <form>
18      <label for="page" class="form-label">URL</label>
19      <div class="input-group mb-4">
20        <span class="input-group-text">https://www.cutt.co.jp/</span>
21        <input type="text" class="form-control" id="page">
22      </div>
23      <label class="form-label">メールアドレス</label>
24      <div class="input-group mb-2" style="width:20rem;">
25        <input type="text" class="form-control" id="email">
26        <span class="input-group-text">@cutt.co.jp</span>
27      </div>
28      <div class="input-group" style="width:20rem;">
29        <input type="text" class="form-control" id="user_name">
30        <span class="input-group-text">@</span>
31        <input type="text" class="form-control" id="domain">
32      </div>
33    </form>
        ⋮
```

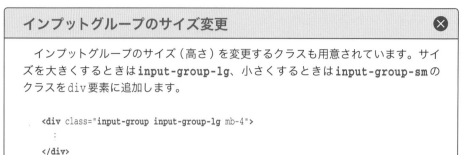

インプットグループのサイズ変更　⊗

　インプットグループのサイズ（高さ）を変更するクラスも用意されています。サイズを大きくするときは`input-group-lg`、小さくするときは`input-group-sm`のクラスを`div`要素に追加します。

```
<div class="input-group input-group-lg mb-4">
   :
</div>
```

3.8.6　フローティングラベル　New

　テキストボックス内にラベルを配置した、シンプルなフォームを作成する機能も用意されています。最初は、ラベルが「通常の文字」でテキストボックス内に表示されています。テキストボックスに文字を入力をすると、ラベル表示は「小さい灰色の文字」に変化します。

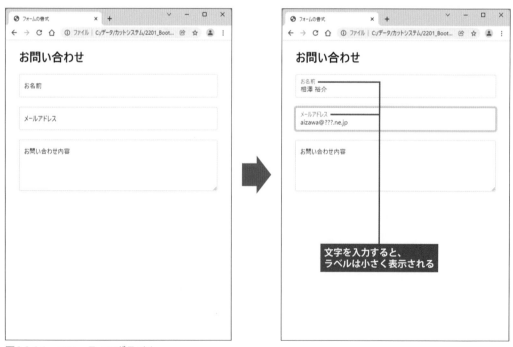

図3.8.6-1　フローティングラベル

　フローティングラベルを使うときは、「**form-floating**のクラスを適用したdiv要素」を用意し、この中にinput要素とlabel要素を記述します。このとき、**先にinput要素を記述する必要がある**ことに注意してください。また、画面には表示されませんが、input要素には**placeholder**属性が必須となります。

sample386-01.html

```
 ⋮
13  <div class="container">          <!-- 全体を囲むコンテナ -->
14
15    <h1 class="my-4">お問い合わせ</h1>
16
17    <form>
18      <div class="form-floating mb-4">
19        <input type="text" class="form-control" id="name" placeholder="名前を入力">
20        <label for="name">お名前</label>
21      </div>
22      <div class="form-floating mb-4">
23        <input type="email" class="form-control" id="mail" placeholder="メールアドレスを入力">
24        <label for="mail" class="form-label">メールアドレス</label>
25      </div>
26      <div class="form-floating mb-4">
27        <textarea class="form-control" id="ask" placeholder="質問" style="height:8rem;"></textarea>
28        <label for="ask" class="form-label">お問い合わせ内容</label>
29      </div>
30    </form>
31
32  </div>          <!-- 全体を囲むコンテナ -->
 ⋮
```

　フローティングラベルをテキストエリア（textarea）に使うことも可能です。ただし、行数の指定（rows属性）ではなく、CSSのheightプロパティで「高さ」を指定しなければいけません（27行目）。

3.8.7　チェックボックスとラジオボタン

　続いては、**チェックボックスとラジオボタン**の書式指定について解説します。チェックボックスやラジオボタンを配置するときは、それぞれの選択肢を<div>〜</div>で囲み、このdiv要素に**form-check**のクラスを適用します。さらに、input要素に**form-check-input**、label要素に**form-check-label**のクラスを適用します。

　このとき、input要素に**checked属性**（値なし）を追加しておくと、「選択済み」の状態で選択肢を表示できます。同様に、**disabled属性**（値なし）を追加すると、その選択肢を「選択不可」にできます。

　以下に簡単な例を紹介しておくの参考にしてください。

sample387-01.html

```
          ⋮
29   <div class="mb-4">
30     オプションの選択
31     <div class="form-check">
32       <input class="form-check-input" type="checkbox" id="gift">
33       <label class="form-check-label" for="gift">ギフト包装</label>
34     </div>
35     <div class="form-check">
36       <input class="form-check-input" type="checkbox" id="deli_date">
37       <label class="form-check-label" for="deli_date">配送日指定</label>
38     </div>
39     <div class="form-check">
40       <input class="form-check-input" type="checkbox" id="post_mailing" disabled>
41       <label class="form-check-label" for="post_mailing">メール便</label>
42     </div>
43   </div>
44
45   <div class="mb-4">
46     商品の色
47     <div class="form-check">
48       <input class="form-check-input" type="radio" name="color" id="color_white" checked>
49       <label class="form-check-label" for="color_red">白</label>
50     </div>
51     <div class="form-check">
52       <input class="form-check-input" type="radio" name="color" id="color_red">
53       <label class="form-check-label" for="color_red">赤</label>
54     </div>
```

```
55      <div class="form-check">
56        <input class="form-check-input" type="radio" name="color" id="color_black" disabled>
57        <label class="form-check-label" for="color_black">黒</label>
58      </div>
59    </div>
        ⋮
```

図3.8.7-1　チェックボックスとラジオボタン

選択肢を横に並べて、インラインの配置にすることも可能です。この場合は、それぞれの選択肢のdiv要素に **form-check-inline** のクラスを追加します。

sample387-02.html

```
        ⋮
29    <div class="mb-4">
30      オプションの選択<br>
31      <div class="form-check form-check-inline me-4">
32        <input class="form-check-input" type="checkbox" id="gift">
33        <label class="form-check-label" for="gift">ギフト包装</label>
34      </div>
```

```
35        <div class="form-check form-check-inline me-4">
36          <input class="form-check-input" type="checkbox" id="deli_date">
37          <label class="form-check-label" for="deli_date">配送日指定</label>
38        </div>
39        <div class="form-check form-check-inline me-4">
40          <input class="form-check-input" type="checkbox" id="post_mailing" disabled>
41          <label class="form-check-label" for="post_mailing">メール便</label>
42        </div>
43      </div>
44
45      <div class="mb-4">
46        商品の色<br>
47        <div class="form-check form-check-inline me-4">
48          <input class="form-check-input" type="radio" name="color" id="color_white" checked>
49          <label class="form-check-label" for="color_red">白</label>
50        </div>
51        <div class="form-check form-check-inline me-4">
52          <input class="form-check-input" type="radio" name="color" id="color_red">
53          <label class="form-check-label" for="color_red">赤</label>
54        </div>
55        <div class="form-check form-check-inline me-4">
56          <input class="form-check-input" type="radio" name="color" id="color_black" disabled>
57          <label class="form-check-label" for="color_black">黒</label>
58        </div>
59      </div>
          ⋮
```

　なお、標準のインライン配置は「隣の選択肢との間隔」が狭すぎる傾向があるため、上記の例ではme-4のクラスを追加して間隔を微調整しています。

図3.8.7-2　横に並べたチェックボックスとラジオボタン

そのほか、チェックボックスのON／OFFを**スイッチ形式**のデザインに変更するクラスも用意されています。この場合は、それぞれの選択肢のdiv要素に**form-switch**のクラスを追加します。**checked属性**や**disabled属性**を追加して、「最初からON」や「変更不可」にすることも可能です。

sample387-03.html

```
          ⋮
29    <div class="mb-4">
30      オプションの選択
31      <div class="form-check form-switch mt-2">
32        <input class="form-check-input" type="checkbox" id="gift">
33        <label class="form-check-label" for="gift">ギフト包装</label>
34      </div>
35      <div class="form-check form-switch mt-2">
36        <input class="form-check-input" type="checkbox" id="deli_date" checked>
37        <label class="form-check-label" for="deli_date">配送日指定</label>
38      </div>
39      <div class="form-check form-switch mt-2">
40        <input class="form-check-input" type="checkbox" id="post_mailing" disabled>
41        <label class="form-check-label" for="post_mailing">メール便</label>
42      </div>
43    </div>
          ⋮
```

図3.8.7-3　スイッチ形式のチェックボックス

なお、上記の例ではスイッチの誤操作を防ぐために、mt-2のクラスで「上の余白」を少しだけ大きくしています。

3.8.8　プルダウンメニューとセレクトボックス

select要素とoption要素で**プルダウンメニュー**を作成するときは、**form-select**のクラスをselect要素に適用します。すると、図3.8.8-1のような形式でプルダウンメニューを表示できます。さらに、**form-select-lg**や**form-select-sm**のクラスをselect要素に追加して、プルダウンメニューのサイズを変更することも可能です。

sample388-01.html

```
29     <div class="mb-4">
30       <label for="receipt" class="form-label">領収書</label>
31       <select class="form-select" id="receipt">
32         <option>お届け先氏名で領収書を発行</option>
33         <option>新たに指定した氏名で領収書を発行</option>
34         <option>領収書は不要</option>
35       </select>
36     </div>
```

図3.8.8-1　プルダウンメニューの書式指定

select要素に**multiple属性**を追加して、**セレクトボックス**を作成する場合も同様です。

---

form-controlの仕様変更
▼ Bootstrap 4 からの変更点

Bootstrap 4では、select要素にform-controlのクラスを適用する方法も用意されていました。Bootstrap 5ではform-controlの仕様が変更されているため、select要素にform-controlを適用しても正しい表示になりません。この場合、右端の☑が表示されないことに注意してください。

第4章

ナビゲーションの作成

第4章では、Webサイトの案内役となるナビゲーション
について解説します。ボタンやリストグループなど、リン
クにも使えるパーツの作成方法を学んでおいてください。

4.1 | リンクとボタン

第4.1節では、リンクの基本について解説します。Bootstrapには、リンク文字の書式を指定したり、リンク用のボタンを作成したりするときに活用できるクラスが用意されています。よく利用するクラスなので使い方を覚えておいてください。

4.1.1　リンク文字の色　

　通常、a要素で作成した**リンク文字**は「薄い青色」で表示されます。Bootstrapには、リンク文字の色を変更するクラスとして以下のようなものが用意されています。

■リンク文字の色を指定するクラス

クラス	文字の色
link-primary	#0d6efd
link-secondary	#6c757d
link-success	#198754
link-info	#0dcaf0
link-warning	#ffc107
link-danger	#dc3545
link-light	#f8f9fa
link-dark	#212529

　文字色を指定するtext-primaryなどのクラス（P98）とよく似ていますが、上記のクラスには「マウスオーバー時」や「フォーカス時」の色も指定されているため、リンク文字の上にマウスを移動したときに少しだけ文字の色が変化するようになっています。

　なお、上記のクラスはCSS変数を使った色指定ではなく、RGBの16進数（HEX値）で色指定が行われています。このため、CSS変数の値を変更しても指定される色が変化しないことに注意してください。

sample411-01.html

```
       ⋮
13  <div class="container">        <!-- 全体を囲むコンテナ -->
14
15    <h1 class="my-3">リンク文字の色</h1>
16
17    <div class="h5">
18      <hr>
19      <p><a href="#" class="link-primary">リンク文字の色</a> ——————— link-primary</p>
20      <p><a href="#" class="link-secondary">リンク文字の色</a> ——————— link-secondary</p>
21      <p><a href="#" class="link-success">リンク文字の色</a> ——————— link-success</p>
22      <p><a href="#" class="link-info">リンク文字の色</a> ——————— link-info</p>
23      <p><a href="#" class="link-warning">リンク文字の色</a> ——————— link-warning</p>
24      <p><a href="#" class="link-danger">リンク文字の色</a> ——————— link-danger</p>
25      <hr>
26      <p><a href="#" class="link-light">リンク文字の色</a> ——————— link-light</p>
27      <p><a href="#" class="link-dark">リンク文字の色</a> ——————— link-dark</p>
28      <hr>
29    </div>
30
31  </div>          <!-- 全体を囲むコンテナ -->
       ⋮
```

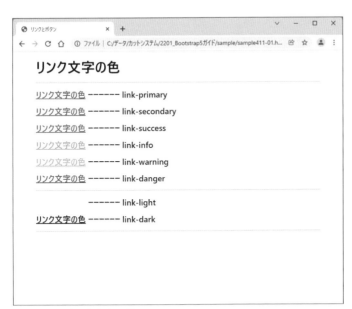

図4.1.1-1　リンク文字の色

4.1.2　リンク範囲の拡張

a要素に**stretched-link**のクラスを適用すると、リンクとして機能する範囲を拡張することができます。このクラスを適用すると、**position**プロパティが**relative**の親要素までリンクとして機能する範囲が拡がります。

sample412-01.html

```
15  <h1 class="my-3">リンク範囲の拡張</h1>
16
17  <div class="hstack gap-4">
18    <div class="border border-secondary border-2 p-3">
19      <img src="img/lighthouse-7.jpg" class="img-fluid">
20      <h6 class="mt-2">灯台のある風景100選</h6>          position:relativeのCSSを指定
21      <a href="sample227-03.html">記事へ進む</a>
22    </div>
23    <div class="border border-secondary border-2 p-3" style="position:relative;">
24      <img src="img/lighthouse-8.jpg" class="img-fluid">
25      <h6 class="mt-2">灯台のある風景100選</h6>
26      <a href="sample227-03.html" class="stretched-link">記事へ進む</a>
27    </div>
28  </div>
```

図4.1.2-1　リンクの範囲の拡張

　前ページに示した例では、hstackのクラスを使って2つのdiv要素を横に並べています（詳しくはP128〜129を参照）。

　左側のdiv要素は、普通にa要素を記述しているので、リンクとして機能するのは「記事へ進む」の文字だけです。

　一方、右側のdiv要素は、a要素に**stretched-link**のクラスが適用されています。このため、「position:relativeが指定されている親要素」までリンクとして機能するようになります。つまり、「右側のdiv要素全体」がリンクとして機能することになります。

　なお、「position:relativeが指定されている親要素」が見つからなかった場合は、Webページ全体がリンクとして機能します。このため、重大な不具合が生じてしまいます。stretched-linkを使うときは、リンクとして機能させる範囲にposition:relativeのCSSを指定しておくのを忘れないようにしてください。

図4.1.2-2　ページ全体がリンクになる不具合

　ちなみに、P161〜177で解説したカードは、cardのクラスにposition:relativeのCSSが指定されています。このため、「stretched-linkのクラスを適用したa要素」をカード内に配置するだけで、カード全体がリンクとして機能するようになります。position:relativeのCSSを自分で指定する必要はありません。

4.1.3　ボタンの作成と色指定

スマートフォンでも操作しやすいように、リンクを**ボタン**で作成する場合もあります。よって、広い意味ではボタンもナビゲーションの一部と考えられます。

Bootstrapを使ってボタンの書式を指定するときは、button要素に**btn**というクラスを適用します。さらに、ボタンの**背景色**や**枠線の色**を指定するクラスを追加して、ボタンのデザインを指定します。これらのクラスには、マウスオーバー時などにボタンの色を変化させるCSSも含まれています。

■ボタンのデザインを指定するクラス

背景色を指定するクラス	枠線を指定するクラス	指定される色
btn-primary	btn-outline-primary	#0d6efd
btn-secondary	btn-outline-secondary	#6c757d
btn-success	btn-outline-success	#198754
btn-info	btn-outline-info	#0dcaf0;
btn-warning	btn-outline-warning	#ffc107
btn-danger	btn-outline-danger	#dc3545
btn-light	btn-outline-light	#f8f9fa
btn-dark	btn-outline-dark	#212529
btn-link	※ボタンをリンク文字として表示	

sample413-01.html

```
     ⋮
13  <div class="container">        <!-- 全体を囲むコンテナ -->
14
15    <h1 class="my-3 mb-5">ボタンの書式指定</h1>
16
17    <h3 class="mb-3">背景色の指定</h3>
18    <div class="mb-5">
19      <button class="btn">背景なし</button>
20      <button class="btn btn-primary">Primary</button>
21      <button class="btn btn-secondary">Secondary</button>
22      <button class="btn btn-success">Success</button>
23      <button class="btn btn-info">Info</button>
24      <button class="btn btn-warning">Warning</button>
25      <button class="btn btn-danger">Danger</button>
```

```
26        <button class="btn btn-light">Light</button>
27        <button class="btn btn-dark">Dark</button>
28    </div>
29
30    <h3 class="mb-3">枠線の色の指定</h3>
31    <div class="mb-5">
32      <button class="btn">枠線なし</button>
33      <button class="btn btn-outline-primary">Primary</button>
34      <button class="btn btn-outline-secondary">Secondary</button>
35      <button class="btn btn-outline-success">Success</button>
36      <button class="btn btn-outline-info">Info</button>
37      <button class="btn btn-outline-warning">Warning</button>
38      <button class="btn btn-outline-danger">Danger</button>
39      <button class="btn btn-outline-light">Light</button>
40      <button class="btn btn-outline-dark">Dark</button>
41    </div>
42
43    <h3 class="mb-3">リンク文字として表示</h3>
44    <div class="mb-5">
45      <button class="btn btn-link">Link</button>
46    </div>
47
48  </div>          <!-- 全体を囲むコンテナ -->
        ⋮
```

図4.1.3-1　Bootstrapで書式を指定したボタン

　ボタンを**リンク**として使用するときは、a要素でボタンを作成しても構いません。適用するクラスは、button要素でボタンを作成する場合と同じです。以下に、a要素でボタンを作成した例を紹介しておくので参考にしてください。

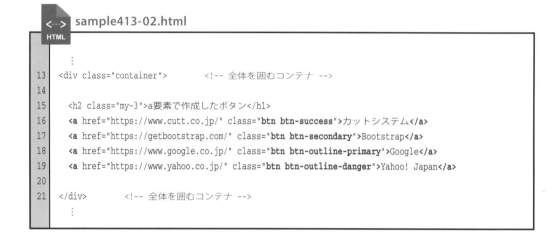

```
13  <div class="container">          <!-- 全体を囲むコンテナ -->
14
15    <h2 class="my-3">a要素で作成したボタン</h1>
16    <a href="https://www.cutt.co.jp/" class="btn btn-success">カットシステム</a>
17    <a href="https://getbootstrap.com/" class="btn btn-secondary">Bootstrap</a>
18    <a href="https://www.google.co.jp/" class="btn btn-outline-primary">Google</a>
19    <a href="https://www.yahoo.co.jp/" class="btn btn-outline-danger">Yahoo! Japan</a>
20
21  </div>            <!-- 全体を囲むコンテナ -->
```

図4.1.3-2　a要素で作成したボタン（リンク）

　そのほか、ここで紹介したクラスをinput要素に適用してボタンを作成することも可能です。この場合は、ボタン内に表示する文字をvalue属性で指定します。

```
<input class="btn btn-primary" type="button" value="オプション設定">
<input class="btn btn-success" type="submit" value="送信">
<input class="btn btn-secondary" type="reset" value="キャンセル">
```

4.1.4　ボタンのサイズ

　続いては、**ボタンのサイズ**を変更するクラスを紹介します。Bootstrapには、全部で3種類の
ボタンサイズが用意されています。通常のサイズよりボタンを大きく表示するときは**btn-lg**、
通常のサイズよりボタンを小さく表示するときは**btn-sm**というクラスを追加します。

sample414-01.html

```
       ⋮
15    <h1 class="my-3">ボタンのサイズ変更</h1>
16    <button class="btn btn-primary btn-lg">ボタンのサイズ</button>
17    <button class="btn btn-primary">ボタンのサイズ</button>
18    <button class="btn btn-primary btn-sm">ボタンのサイズ</button>
       ⋮
```

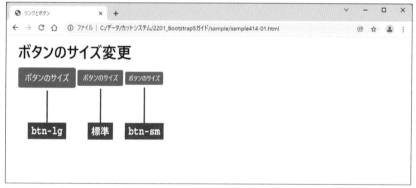

図4.1.4-1　ボタンのサイズ

　それぞれのボタンを幅100％で表示することも可能です。この場合は、**d-block**（ブロック
レベル要素に変更）と**w-100**（幅100％）のクラスを追加してボタン表示をカスタマイズしま
す。

---

btn-block のクラスは廃止　　　　　　　　　　　　　▼ Bootstrap 4 からの変更点

　Bootstrap 4には、ボタンをブロックレベル要素に変更する btn-block というクラスが用意
されていました。このクラスはBootstrap 5で廃止されているため、上記に示したクラスを使っ
てボタンをブロックレベル要素に変更する必要があります。

　ボタン表示を**レスポンシブ対応**にするときは、グリッドシステムやフレックスボックスなどを活用してボタンの配置をコントロールします。以下は、フレックスボックスを活用してボタンの配置を変化させた例です。

```html
     ⋮
13  <div class="container">          <!-- 全体を囲むコンテナ -->
14
15    <h1 class="my-3">ボタンの配置</h1>
16    <div class="d-flex flex-column flex-md-row align-items-md-end gap-2">
17      <a href="#" class="btn btn-danger btn-lg flex-fill">Home</a>
18      <a href="#" class="btn btn-primary btn-lg flex-fill">News</a>
19      <a href="#" class="btn btn-success btn-lg flex-fill">Photo</a>
20      <a href="#" class="btn btn-outline-dark btn-sm">今月のデータ</a>
21      <a href="#" class="btn btn-outline-dark btn-sm">先月のデータ</a>
22    </div>
23
24  </div>          <!-- 全体を囲むコンテナ -->
     ⋮
```

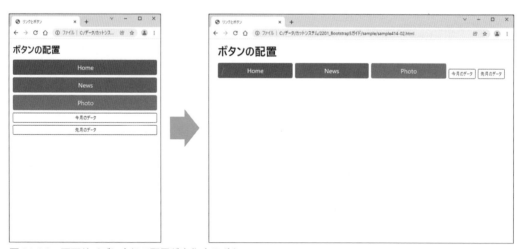

図4.1.4-2　画面サイズに応じて配置が変化するボタン

　`flex-column`のクラスにより、各アイテム（ボタン）は「縦方向」に並べて配置されます。ただし、画面サイズが「768px以上」のときは`flex-md-row`が有効になるため、アイテムの並べ方は「横方向」に変化します。さらに、`align-items-md-end`も有効になり「下揃え」でアイテムが整列されます。ボタンの間隔は`gap-2`のクラスで指定してます。

　なお、Home／News／Photoのボタンには、`flex-fill`のクラスが適用されているため、フレックスコンテナの隙間を埋めるように、幅が伸長されて表示されます。

4.1.5 ボタンの状況

続いては、**ボタンの状況**を指定するクラスについて解説します。ボタンをONの状態で表示するときは、**active**というクラスを追加します。すると、ボタンが通常よりも濃い色で表示されるようになります。

なお、このクラスはボタンの見た目を変更するもので、ボタンのON／OFFを制御するものではありません。ボタンのON／OFFを制御するにはJavaScriptを記述する必要があります。

また、**disabled**というクラスを追加すると、ボタンの色が薄くなり、使用不可の状態でボタンを表示できます。この場合は、ボタンの上にマウスを移動してもポインタ形状は 🖑 になりません。なお、button要素に**disabled属性**を追加した場合も同様の表示になります。

<···> sample415-01.html

```
     ⋮
15   <h1 class="my-3">ボタンの状況</h1>
16   <div class="my-4">
17     <button class="btn btn-primary btn-lg">標準のボタン</button>
18     <button class="btn btn-primary btn-lg active">アクティブなボタン</button>
19   </div>
20   <div class="my-4">
21     <button class="btn btn-success btn-lg">標準のボタン</button>
22     <button class="btn btn-success btn-lg disabled">使用不可のボタン</button>
23   </div>
24   <div class="my-4">
25     <button class="btn btn-danger btn-lg">標準のボタン</button>
26     <button class="btn btn-danger btn-lg" disabled>使用不可のボタン</button>
27   </div>
     ⋮
```

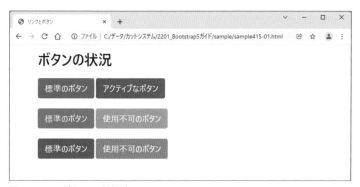

図4.1.5-1　ボタンの状況表示

トグルボタンの作成

　クリックやタップによりボタンのON／OFFを切り替えられるトグルボタンを作成することも可能です。この場合は、button要素に**data-bs-toggle="button"**の属性を追加します。

```html
<button class="btn btn-primary" data-bs-toggle="button">ボタン</buttton>
```

　ただし、こちらもボタンの見た目を変更するだけの機能でしかありません。また、この機能を使うときは、BootstrapのJavaScript（bootstrap.bundle.min.js）を読み込んでおく必要があります。

4.1.6　ボタングループ

　複数のボタンをグループ化するクラスも用意されています。**ボタングループ**を作成するときは、グループ化するボタンを<div> 〜 </div>で囲み、このdiv要素に**btn-group**というクラスを適用します。

sample416-01.html

```
        ⋮
13  <div class="container">        <!-- 全体を囲むコンテナ -->
14
15    <h1 class="my-3">ボタングループ</h1>
16    <div class="btn-group">
17      <button class="btn btn-danger">Home</button>
18      <button class="btn btn-primary">News</button>
19      <button class="btn btn-success">Photo</button>
20      <button class="btn btn-warning">Contact</button>
21    </div>
22
23  </div>        <!-- 全体を囲むコンテナ -->
        ⋮
```

　すると、図4.1.6-1のように複数のボタンを一体化して表示できるようになります。ちなみに、ボタングループは「インラインのフレックスコンテナ」として扱われます。

図4.1.6-1 ボタングループ

さらに、**btn-group-lg**や**btn-group-sm**のクラスを追加して、ボタングループのサイズを変更することも可能です。

```html
     ⋮
<div class="btn-group btn-group-lg">
  <button class="btn btn-danger">Home</button>
  <button class="btn btn-primary">News</button>
  <button class="btn btn-success">Photo</button>
  <button class="btn btn-warning">Contact</button>
</div>
     ⋮
<div class="btn-group btn-group-sm">
  <button class="btn btn-danger">Home</button>
  <button class="btn btn-primary">News</button>
  <button class="btn btn-success">Photo</button>
  <button class="btn btn-warning">Contact</button>
</div>
     ⋮
```

sample416-02.html

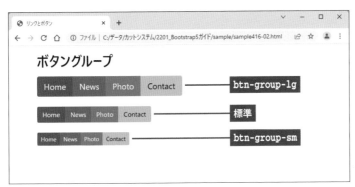

図4.1.6-2 ボタングループのサイズ

　複数のボタンを縦に並べてグループ化する方法も用意されています。この場合は、ボタンを囲む div 要素に **btn-group-vertical** というクラスを適用します。こちらも btn-group-lg や btn-group-sm でグループ全体のサイズを変更できます。そのほか、各ボタンに btn-lg や btn-sm のクラスを追加して、サイズが混在するボタングループを作成することも可能です。

sample416-03.html

```
13  <div class="container">          <!-- 全体を囲むコンテナ -->
14
15    <h1 class="my-3">ボタングループ</h1>
16
17    <div class="btn-group-vertical btn-group-lg me-5">
18      <button class="btn btn-danger">Home</button>
19      <button class="btn btn-primary">News</button>
20      <button class="btn btn-success">Photo</button>
21      <button class="btn btn-warning">Contact</button>
22    </div>
23
24    <div class="btn-group-vertical me-5">
25      <button class="btn btn-danger">Home</button>
26      <button class="btn btn-primary">News</button>
27      <button class="btn btn-success">Photo</button>
28      <button class="btn btn-warning">Contact</button>
29    </div>
30
31    <div class="btn-group-vertical btn-group-sm me-5">
32      <button class="btn btn-danger">Home</button>
33      <button class="btn btn-primary">News</button>
34      <button class="btn btn-success">Photo</button>
35      <button class="btn btn-warning">Contact</button>
36    </div>
37
38    <div class="btn-group-vertical">
39      <button class="btn btn-danger btn-lg">Home</button>
40      <button class="btn btn-primary">News</button>
41      <button class="btn btn-success">Photo</button>
42      <button class="btn btn-warning btn-sm">Contact</button>
43    </div>
44
45  </div>          <!-- 全体を囲むコンテナ -->
```

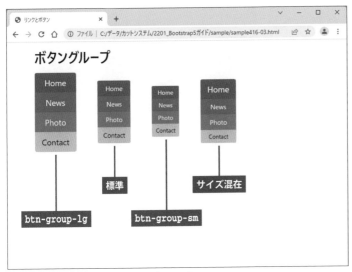

図4.1.6-3　縦方向に並ぶボタングループ

4.1.7　ボタンツールバー

　ボタングループをさらにグループ化して、一つのボタン群のように扱える**ボタンツールバー**という機能も用意されています。この機能を使うときはボタングループを<div>〜</div>で囲み、このdiv要素に**btn-toolbar**というクラスを適用します。

sample417-01.html

```
       ⋮
13  <div class="container">        <!-- 全体を囲むコンテナ -->
14
15    <h1 class="my-3">ボタンツールバー</h1>
16
17    <div class="btn-toolbar">
18      <div class="btn-group me-3 mb-3">
19        <button class="btn btn-danger">Home</button>
20        <button class="btn btn-primary">News</button>
21        <button class="btn btn-success">Photo</button>
22        <button class="btn btn-warning">Contact</button>
23      </div>
```

```
24      <div class="btn-group mb-3">
25        <button class="btn btn-outline-dark">9月</button>
26        <button class="btn btn-outline-dark">8月</button>
27        <button class="btn btn-outline-dark">7月</button>
28        <button class="btn btn-outline-dark">6月</button>
29      </div>
30      <div class="btn-group ms-auto mb-3">
31        <button class="btn btn-secondary">Logout</button>
32      </div>
33    </div>
34
35  </div>          <!-- 全体を囲むコンテナ -->
        ⋮
```

　この例では「1番目のボタングループ」にme-3を適用しているため、1番目と2番目のボタングループは1remの間隔で配置されます。また、「3番目のボタングループ」にms-autoを適用しているため、「Logout」のボタンは常に右端に配置されます。各ボタングループにあるmb-3のクラスは、画面サイズが小さいときに「下の余白」を確保する役割を担っています。

図4.1.7-1　ボタンツールバー

4.2 ナビゲーション

続いては、Bootstrapに用意されているクラスを使ってナビゲーションを作成する方法を解説します。サイトの案内役となるメニューを表示するためのクラスとなるので、よく使い方を覚えておいてください。

4.2.1　ナビゲーションの基本構成

ul要素とli要素で作成したリストを**ナビゲーション**として表示するときは、ul要素に**nav**というクラスを適用します。続いて、それぞれのli要素に**nav-item**のクラスを適用し、その中に記述したa要素（リンク）に**nav-link**のクラスを適用します。

このとき、a要素に**disabled**のクラスを追加すると、そのリンクを無効な状態として表示できます。見た目が変更されるだけでなく、pointer-events:noneのCSSも指定されるため、リンクとしての機能も無効化されます。

sample421-01.html

```
        ⋮
15    <h1 class="mt-3 mb-4">ナビゲーション（ul & li要素）</h1>
16    <ul class="nav">
17      <li class="nav-item"><a href="#" class="nav-link">Home</a></li>
18      <li class="nav-item"><a href="#" class="nav-link">Food</a></li>
19      <li class="nav-item"><a href="#" class="nav-link">Drink</a></li>
20      <li class="nav-item"><a href="#" class="nav-link">アクセス</a></li>
21      <li class="nav-item"><a href="#" class="nav-link disabled">予約</a></li>
22    </ul>
        ⋮
```

図4.2.1-1　リストで作成したナビゲーション

　同様のナビゲーションをnav要素で作成することも可能です。この場合は、nav要素に**nav**のクラスを適用し、その中にあるa要素（リンク）に**nav-link**のクラスを適用します。

<!-- HTML: sample421-02.html -->
```
15   <h1 class="mt-3 mb-4">ナビゲーション（nav要素）</h1>
16   <nav class="nav">
17     <a href="#" class="nav-link">Home</a>
18     <a href="#" class="nav-link">Food</a>
19     <a href="#" class="nav-link">Drink</a>
20     <a href="#" class="nav-link">アクセス</a>
21     <a href="#" class="nav-link disabled">予約</a>
22   </nav>
```

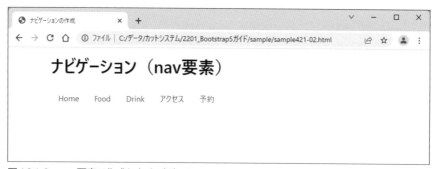

図4.2.1-2　nav要素で作成したナビゲーション

アイテムの配置はフレックスボックスで指定 ✕

　navのクラスを適用すると、その子要素がフレックスアイテムとして扱われるようになります。よって、アイテムの配置を変更するときは、フレックスボックス用のクラスを使用します。使用可能なクラスについては本書のP132～146を参照してください。

▼ Bootstrap 4 からの変更点

disabledのクラスについて

　disabledのクラスには、リンク文字の見た目を変更するCSSに加えて、リンクを無効にするCSSも指定されています。

4.2.2 タブ形式のナビゲーション

4.2.1項で作成したナビゲーションは、リンク文字を横に並べただけの味気ないナビゲーションでしかありません。そこで、**タブ形式のナビゲーション**に装飾する方法を紹介しておきます。

タブ形式のナビゲーションを作成するときは、ul要素に**nav-tabs**のクラスを追加します。また、選択中のタブ（リンク）を示す**active**のクラスをいずれかのa要素に追加します。

sample422-01.html

```
13  <div class="container">        <!-- 全体を囲むコンテナ -->
14
15    <div class="card mb-4">
16      <img src="img/bg-dining.jpg" class="card-img">
17      <div class="card-img-overlay text-white d-flex flex-column justify-content-center ps-4">
18        <div class="h1 mb-1">boot dining</div>
19        <p class="mb-0 text-white-50">Happy people make happy food.</p>
20      </div>
21    </div>
22
23    <ul class="nav nav-tabs">
24      <li class="nav-item"><a href="#" class="nav-link">Home</a></li>
25      <li class="nav-item"><a href="#" class="nav-link active">Food</a></li>
26      <li class="nav-item"><a href="#" class="nav-link">Drink</a></li>
27      <li class="nav-item"><a href="#" class="nav-link">アクセス</a></li>
28      <li class="nav-item"><a href="#" class="nav-link">予約</a></li>
29    </ul>
30
31    <h1 class="mt-5 border-bottom border-dark border-2 pb-1">今月のランチ</h1>
        ⋮
34    <h3 class="mt-5">ランチセットA</h3>
35    <div class="row g-3">
36      <div class="col-md-7">
37        <img src="img/lunch-01.jpg" class="img-fluid">
38      </div>
          ⋮
          ⋮
61  </div>          <!-- 全体を囲むコンテナ -->
        ⋮
```

今回は、全体的なイメージを想像しやすいように、簡単なWebページを作成してみました。ヘッダー部分は「背景画像のあるカード」、コンテンツ部分は「グリッドシステム」を使ってレイアウトしています。なお、これらの記述を詳しく確認したいときは、サンプルファイルのHTMLを参照してください。

図4.2.2-1　タブ形式のナビゲーション

　もちろん、nav要素で「タブ形式のナビゲーション」を作成しても構いません。この場合は、nav要素に**nav-tabs**のクラスを追加します。

```
<nav class="nav nav-tabs">
  <a href="#" class="nav-link">Home</a>
  <a href="#" class="nav-link active">Food</a>
  <a href="#" class="nav-link">Drink</a>
    ⋮
</nav>
```

4.2.3　ピル形式のナビゲーション

　選択中のリンクを角丸の四角形で囲んだ**ピル形式のナビゲーション**を作成することも可能です。この場合は、ul要素やnav要素に**nav-pills**のクラスを追加します。それ以外の記述方法は、タブ形式のナビゲーションと同じです。

sample423-01.html

```
       ⋮
13  <div class="container">          <!-- 全体を囲むコンテナ -->
14
15    <div class="card mb-4">
16      <img src="img/bg-dining.jpg" class="card-img">
17      <div class="card-img-overlay text-white d-flex flex-column justify-content-center ps-4">
18        <div class="h1 mb-1">boot dining</div>
19        <p class="mb-0 text-white-50">Happy people make happy food.</p>
20      </div>
21    </div>
22
23    <nav class="nav nav-pills">
24      <a href="#" class="nav-link">Home</a>
25      <a href="#" class="nav-link active">Food</a>
26      <a href="#" class="nav-link">Drink</a>
27      <a href="#" class="nav-link">アクセス</a>
28      <a href="#" class="nav-link">予約</a>
29    </nav>
30
31    <h1 class="mt-5 border-bottom border-dark border-2 pb-1">今月のランチ</h1>
       ⋮
```

図4.2.3-1　ピル形式のナビゲーション

4.2.4　ナビゲーションを全体幅で配置

ナビゲーションを左右に伸長して**全体幅**で配置するクラスも用意されています。この場合は、ul要素やnav要素に**nav-fill**または**nav-justified**のクラスを追加します。

nav-fillを追加した場合は、各項目の内容に応じて幅が左右に伸長されます。このため、各項目の幅は均一にはなりません。文字数が多い項目ほど横長に表示されます。

sample424-01.html

```
23    <nav class="nav nav-tabs nav-fill">
24      <a href="#" class="nav-link">Home</a>
25      <a href="#" class="nav-link active">Food</a>
26      <a href="#" class="nav-link">Drink</a>
```

図4.2.4-1　nav-fillを適用したナビゲーション

一方、**nav-justified**を追加した場合は、各項目の文字数に関係なく、全項目が同じ幅で表示されます。

sample424-02.html

```
23    <nav class="nav nav-tabs nav-justified">
24      <a href="#" class="nav-link">Home</a>
25      <a href="#" class="nav-link active">Food</a>
26      <a href="#" class="nav-link">Drink</a>
```

図4.2.4-2　nav-justifiedを適用したナビゲーション

▼Bootstrap 4からの変更点

── クラスの仕様変更 ─────────────────────────────

v4.5.0以前のBootstrapでは、a要素に`nav-item`のクラスを追加する必要がありましたが、v4.5.1のアップデートで`nav-item`の追加は不要になりました。このため、Bootstrap 5でも`nav-item`のクラスを追加する必要はありません。

4.2.5　ナビゲーションのレスポンシブ対応

これまでに紹介してきたナビゲーションは**レスポンシブ対応**が施されていないため、スマートフォンで閲覧したときに、2行にわたってナビゲーションが表示される場合もあります。

図4.2.5-1　スマートフォンで閲覧した場合

このような配置は、お世辞にも見やすいとはいえません。そこでナビゲーションをレスポンシブ対応にする方法を紹介しておきます。

　ピル形式のナビゲーションは、画面サイズに応じて項目の配置を縦／横に変化させるのが効果的な手法となります。

sample425-01.html

```
23   <nav class="nav nav-pills flex-column flex-sm-row bg-light">
24     <a href="#" class="nav-link">Home</a>
25     <a href="#" class="nav-link active">Food</a>
26     <a href="#" class="nav-link">Drink</a>
27     <a href="#" class="nav-link">今月のおすすめ</a>
28     <a href="#" class="nav-link">アクセス</a>
29     <a href="#" class="nav-link">予約</a>
30   </nav>
```

　上記の例では、nav要素に**flex-column**のクラスを追加しているため、各項目が縦に並べて配置されます。また、**flex-sm-row**のクラスも追加されているため、画面サイズが「576px以上」になると、各項目は横方向に配置されます。その結果、図4.2.5-2のようにナビゲーションの配置を変化させることが可能となります。

図4.2.5-2　縦／横の配置が変化するナビゲーション

　ただし、この手法はタブ形式のナビゲーションでは使えません。タブ形式のナビゲーションでは、別の対処方法を考える必要があります。

4.3 ナビゲーションバー

続いては、Bootstrapに用意されているクラスを使ってナビゲーションバーを作成する方法を解説します。レスポンシブWebデザインにも対応する使い勝手のよいメニューを作成できるので、よく使い方を研究しておいてください。

4.3.1　ナビゲーションバーの基本構成

　ナビゲーションバーはWebサイトのメインメニューとして活用できるパーツで、図4.3.1-1のようにリンクを表示する機能となります。

図4.3.1-1　Bootstrapで作成したナビゲーションバー

　ナビゲーションバーは、次ページの表に示した要素とクラスを使って作成します。

■ナビゲーションバーの作成に使用するクラス

要素	クラス	概要
nav	navbar	配置と余白の指定
	navbar-expand	配置の指定
	navbar-light[※1]	文字色の指定（明るい背景色用）
	navbar-dark[※1]	文字色の指定（暗い背景色用）
	bg-（色）	背景色の指定（P117～118参照）
div	container-fluid	幅100%で表示（フレックスを指定）
a	navbar-brand	「ブランド表記」の書式指定
div	navbar-collapse	「ナビゲーション部分」の書式指定
ul	navbar-nav	リストの書式指定
li	nav-item	各項目の書式指定
a	nav-link	リンク文字の書式指定
	active	「選択中の項目」を示す書式指定

（※1）いずれかを適用

　まずは全体を\<nav\>～\</nav\>で囲み、**navbar**と**navbar-expand**のクラスを適用します。さらに**navbar-light**または**navbar-dark**のクラスで文字色を指定し、P117～118で解説したクラスを使ってナビゲーションバーの**背景色**を指定します。

　続いて、**container-fluid**のクラスを適用したdiv要素で\<nav\>～\</nav\>の中を囲み、その中にナビゲーションバーを構成する要素を記述していきます。

　最初に、a要素で「ブランド表記」を作成します。この部分の書式を指定するクラスが**navbar-brand**です。リンクにしない場合は、span要素で「ブランド表記」を作成しても構いません。また、この記述を省略して「ブランド表記なし」のナビゲーションバーにすることも可能です。

　その後、**navbar-collapse**を適用したdiv要素で「ナビゲーション部分」を作成していきます。ul要素とli要素でリンクを作成する場合は、ul要素に**navbar-nav**のクラスを適用し、li要素に**nav-item**のクラスを適用します。また、li要素の中に記述するa要素に**nav-link**のクラスを適用し、選択中として表示する項目に**active**のクラスを追加します。

▼ **Bootstrap 4 からの変更点**

コンテナのdiv要素が必要

　Bootstrap 5でナビゲーションバーを作成するときは、\<nav\>～\</nav\>の直下に**container-fluid**のクラスを適用したdiv要素を配置しておく必要があります。

　また、**active**のクラスは、li要素ではなく、**a要素に適用**するように仕様が変更されています。注意するようにしてください。

少し複雑なので、具体的な記述例として、図4.3.1-1に示したナビゲーションバーのHTMLを以下に紹介しておきます。

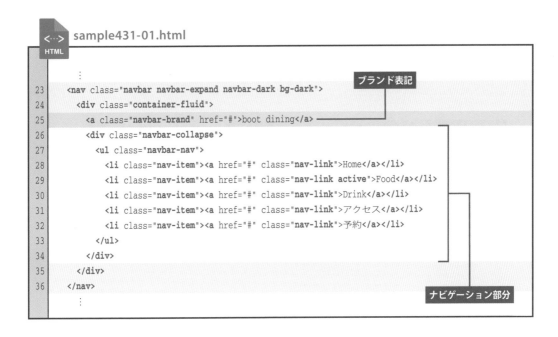

```
sample431-01.html
       ⋮
23   <nav class="navbar navbar-expand navbar-dark bg-dark">
24     <div class="container-fluid">
25       <a class="navbar-brand" href="#">boot dining</a>         ← ブランド表記
26       <div class="navbar-collapse">
27         <ul class="navbar-nav">
28           <li class="nav-item"><a href="#" class="nav-link">Home</a></li>
29           <li class="nav-item"><a href="#" class="nav-link active">Food</a></li>
30           <li class="nav-item"><a href="#" class="nav-link">Drink</a></li>
31           <li class="nav-item"><a href="#" class="nav-link">アクセス</a></li>
32           <li class="nav-item"><a href="#" class="nav-link">予約</a></li>
33         </ul>
34       </div>
35     </div>
36   </nav>
       ⋮
```
ナビゲーション部分

図4.3.1-1　Bootstrapで作成したナビゲーションバー（再掲載）

　なお、ナビゲーションバーに「薄い色の背景色」を指定するときは、**navbar-light** のクラスで文字色を指定するのが基本です。

```
<nav class="navbar navbar-expand navbar-light bg-warning">
  <div class="container-fluid">
    <a class="navbar-brand" href="#">boot dining</a>
    <div class="navbar-collapse" id="navbarNav">
      ⋮
```

図4.3.1-2　navbar-light と bg-warning を適用した場合

ナビゲーションリストはdiv要素でも作成可能　⊗

　リンクを並べる部分を ul 要素ではなく、div 要素で作成しても構いません。この場合は、div 要素に **navbar-nav** のクラスを適用し、その中に **nav-link** を適用した a 要素を列記します。

```
<div class="navbar-nav">
  <a href="#" class="nav-link">Home</a>
  <a href="#" class="nav-link active">Food</a>
  <a href="#" class="nav-link">Drink</a>
    ⋮
</div>
```

4.3.2　複数のリストとテキスト表示

　ナビゲーションバーの中に<ul>〜</ul>の記述を繰り返して、複数のナビゲーションリストを配置することも可能です。この場合は、**ms-auto**（左側に自動余白）や**me-auto**（右側に自動余白）などのクラスを使って配置を指定します。
　次ページに2組の<ul>〜</ul>を記述した例を示しておきます。2番目のul要素にはms-autoのクラスが適用されているため、このナビゲーションリストは右端に配置されます。

sample432-01.html

```
         ⋮
23   <nav class="navbar navbar-expand navbar-dark bg-dark">
24     <div class="container-fluid">
25       <a class="navbar-brand" href="#">boot dining</a>
26       <div class="navbar-collapse">
27         <ul class="navbar-nav">
28           <li class="nav-item"><a href="#" class="nav-link">Home</a></li>
29           <li class="nav-item"><a href="#" class="nav-link active">Food</a></li>
30           <li class="nav-item"><a href="#" class="nav-link">Drink</a></li>
31         </ul>
32         <ul class="navbar-nav ms-auto">
33           <li class="nav-item"><a href="#" class="nav-link">アクセス</a></li>
34           <li class="nav-item"><a href="#" class="nav-link">予約</a></li>
35         </ul>
36       </div>
37     </div>
38   </nav>
         ⋮
```

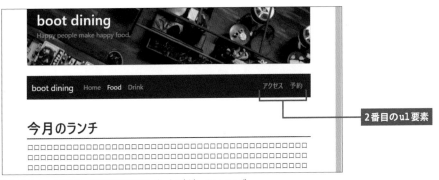

図4.3.2-1　複数のul要素を配置したナビゲーションバー

また、ナビゲーションバーの中に**通常の文字**を配置するためのクラスも用意されています。この場合はspan要素に**navbar-text**のクラスを適用して文字の書式を整えます。

sample432-02.html

```
         ⋮
23   <nav class="navbar navbar-expand navbar-dark bg-dark">
24     <div class="container-fluid">
25       <a class="navbar-brand" href="#">boot dining</a>
```

```
26      <div class="navbar-collapse">
27        <ul class="navbar-nav">
28          <li class="nav-item"><a href="#" class="nav-link">Home</a></li>
29          <li class="nav-item"><a href="#" class="nav-link active">Food</a></li>
30          <li class="nav-item"><a href="#" class="nav-link">Drink</a></li>
31          <li class="nav-item"><a href="#" class="nav-link">アクセス</a></li>
32          <li class="nav-item"><a href="#" class="nav-link">予約</a></li>
33        </ul>
34        <span class="navbar-text ms-auto">渋谷店</span>
35      </div>
36    </div>
37  </nav>
      ⋮
```

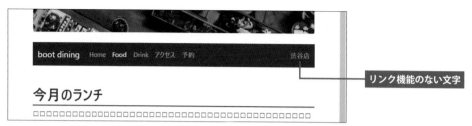

リンク機能のない文字

図4.3.2-2　通常の文字を配置したナビゲーションバー

4.3.3　ナビゲーションバーを画面に固定

　ナビゲーションバーを常に表示しておきたい場合は、nav要素に **fixed-top** というクラスを追加します。すると、ナビゲーションバーが画面上部に固定されるようになります。なお、このクラスを使用するときは、**body 要素の上に 3.5rem 以上の余白を確保しておく必要があります**。この指定を忘れると、最上部にあるコンテンツに重なってナビゲーションバーが配置されてしまうことに注意してください。

sample433-01.html

```
      ⋮
11  <body style="padding-top:5rem;">
      ⋮
23    <nav class="navbar navbar-expand navbar-dark bg-dark fixed-top">
24      <div class="container-fluid">
25        <a class="navbar-brand" href="#">boot dining</a>
          ⋮
```

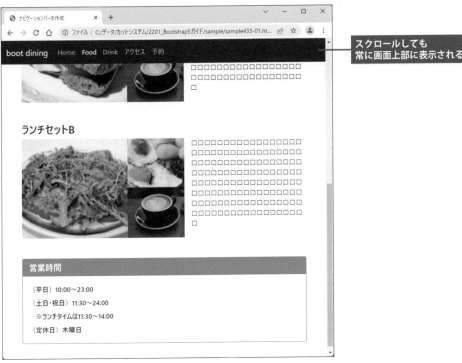

図4.3.3-1　ナビゲーションバーを画面上部に固定

　ナビゲーションバーを**画面下部に固定**するクラスも用意されています。この場合はnav要素に`fixed-bottom`のクラスを追加し、**body**要素の下に**3.5rem以上の余白**を確保します。

　また、nav要素の直下にあるdiv要素のクラスを`container`に変更しておくと、ナビゲーションバーの文字が「コンテンツと同じ幅」で表示されるようになります。

sample433-02.html

```html
11  <body style="padding-bottom:5rem;">
        ┊
23    <nav class="navbar navbar-expand navbar-dark bg-dark fixed-bottom">
24      <div class="container">
25        <a class="navbar-brand" href="#">boot dining</a>
26        <div class="navbar-collapse">
27          <ul class="navbar-nav">
28            <li class="nav-item"><a href="#" class="nav-link">Home</a></li>
29            <li class="nav-item"><a href="#" class="nav-link active">Food</a></li>
                ┊
```

図4.3.3-2　ナビゲーションバーを画面下部に固定

　そのほか、スクロール量に応じてナビゲーションバーの移動／固定が変化する **sticky-top** というクラスも用意されています。このクラスを追加すると、ナビゲーションバーは画面スクロールとともに移動していき、画面の上端まで来ると、以降は画面上部に固定されるようになります。

　ただし、この動作はposition:stickyのCSSで再現されているため、少し古いブラウザでは正しく動作しない恐れがあります。注意するようにしてください。

sample433-03.html
HTML

```
        ⋮
23   <nav class="navbar navbar-expand navbar-dark bg-dark sticky-top">
24     <div class="container-fluid">
25       <a class="navbar-brand" href="#">boot dining</a>
26       <div class="navbar-collapse">
27         <ul class="navbar-nav">
28           <li class="nav-item"><a href="#" class="nav-link">Home</a></li>
29           <li class="nav-item"><a href="#" class="nav-link active">Food</a></li>
                ⋮
```

図4.3.3-3　スクロール量に応じてナビゲーションバーを移動／固定

4.3.4　フォームを配置したナビゲーションバー

　ナビゲーションバーの中に**フォーム**を配置することも可能です。この場合は、form要素に**d-flex**のクラスを適用し、input要素に**form-control**のクラスを適用します。

　以下は、ナビゲーションバーの右端に「キーワード検索」のフォームを設置した例です。このフォームは右端に配置されるようにms-autoのクラスを適用しています。また、form-control-smやbtn-smのクラスを使って、小サイズのテキストボックス、ボタンを配置しています（P180、P201参照）。

sample434-01.html

```
         ⋮
23   <nav class="navbar navbar-expand navbar-dark bg-dark fixed-top">
24     <div class="container-fluid">
25       <a class="navbar-brand" href="#">boot dining</a>
26       <div class="navbar-collapse">
27         <ul class="navbar-nav">
28           <li class="nav-item"><a href="#" class="nav-link">Home</a></li>
29           <li class="nav-item"><a href="#" class="nav-link active">Food</a></li>
30           <li class="nav-item"><a href="#" class="nav-link">Drink</a></li>
31           <li class="nav-item"><a href="#" class="nav-link">アクセス</a></li>
32           <li class="nav-item"><a href="#" class="nav-link">予約</a></li>
33         </ul>
```

```
34        <form class="d-flex ms-auto">
35          <input type="search" class="form-control form-control-sm me-2" placeholder="キーワード">
36          <button type="submit" class="btn btn-warning btn-sm text-nowrap">検索</button>
37        </form>
38      </div>
39    </div>
40  </nav>
         ⋮
```

図4.3.4-1　ナビゲーションバーに配置したフォーム

---

form-inlineのクラスの廃止　　　　　　　　　　　　　▼ Bootstrap 4 からの変更点

　Bootstrap 5では`form-inline`のクラスが廃止されているため、ナビゲーションバーの中にフォームを配置するときは、form要素に`d-flex`のクラスを適用します。

4.3.5　レスポンシブ対応のナビゲーションバー

　これまでに紹介してきたナビゲーションバーは、レスポンシブ対応になっていません。このため、スマートフォンで閲覧すると、不具合のあるナビゲーションバーが表示されます。

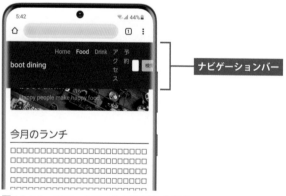

図4.3.5-1　スマートフォンで閲覧した場合

　この問題を解決するには、ナビゲーションバーをレスポンシブ対応にしておく必要があります。すると、図4.3.5-2のように、パソコンでもスマートフォンでも見やすいナビゲーションバーを作成できます。

■パソコンで閲覧した場合

■スマートフォンで閲覧した場合

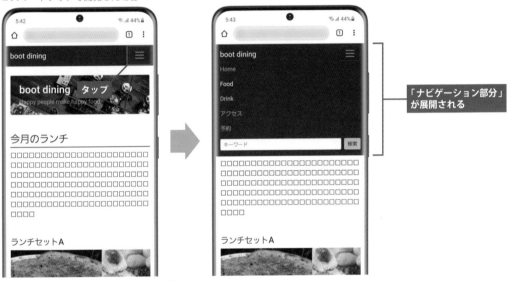

図4.3.5-2　レスポンシブ対応のナビゲーションバー

　順番に解説していきます。これまでは、nav要素にnavbar-expandのクラスを適用していました。このクラスは「常に縮小しないでナビゲーションバーを表示する」という書式が指定されています。ナビゲーションバーをレスポンシブ対応にするときは、このクラスに**sm**／**md**／**lg**／**xl**／**xxl**の添字を付けてブレイクポイントを指定します。

```
navbar-expand-sm
```
　　画面サイズが「576px未満」のときは縮小表示
```
navbar-expand-md
```
　　画面サイズが「768px未満」のときは縮小表示
```
navbar-expand-lg
```
　　画面サイズが「992px未満」のときは縮小表示
```
navbar-expand-xl
```
　　画面サイズが「1200px未満」のときは縮小表示
```
navbar-expand-xxl
```
　　画面サイズが「1400px未満」のときは縮小表示

　さらに、☰のボタンを表示するbutton要素、メニューの開閉を実現するための属性やクラスも追記しておく必要があります。

　まずは、ボタン部分の記述から解説します。button要素に**navbar-toggler**のクラスを適用し、**data-bs-toggle="collapse"**と**data-bs-target="#(ID名)"**の属性を指定します。ここに記述する(ID名)には、各自の好きな名前を指定できます。続いて、button要素内に<span class="**navbar-toggler-icon**"></span>と記述し、☰の記号を表示します。

```
<button class="navbar-toggler" data-bs-toggle="collapse" data-bs-target="#(ID名)">
  <span class="navbar-toggler-icon"></span>
</button>
```

　次は、「ナビゲーション部分」を作成するdiv要素に**collapse**のクラスを追加します。さらに、このdiv要素に「button要素の**data-bs-target**属性」と同じID名を指定します。

```
<div class="collapse navbar-collapse" id="(ID名)">
  ⋮
  (ナビゲーション部分の記述)
  ⋮
</div>
```

　これらの記述をHTMLに追記すると、図4.3.5-2のように表示が変化するナビゲーションバーを作成できます。以下に、このHTMLの記述を紹介しておくので参考にしてください。

sample435-01.html

```
23    <nav class="navbar navbar-expand-md navbar-dark bg-dark fixed-top">
24      <div class="container-fluid">
25        <a class="navbar-brand" href="#">boot dining</a>
26        <button class="navbar-toggler" data-bs-toggle="collapse" data-bs-target="#main_nav">
27          <span class="navbar-toggler-icon"></span>
28        </button>
29        <div class="collapse navbar-collapse" id="main_nav">
30          <ul class="navbar-nav">
31            <li class="nav-item"><a href="#" class="nav-link">Home</a></li>
32            <li class="nav-item"><a href="#" class="nav-link active">Food</a></li>
33            <li class="nav-item"><a href="#" class="nav-link">Drink</a></li>
34            <li class="nav-item"><a href="#" class="nav-link">アクセス</a></li>
35            <li class="nav-item"><a href="#" class="nav-link">予約</a></li>
36          </ul>
```

```
37          <form class="d-flex ms-auto my-2 my-md-0">
38            <input type="search" class="form-control form-control-sm me-2" placeholder="キーワード">
39            <button type="submit" class="btn btn-warning btn-sm text-nowrap">検索</button>
40          </form>
41        </div>
42      </div>
43    </nav>
        ⋮
77  <script src="js/bootstrap.bundle.min.js"></script>
78  </body>
        ⋮
```

　今回の例では、nav要素にnavbar-expand-mdのクラスを適用しているので、画面サイズが「768px未満」になると「ナビゲーション部分」が縮小されて表示されます（23行目）。

　form要素には、余白を指定するクラスが追加されています（37行目）。ナビゲーションバーが縮小表示のときは、my-2のクラスによりフォームの上下に0.5remの余白が設けられます。画面サイズがmd以上（768px以上）になってナビゲーションバーが展開されると、my-md-0のクラスにより上下の余白は0になります。

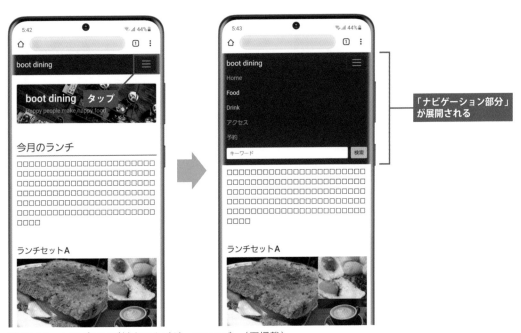

図4.3.5-2　レスポンシブ対応のナビゲーションバー（再掲載）

　なお、ここで紹介したレスポンシブ対応を動作させるには、BootstrapのJavaScriptを読み込んでおく必要があります。この記述を忘れると、ボタンが動作しなくなることに注意してください（77行目）。

▼ Bootstrap 4からの変更点

---

data-***属性の名称変更

　Bootstrap 4では、data-toggle属性とdata-target属性により「ナビゲーション部分」を開閉する機能を実現していました。Bootstrap 5では、これらの属性名が**data-bs-toggle**と**data-bs-target**に変更されています。間に「**-bs**」の文字が追加されていることに注意してください。

　ちなみに、「button要素」と「ブランド表記のa要素」を記述する順番を入れ替えると、三を左端、ブランド表記を右端に配置できます。この手法もあわせて覚えておいてください。

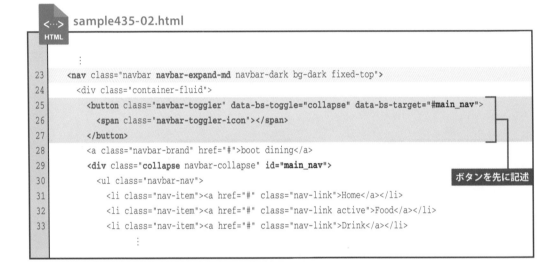

sample435-02.html

```
         ⋮
23    <nav class="navbar navbar-expand-md navbar-dark bg-dark fixed-top">
24      <div class="container-fluid">
25        <button class="navbar-toggler" data-bs-toggle="collapse" data-bs-target="#main_nav">
26          <span class="navbar-toggler-icon"></span>
27        </button>
28        <a class="navbar-brand" href="#">boot dining</a>
29        <div class="collapse navbar-collapse" id="main_nav">
30          <ul class="navbar-nav">
31            <li class="nav-item"><a href="#" class="nav-link">Home</a></li>
32            <li class="nav-item"><a href="#" class="nav-link active">Food</a></li>
33            <li class="nav-item"><a href="#" class="nav-link">Drink</a></li>
              ⋮
```

ボタンを先に記述

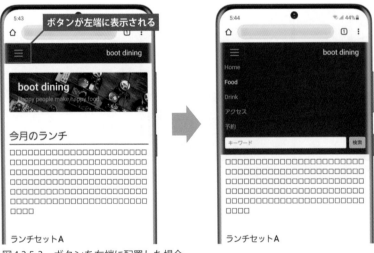

図4.3.5-3　ボタンを左端に配置した場合

4.3.6 ドロップダウン機能

ナビゲーションバーの中に**ドロップダウン形式のメニュー**を配置することも可能です。

図4.3.6-1 ドロップダウン形式のメニュー

ドロップダウンを利用するときは、li 要素に**dropdown**のクラスを追加します。さらに、a 要素に**dropdown-toggle**のクラスを追加し、**data-bs-toggle="dropdown"** という属性を追記します。サブメニューの範囲は「**dropdown-menu**のクラスを適用したul 要素」で作成し、この中に「**dropdown-item**のクラスを適用したa 要素」を記述していきます。

```
sample436-01.html

         ⋮
23   <nav class="navbar navbar-expand-md navbar-dark bg-dark fixed-top">
24     <div class="container-fluid">
25       <a class="navbar-brand" href="#">boot dining</a>
26       <button class="navbar-toggler" data-bs-toggle="collapse" data-bs-target="#main_nav">
27         <span class="navbar-toggler-icon"></span>
28       </button>
29       <div class="collapse navbar-collapse" id="main_nav">
30         <ul class="navbar-nav">
31           <li class="nav-item"><a href="#" class="nav-link">Home</a></li>
32           <li class="nav-item"><a href="#" class="nav-link active">Food</a></li>
33           <li class="nav-item"><a href="#" class="nav-link">Drink</a></li>
34           <li class="nav-item"><a href="#" class="nav-link">アクセス</a></li>
35           <li class="nav-item"><a href="#" class="nav-link">予約</a></li>
36           <li class="nav-item dropdown">
37             <a href="#" class="nav-link dropdown-toggle" data-bs-toggle="dropdown">店舗</a>
38             <ul class="dropdown-menu">
39               <li><a href="#" class="dropdown-item">渋谷店</a></li>
40               <li><a href="#" class="dropdown-item">代々木店</a></li>
```

```
41              <li><a href="#" class="dropdown-item">目黒店</a></li>
42              <li><a href="#" class="dropdown-item">高田馬場店</a></li>
43           </ul>
44         </li>
45       </ul>
46     </div>
47   </div>
48 </nav>
      ⋮
82 <script src="js/bootstrap.bundle.min.js"></script>
      ⋮
```

　ドロップダウン形式のメニューはレスポンシブ対応が施されているため、画面の小さい端末で見たときもサブメニューは適切に表示されます。

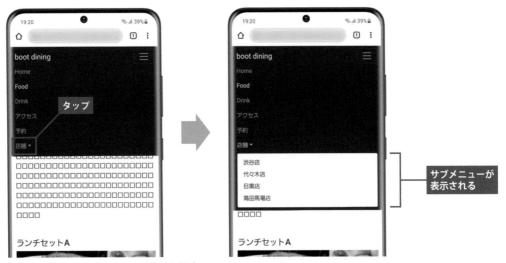

図4.3.6-2　スマートフォンで閲覧した場合

　なお、ドロップダウンを動作させるには、BootstrapのJavaScriptを読み込んでおく必要があります。この記述を忘れると、ドロップダウンが動作しなくなることに注意してください（82行目）。

▼ Bootstrap 4 からの変更点

data-***属性の名称変更

　Bootstrap 4では、`data-toggle`属性によりドロップダウンの機能を実現していました。Bootstrap 5では、この属性名が`data-bs-toggle`に変更されています。間に「`-bs`」の文字が追加されていることに注意してください。

4.3.7　スクロール機能とオフキャンバス表示 New

ul要素の中に記述したリンクを**スクロール可能な形**で表示する方法も用意されています。

縦にスクロールできる

図4.3.7-1　スクロール機能を備えたナビゲーションバー

この機能を使用するときは、ul要素に**navbar-nav-scroll**のクラスを追加します。ただし、「スクロール部分の最大の高さ」が75vh（またはビューポートの高さの75％）に初期設定されているため、それよりも「高さ」が小さい場合はスクロールバーは表示されません。

指定した「高さ」以上でスクロール可能にするには、CSS変数**bs-scroll-height**の値を自分で変更しておく必要があります。以下の例では、高さ150pxの範囲でスクロールするように**bs-scroll-height**の値をstyle属性で指定しなおしています。

sample437-01.html

```html
23    <nav class="navbar navbar-expand-md navbar-dark bg-dark fixed-top">
24      <div class="container-fluid">
25        <a class="navbar-brand" href="#">boot dining</a>
26        <button class="navbar-toggler" data-bs-toggle="collapse" data-bs-target="#main_nav">
27          <span class="navbar-toggler-icon"></span>
28        </button>
29        <div class="collapse navbar-collapse" id="main_nav">
30          <ul class="navbar-nav navbar-nav-scroll" style="--bs-scroll-height:150px;">
31            <li class="nav-item"><a href="#" class="nav-link">Home</a></li>
32            <li class="nav-item"><a href="#" class="nav-link active">Food</a></li>
               ⋮
45          </ul>
46        </div>
47      </div>
48    </nav>
```

　そのほか、**オフキャンバス**を使って「ナビゲーション部分」を表示する方法も用意されています。ただし、**navbar-dark**を適用している場合は、リンク文字が白色で表示されるため、オフキャンバスのボディ部分を「暗い背景色」に変更しておく必要があります。

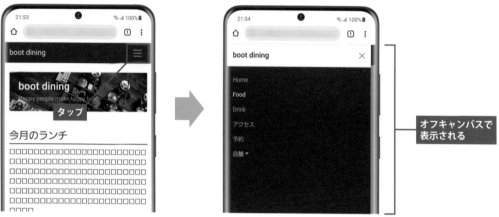

図4.3.7-2　オフキャンバスを使った表示

sample437-02.html

```
         ⋮
23   <nav class="navbar navbar-expand-md navbar-dark bg-dark fixed-top">
24     <div class="container-fluid">
25       <a class="navbar-brand" href="#">boot dining</a>
26       <button class="navbar-toggler" data-bs-toggle="offcanvas" data-bs-target="#main_nav">
27         <span class="navbar-toggler-icon"></span>
28       </button>
29       <div class="offcanvas offcanvas-start" id="main_nav">
30         <div class="offcanvas-header">
31           <h5 class="offcanvas-title">boot dining</h5>
32           <button type="button" class="btn-close" data-bs-dismiss="offcanvas"></button>
33         </div>
34         <div class="offcanvas-body bg-dark">
35           <ul class="navbar-nav">
36             <li class="nav-item"><a href="#" class="nav-link">Home</a></li>
37             <li class="nav-item"><a href="#" class="nav-link active">Food</a></li>
                 ⋮
50           </ul>
51         </div>
52       </div>
53     </div>
54   </nav>
         ⋮
```

　なお、オフキャンバスの詳しい使い方はP293〜295で解説します。

4.4 | パンくずリスト

続いては、Bootstrapを使って「パンくずリスト」を作成する方法を解説します。Webサイトの階層を示すナビゲーションとして活用してください。もちろん、簡単な書式指定なので自分でCSSを記述しても構いません。

4.4.1 パンくずリストの作成

　Bootstrapには、**パンくずリスト**を作成するクラスも用意されています。このクラスを使うと、以下の図のような「パンくずリスト」を作成できます。

図4.4.1-1　Bootstrapで作成した「パンくずリスト」

　「パンくずリスト」は、以下の表に示した要素とクラスを使って作成するのが基本です。li要素に **active** のクラスを追加すると、その項目を「選択中」の書式で表示できます。

■パンくずリストの作成に使用するクラス

要素	クラス	概要
nav	─	パンくずリストの範囲
ol	**breadcrumb**	パンくずリストの書式指定
li	**breadcrumb-item**	各項目の書式指定
	active	選択中の項目
a	─	リンク機能の付加

　以下に、図4.4.1-1に示した「パンくずリスト」のHTMLを紹介しておくので、参考にしてください。

sample441-01.html

```
 :
45   <nav>
46     <ol class="breadcrumb">
47       <li class="breadcrumb-item"><a href="#">Home</a></li>
48       <li class="breadcrumb-item"><a href="#">Food</a></li>
49       <li class="breadcrumb-item active">Lunch</li>
50     </ol>
51   </nav>
 :
```

区切り文字の変更　

　区切り文字を「/」以外に変更するときは、CSS変数 **bs-breadcrumb-divider** の値を変更します。たとえば、以下のように記述すると、区切り文字を「｜」に変更できます。

```
<nav style="--bs-breadcrumb-divider:'|';">
  <ol class="breadcrumb">
    <li class="breadcrumb-item"><a href="#">Home</a></li>
       :
```

4.5 ページネーション

続いては、ページの最下部に配置されることが多い「ページネーション」を作成する方法を解説します。ul要素とli要素にクラスを適用するだけで簡単に作成できるので、いちど試してみてください。

4.5.1　ページネーションの作成

　Bootstrapには、以下の図のような**ページネーション**（ページ番号を示すリンク群）を作成するクラスも用意されています。ページの最下部に配置するナビゲーションとして利用するのが一般的ですが、他の用途にも活用できると思います。

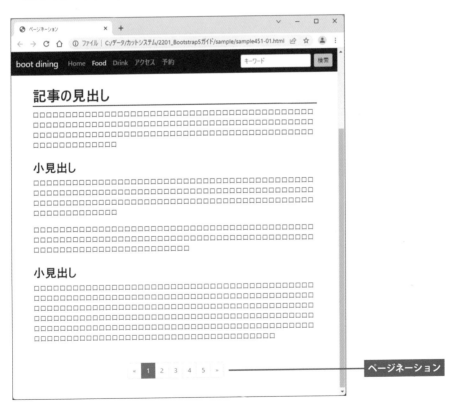

図4.5.1-1　Bootstrapで作成したページネーション

　ページネーションは、以下に示した要素とクラスを使って作成します。li要素に**active**のクラスを追加すると「選択中」の書式、**disabled**のクラスを追加すると「使用不可」の書式を指定できます。なお、«の記号は«、»の記号は»を使って表示します。

■ページネーションの作成に使用するクラス

要素	クラス	概要
nav	－	ページネーションの範囲
ul	**pagination**	ページネーションの書式指定
	page-item	各項目の書式指定
li	**active**	選択中の項目
	disabled	使用不可の項目
a	**page-link**	リンクの書式指定

　以下に、図4.5.1-1に示したページネーションのHTMLを紹介しておくので参考にしてください。

sample451-01.html

```
       ┊
55   <nav class="my-5">
56     <ul class="pagination justify-content-center">
57       <li class="page-item disabled"><a href="#" class="page-link">&laquo</a></li>
58       <li class="page-item active"><a href="#" class="page-link">1</a></li>
59       <li class="page-item"><a href="#" class="page-link">2</a></li>
60       <li class="page-item"><a href="#" class="page-link">3</a></li>
61       <li class="page-item"><a href="#" class="page-link">4</a></li>
62       <li class="page-item"><a href="#" class="page-link">5</a></li>
63       <li class="page-item"><a href="#" class="page-link">&raquo;</a></li>
64     </ul>
65   </nav>
       ┊
```

　上記の例では、ul要素にjustify-content-centerのクラスを追加することによりページネーションを「中央揃え」で配置しています。

4.5.2 ページネーションのサイズ

　ページネーションのサイズを変更するクラスも用意されています。サイズを大きくするときは**pagination-lg**、サイズを小さくするときは**pagination-sm**のクラスをul要素に追加します。

sample452-01.html

```
17    <nav class="my-5">
18      <ul class="pagination pagination-lg">
19        <li class="page-item disabled"><a href="#" class="page-link">&laquo</a></li>
20        <li class="page-item active"><a href="#" class="page-link">1</a></li>
           ⋮
26      </ul>
27    </nav>
28
29    <nav class="my-5">
30      <ul class="pagination">
31        <li class="page-item disabled"><a href="#" class="page-link">&laquo</a></li>
32        <li class="page-item active"><a href="#" class="page-link">1</a></li>
           ⋮
38      </ul>
39    </nav>
40
41    <nav class="my-5">
42      <ul class="pagination pagination-sm">
43        <li class="page-item disabled"><a href="#" class="page-link">&laquo</a></li>
44        <li class="page-item active"><a href="#" class="page-link">1</a></li>
           ⋮
50      </ul>
51    </nav>
        ⋮
```

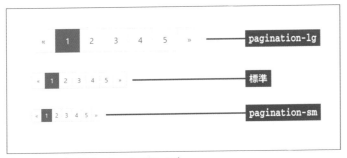

図4.5.2-1　ページネーションのサイズ

　サイズを大きくすると、スマートフォンでも操作しやすいページネーションを作成できます。ただし、「ページネーションが画面の幅に収まるか？」を必ず確認しておく必要があります。

　たとえば、先ほどの例をスマートフォンで閲覧すると、（機種によっては）画面内にページネーションが収まらない場合もあります。この場合、ページ全体の幅が大きくなり、横スクロールが可能になるため、レイアウトが大きく乱れてしまう恐れがあります。

　大サイズのページネーションを使用するときは、「数字3個＋前後のアイコン」もしくは「数字5個」の計5項目くらいまでにしておくのが無難です。もちろん、標準以下のサイズを使用するときも「スマートフォンの画面に収まるか？」に注意しなければいけません。

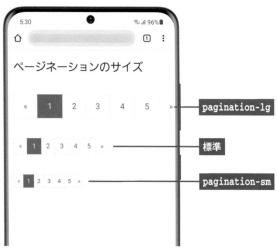

図4.5.2-2　スマートフォンで閲覧したページネーション

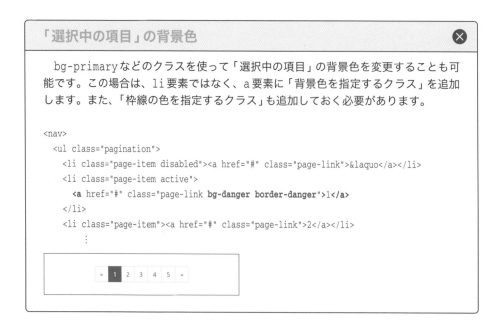

「選択中の項目」の背景色

　bg-primaryなどのクラスを使って「選択中の項目」の背景色を変更することも可能です。この場合は、li要素ではなく、a要素に「背景色を指定するクラス」を追加します。また、「枠線の色を指定するクラス」も追加しておく必要があります。

```
<nav>
  <ul class="pagination">
    <li class="page-item disabled"><a href="#" class="page-link">&laquo</a></li>
    <li class="page-item active">
      <a href="#" class="page-link bg-danger border-danger">1</a>
    </li>
    <li class="page-item"><a href="#" class="page-link">2</a></li>
       ⋮
```

4.6 リストグループ

リストグループは、スマートフォン向けのWebサイトなどでよく見かけるリストの表示方法です。リンクをまとめたナビゲーションとしても活用できるので、ぜひ使い方を覚えておいてください。

4.6.1　リストグループの作成

リストグループは、ul要素とli要素で作成したリストを図4.6.1-1のように表示する書式指定です。

図4.6.1-1　Bootstrapで作成したリストグループ

リストグループを作成するときは、ul要素に**list-group**のクラスを適用します。続いて、**list-group-item**のクラスを適用したli要素で各項目を作成していきます。このとき、li要素に**active**のクラスを追加すると「選択中」の項目、**disabled**のクラスを追加すると「使用不可」の項目として表示できます。

　図4.6.1-1に示したリストグループは、以下のHTMLにより作成されています。リストグループは幅100%で表示されるため、今回の例ではグリッドシステムを使って表示幅を調整しています。

sample461-01.html

```
     ⋮
48  <div class="row">
49    <div class="col-md-6 col-xl-4">
50      <ul class="list-group">
51        <li class="list-group-item">渋谷店</li>
52        <li class="list-group-item active">代々木店</li>
53        <li class="list-group-item">目黒店</li>
54        <li class="list-group-item">高田馬場店</li>
55        <li class="list-group-item disabled">青山店</li>
56      </ul>
57    </div>
58  </div>
     ⋮
```

　リストグループをリンクとして活用するときは、div要素とa要素でリストグループを作成しても構いません。この場合は、div要素に**list-group**、a要素に**list-group-item**のクラスを適用します。このとき、a要素に**list-group-item-action**のクラスを追加しておくと、マウスオーバー時に色が変化するようになります。

sample461-02.html

```
     ⋮
48  <div class="row">
49    <div class="col-md-6 col-xl-4">
50      <div class="list-group">
51        <a href="#" class="list-group-item list-group-item-action">渋谷店</a>
52        <a href="#" class="list-group-item list-group-item-action active">代々木店</a>
53        <a href="#" class="list-group-item list-group-item-action">目黒店</a>
54        <a href="#" class="list-group-item list-group-item-action">高田馬場店</a>
55        <a class="list-group-item list-group-item-action disabled">青山店</a>
56      </div>
57    </div>
58  </div>
     ⋮
```

図4.6.1-2　div要素とa要素で作成したリストグループ（マスオーバーあり）

リストグループをbutton要素で作成 ✕

　button要素を使ってリストグループを作成することも可能です。この場合は、button要素に**list-group-item**と**list-group-item-action**のクラスを適用します。

```
<div class="list-group">
  <button class="list-group-item list-group-item-action">渋谷店</button>
  <button class="list-group-item list-group-item-action active">代々木店</button>
  <button class="list-group-item list-group-item-action">目黒店</button>
  <button class="list-group-item list-group-item-action">高田馬場店</button>
  <button class="list-group-item list-group-item-action" disabled>青山店</button>
</div>
```

　なお、button要素の場合は、**disabled**属性を使って「使用不可」の書式にすることも可能です。

4.6.2 「横線のみ」と「番号付き」のリストグループ　New

　リストグループを「横線だけのシンプルなデザイン」に変更するクラスも用意されています。このデザインに変更するときは、ul要素（またはdiv要素）に **list-group-flush** のクラスを追加します。

　また、各リストの先頭に番号を付けることも可能です。この場合は、ul要素の代わりにol要素でリストを作成し、ol要素に **list-group-numbered** のクラスを追加します。

sample462-01.html

```
48    <div class="row">
49      <div class="col-md-6 col-xl-4">
50        <ol class="list-group list-group-flush list-group-numbered">
51          <li class="list-group-item">渋谷店</li>
52          <li class="list-group-item active">代々木店</li>
53          <li class="list-group-item">目黒店</li>
54          <li class="list-group-item">高田馬場店</li>
55          <li class="list-group-item disabled">青山店</li>
56        </ol>
57      </div>
58    </div>
```

図4.6.2-1　div要素とa要素で作成したリストグループ（マスオーバーあり）

4.6.3　リストグループの色

　リストグループの色を変更するクラスも用意されています。各項目の色を変更するときは、li要素またはa要素に以下のクラスを追加します。

■リストグループの色を指定するクラス

クラス	文字色	背景色
list-group-item-primary	#084298	#cfe2ff
list-group-item-secondary	#41464b	#e2e3e5
list-group-item-success	#0f5132	#d1e7dd
list-group-item-info	#055160	#cff4fc
list-group-item-warning	#664d03	#fff3cd
list-group-item-danger	#842029	#f8d7da
list-group-item-light	#636464	#fefefe
list-group-item-dark	#141619	#d3d3d4

　なお、list-group-item-actionのクラスが追加されている場合は、マウスオーバー時の色も指定した色に合わせて変化します。

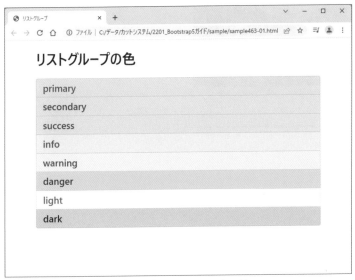

図4.6.3-1　リストグループの色（sample463-01.html）

> ### 4.6.4　リストグループのレスポンシブ対応

　各項目を横に並べて配置する方法も用意されています。この場合は、ul要素またはdiv要素に **list-group-horizontal** というクラスを追加します。

　ul要素でリストグループを作成したときは、図4.6.4-1のように各項目が配置されます。

sample464-01.html

```
       ⋮
48   <ul class="list-group list-group-horizontal">
49     <li class="list-group-item">渋谷店</li>
50     <li class="list-group-item active">代々木店</li>
51     <li class="list-group-item">目黒店</li>
52     <li class="list-group-item">高田馬場店</li>
53     <li class="list-group-item disabled">青山店</li>
54   </ul>
       ⋮
```

図4.6.4-1　各項目を横に並べたリストグループ

　リストグループを全体幅（幅100％）で表示したいときは、li要素に **flex-fill** のクラスを追加します。すると、右側の空白を埋めるように「各項目の幅」が伸長されます。ただし、等幅にはならないことに注意してください。それぞれの文字数に応じて「各項目の幅」が自動調整されます。

sample464-02.html

```
     ⋮
48   <ul class="list-group list-group-horizontal">
49     <li class="list-group-item flex-fill">渋谷店</li>
50     <li class="list-group-item flex-fill active">代々木店</li>
51     <li class="list-group-item flex-fill">目黒店</li>
52     <li class="list-group-item flex-fill">高田馬場店</li>
53     <li class="list-group-item flex-fill disabled">青山店</li>
54   </ul>
     ⋮
```

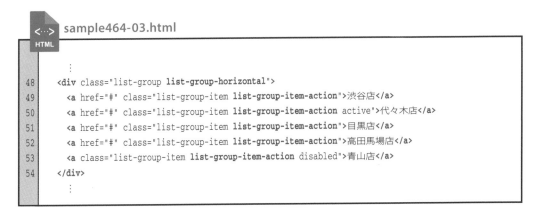

図4.6.4-2　li要素にflex-fillのクラスを追加した場合

div要素でリストグループを作成したときも同様ですが、a要素に**list-group-item-action**のクラスが適用されている場合はwidth:100%のCSSが指定されるため、flex-fillを適用しなくてもリストグループは全体幅になります。また、各項目は同じ幅で表示されます。

sample464-03.html

```
     ⋮
48   <div class="list-group list-group-horizontal">
49     <a href="#" class="list-group-item list-group-item-action">渋谷店</a>
50     <a href="#" class="list-group-item list-group-item-action active">代々木店</a>
51     <a href="#" class="list-group-item list-group-item-action">目黒店</a>
52     <a href="#" class="list-group-item list-group-item-action">高田馬場店</a>
53     <a class="list-group-item list-group-item-action disabled">青山店</a>
54   </div>
     ⋮
```

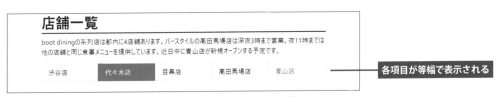

図4.6.4-3　list-group-item-actionのクラスが適用されている場合

　list-group-horizontalのクラスに**sm** / **md** / **lg** / **xl** / **xxl**の添字を付けて、クラスが有効になる画面サイズを限定することも可能です。

　たとえば、list-group-horizontal-mdのクラスを適用すると、画面サイズが「768px以上」のときだけ「横配置」になります。画面サイズが「768px未満」のときは、通常の「縦配置」のリストグループになります。これにより**レスポンシブ対応**を図ることも可能です。

sample464-04.html

```
48    <div class="list-group list-group-horizontal-md">
49      <a href="#" class="list-group-item list-group-item-action">渋谷店</a>
50      <a href="#" class="list-group-item list-group-item-action active">代々木店</a>
51      <a href="#" class="list-group-item list-group-item-action">目黒店</a>
52      <a href="#" class="list-group-item list-group-item-action">高田馬場店</a>
53      <a class="list-group-item list-group-item-action disabled">青山店</a>
54    </div>
```

図4.6.4-4　リストグループのレスポンシブ対応

4.6.5　リストグループを使った表示切り替え

　最後に、リストグループを使って「別の領域にあるコンテンツ」の表示を切り替える方法を紹介しておきます。以下は、店舗名をクリックすると、それに応じて「右側の領域」（連絡先、営業時間）の表示が切り替わるように設定した例です。

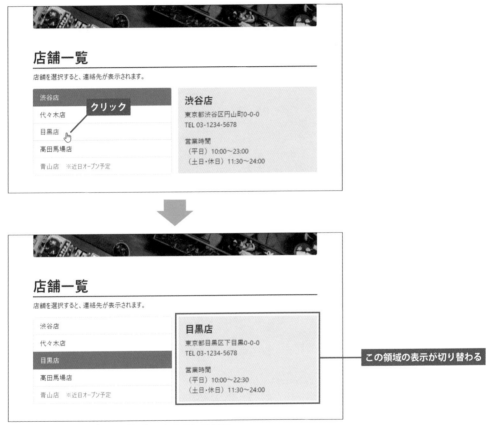

図4.6.5-1　リストグループを使った表示切り替え

　この機能を使用するときは、各項目を作成するa要素に**data-bs-toggle="list"**の属性を追記し、**href="#（ID名）"**という形で「表示する内容のID名」を指定します。

　「表示を切り替える領域」はdiv要素で作成し、**tab-content**のクラスを適用します。続いて、この中に「各項目に対応する内容」をdiv要素で作成していきます。このdiv要素には、**a要素のhref属性に対応するID名**を付け、**tab-pane**と**fade**のクラスを適用します。また、最初から表示しておく内容に**show**と**active**のクラスを追加しておきます。

文章で説明するより実例を見た方が分かりやすいと思うので、図4.6.5-1に示した例のHTML
を紹介しておきます。

`<···>` HTML sample465-01.html

```
     ⋮
45   <h1 class="mt-5 border-bottom border-dark border-2 pb-1">店舗一覧</h1>
46   <p>店舗を選択すると、<span class="d-md-none">下に</span>連絡先が表示されます。</p>
47
48   <div class="row g-3">
49
50     <div class="col-md-6 col-xl-4">
51       <div class="list-group">
52         <a href="#shibuya" class="list-group-item list-group-item-action active"
53           data-bs-toggle="list">渋谷店</a>
54         <a href="#yoyogi" class="list-group-item list-group-item-action"
55           data-bs-toggle="list">代々木店</a>
56         <a href="#meguro" class="list-group-item list-group-item-action"
57           data-bs-toggle="list">目黒店</a>
58         <a href="#baba" class="list-group-item list-group-item-action"
59           data-bs-toggle="list">高田馬場店</a>
60         <a class="list-group-item disabled">青山店　<small>※近日オープン予定</small></a>
61       </div>
62     </div>
63
64     <div class="col-md-6 col-xl-4">
65       <div class="tab-content bg-dark bg-opacity-10 p-3">
66         <div class="tab-pane fade show active" id="shibuya">
67           <h4>渋谷店</h4><address>東京都渋谷区円山町0-0-0<br>TEL 03-1234-5678</address>
68           <p class="mb-0">営業時間<br>（平日）10:00〜23:00<br>（土日・休日）11:30〜24:00</p>
69         </div>
70         <div class="tab-pane fade" id="yoyogi">
71           <h4>代々木店</h4><address>東京都渋谷区代々木0-0-0<br>TEL 03-1234-5678</address>
72           <p class="mb-0">営業時間<br>（平日）10:00〜24:00<br>（土日・休日）11:30〜24:00</p>
73         </div>
74         <div class="tab-pane fade" id="meguro">
75           <h4>目黒店</h4><address>東京都目黒区下目黒0-0-0<br>TEL 03-1234-5678</address>
76           <p class="mb-0">営業時間<br>（平日）10:00〜22:30<br>（土日・休日）11:30〜24:00</p>
77         </div>
78         <div class="tab-pane fade" id="baba">
79           <h4>高田馬場店</h4><address>東京都新宿区高田馬場0-0-0<br>TEL 03-1234-5678</address>
80           <p class="mb-0">営業時間<br>（平日）17:00〜翌3:00<br>（土日・休日）15:00〜翌3:00</p>
81         </div>
82       </div>
83     </div>
84
85   </div>
     ⋮
```

```
89  <script src="js/bootstrap.bundle.min.js"></script>
        ⋮
```

　今回の例では、「リストグループ」と「表示を切り替える領域」をグリッドシステムで配置しています。スマートフォンで閲覧したときは、それぞれの領域が縦に配置されます。このことを閲覧者に伝えるために、46行目のp要素で表示する文章を少し変化させています。スマートフォンで見たときは文中に「下に」の文字が表示されますが、画面サイズが「768px以上」になると、d-md-noneのクラスにより「下に」の文字は表示されなくなります。

図4.6.5-2　スマートフォンで閲覧した場合

　なお、この機能を動作させるには、BootstrapのJavaScriptを読み込んでおく必要があります。この記述を忘れると、表示切り替えが動作しなくなることに注意してください（89行目）。

▼ Bootstrap 4 からの変更点

data-***属性の名称変更

　Bootstrap 4では、data-toggle属性により表示切り替えの機能を実現していました。Bootstrap 5では、この属性名がdata-bs-toggleに変更されています。間に「-bs」の文字が追加されていることに注意してください。

4.7 | バッジ

続いては、文字をアイコン風に表示できる「バッジ」の使い方を解説します。リストグループの各項目に数値を表示する場合などにも「バッジ」が活用できます。手軽に作成できるので、ぜひ使い方を覚えておいてください。

4.7.1　バッジの作成

　文字をアイコン風に表示したいときは**バッジ**を利用すると便利です。バッジを作成するときは、span要素に**badge**のクラスを適用し、さらに**背景色を指定するクラス**（P117〜119）でバッジの色を指定します。

sample471-01.html

```
15    <h1 class="mt-3 mb-5">今週の特売情報</h1>
16
17    <h3>液晶モニター全品<span class="badge bg-danger ms-2">30%OFF</span></h3>
18    <hr>
19    <h4>CD-R / DVD-R / BD-R<span class="badge bg-warning ms-2">25%OFF</span></h4>
20    <hr>
21    <h5>インクジェット専用紙<span class="badge bg-dark ms-2">15%OFF</span></h5>
22
23    <h2 class="mt-5 mb-2">バッジの色</h2>
24    <div class="fs-5">
25      <span class="badge bg-primary p-2">Primary</span>
26      <span class="badge bg-secondary p-2">Secondary</span>
27      <span class="badge bg-success p-2">Success</span>
28      <span class="badge bg-info p-2">Info</span>
29      <span class="badge bg-warning p-2">Warning</span>
30      <span class="badge bg-danger p-2">Danger</span>
31      <span class="badge bg-dark p-2">Dark</span>
32      <span class="badge bg-light text-dark p-2">Light</span>
33    </div>
```

図4.7.1-1 Bootstrapで作成したバッジ

バッジ内の文字色は「白色」（#fff）に指定されているため、bg-lightのように「薄い背景色」を指定するときは、text-darkなどのクラスで文字色を調整しておく必要があります。

また、バッジの余白が小さいときは、上記の例のようにp-2などのクラスで余白（padding）を調整すると、バランスを整えられます。

---

a要素でバッジを作成

バッジをリンクとして機能させたいときは、a要素でバッジを作成しても構いません。a要素に適用するクラスは、span要素でバッジを作成する場合と基本的に同じです。

```
<a href="#" class="badge bg-primary">バッジの文字</a>
```

▼ Bootstrap 4 からの変更点

badge-（色）のクラスは廃止

Bootstrap 4では、badge-primaryやbadge-secondaryなどのクラスを使ってバッジの色を指定していました。Bootstrap 5では、これらのクラスが廃止されているため、背景色を指定するクラスを使ってバッジの色を指定します。

4.7.2　ピル形式のバッジ

　バッジの左右を円形にした**ピル形式のバッジ**を作成することも可能です。この場合は、span
要素に**rounded-pill**のクラスを追加します。

<···> **sample472-01.html**
HTML

```
          ⋮
15    <h1 class="mt-3 mb-5">今週の特売情報</h1>
16
17    <h3>液晶モニター全品<span class="badge bg-danger rounded-pill ms-2">30%OFF</span></h3>
18    <hr>
19    <h4>CD-R / DVD-R / BD-R<span class="badge bg-warning rounded-pill ms-2">25%OFF</span></h4>
20    <hr>
21    <h5>インクジェット専用紙<span class="badge bg-dark rounded-pill ms-2">15%OFF</span></h5>
22
23    <h2 class="mt-5 mb-2">バッジの色</h2>
24    <div class="fs-5">
25      <span class="badge bg-primary rounded-pill px-4 py-2">Primary</span>
26      <span class="badge bg-secondary rounded-pill px-4 py-2">Secondary</span>
27      <span class="badge bg-success rounded-pill px-4 py-2">Success</span>
28      <span class="badge bg-info rounded-pill px-4 py-2">Info</span>
29      <span class="badge bg-warning rounded-pill px-4 py-2">Warning</span>
30      <span class="badge bg-danger rounded-pill px-4 py-2">Danger</span>
31      <span class="badge bg-dark rounded-pill px-4 py-2">Dark</span>
32      <span class="badge bg-light rounded-pill text-dark px-4 py-2">Light</span>
33    </div>
          ⋮
```

図4.7.2-1　ピル形式のバッジ

　ピル形式のバッジの場合も、px-4やpy-2などのクラスを追加することにより、縦横の余白を調整することが可能です。

┌─ **badge-pillのクラスは廃止** ──────────────────

　Bootstrap 4 では、badge-pillのクラスを使って「ピル形式のバッジ」を指定していました。Bootstrap 5 では、このクラスが廃止されているため、**rounded-pill**のクラス」を使って「ピル形式のバッジ」を指定します。

└──────────────────────────────────────

4.7.3　ボタンにバッジを配置　`New`

　ボタンの中にバッジを配置することも可能です。この場合は、button要素の中に「バッジのspan要素」を記述します。

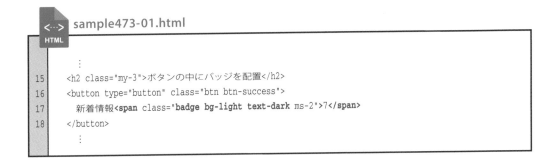

sample473-01.html

```
         ⋮
15   <h2 class="my-3">ボタンの中にバッジを配置</h2>
16   <button type="button" class="btn btn-success">
17     新着情報<span class="badge bg-light text-dark ms-2">7</span>
18   </button>
         ⋮
```

図4.7.3-1　ボタンにバッジを配置した例

　また、ボタンの右上にバッジを配置することも可能です。この場合は、button要素に**position-relative**のクラスを追加して、表示位置をrelativeに変更します。一方、バッジのspan要素は、**position-absolute**のクラスで表示位置をabsoluteに変更し、**top-0**、**start-100**、**translate-middle**のクラスで「ボタン（親要素）の右上に中央配置」を指定します。

```html
            ⋮
20   <h2 class="mt-5 mb-3">ボタンの右上にバッジを配置</h2>
21   <button type="button" class="btn btn-primary position-relative">
22     新着情報
23     <span class="badge bg-danger rounded-pill position-absolute top-0 start-100 translate-middle">
24       14
25       <span class="visually-hidden">未読件数</span>
26     </span>
27   </button>
            ⋮
```

sample473-01.html

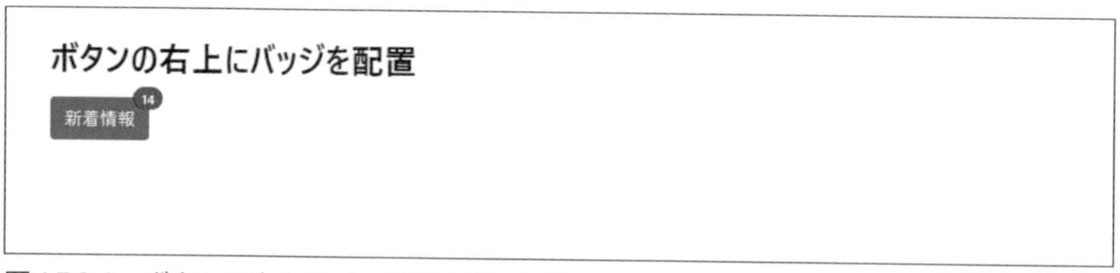

図4.7.3-2　ボタンの右上にバッジを配置した例

　なお、上記のHTMLにある<span class="visually-hidden">………</span>は、アクセシビリティ向上のための記述です。**visually-hidden**のクラスを適用することで「画面には表示しないが、スクリーンリーダーでは読み上げる」という書式を指定しています。

---

sr-onlyはvisually-hiddenに変更　　　　　　　　　　▼Bootstrap 4からの変更点

　Bootstrap 4では、sr-onlyというクラスを使って「画面には表示しないが、スクリーンリーダーでは読み上げる」の書式を指定しました。Bootstrap 5では、この役割を果たすクラスが**visually-hidden**に変更されています。注意するようにしてください。

4.7.4 リストグループ内にバッジを配置

リストグループ内に数値を示す場合にもバッジが活用できます。ただし、バッジの配置方法を工夫する必要があります。

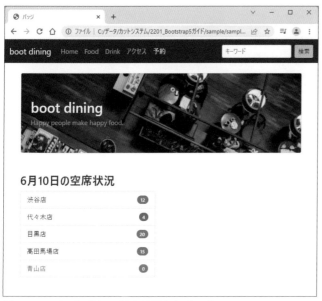

図4.7.4-1 リストグループ内に配置したバッジ

図4.7.4-1のようにバッジを右端に配置するときは、li要素またはa要素に**d-flex**のクラスを追加して、子要素をフレックスアイテムとして扱います。さらに、**justify-content-between**（等間隔、両端はアイテム）と**align-items-center**（上下中央揃え）のクラスで「文字」と「バッジ」の配置を調整します。

sample474-01.html

```
     ⋮
45   <h2 class="mt-5">6月10日の空席状況</h2>
46
47   <div class="row">
48     <div class="col-md-6 col-xl-4">
49       <div class="list-group">
50         <a href="#" class="list-group-item list-group-item-action
51                       d-flex justify-content-between align-items-center">
52           渋谷店<span class="badge bg-primary rounded-pill py-1">12</span>
53         </a>
```

```
54        <a href="#" class="list-group-item list-group-item-action
55                        d-flex justify-content-between align-items-center">
56          代々木店<span class="badge bg-danger rounded-pill py-1">4</span>
57        </a>
58        <a href="#" class="list-group-item list-group-item-action
59                        d-flex justify-content-between align-items-center">
60          目黒店<span class="badge bg-primary rounded-pill py-1">20</span>
61        </a>
62        <a href="#" class="list-group-item list-group-item-action
63                        d-flex justify-content-between align-items-center">
64          高田馬場店<span class="badge bg-primary rounded-pill py-1">15</span>
65        </a>
66        <a class="list-group-item list-group-item-action disabled
67              d-flex justify-content-between align-items-center">
68          青山店<span class="badge bg-secondary rounded-pill py-1">0</span>
69        </a>
70      </div>
71    </div>
72  </div>
       ⋮
```

第5章

JavaScriptを利用した
コンポーネント

Bootstrap には JavaScript を利用したコンポーネント
も用意されています。続いては、Web サイトを彩る、動き
のあるコンテンツを作成する方法を解説します。

5.1 | ドロップダウン

ドロップダウンは、クリックによりサブメニューを開閉できる機能です。サブメニューに並ぶ項目をリンクとして機能させるのが一般的で、ページを移動する際のナビゲーションなどに活用できます。

5.1.1　ドロップダウンの作成

4.3.6項（P231〜232）でも紹介したように、Bootstrapには**ドロップダウン形式のメニュー**を作成する機能が用意されています。まずは、ボタンにドロップダウン機能を追加する方法から解説します。

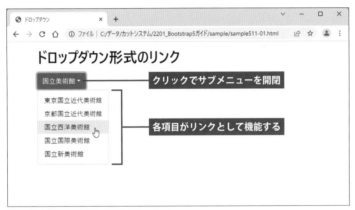

図5.1.1-1　ドロップダウン機能を追加したボタン

ドロップダウン機能のあるボタンを作成するときは、button要素に**dropdown-toggle**のクラスを追加し、**data-bs-toggle="dropdown"**という属性を追記します。

続いて、サブメニューを作成します。**dropdown-menu**のクラスを適用したul要素を用意し、この中に「**dropdown-item**のクラスを適用したa要素」でリンクを列記していと、サブメニューを作成できます。

最後に、全体をdiv要素で囲み、このdiv要素に**dropdown**のクラスを適用すると、ドロップダウンを作成できます。

■ドロップダウンの作成に使用するクラス、属性

要素	クラス／属性	概要
div	**dropdown**	ドロップダウンの範囲
button	**dropdown-toggle**	ドロップダウンボタンの書式指定
	data-bs-toggle="dropdown"	ドロップダウン機能の追加
ul	**dropdown-menu**	サブメニューの範囲
li	―	サブメニューの各項目
a	**dropdown-item**	リンクの書式指定

　以下に、図5.1.1-1に示した例のHTMLを紹介しておくので、これを参考にドロップダウンの作成方法を把握してください。

sample511-01.html

```
      ⋮
15  <h1 class="my-3">ドロップダウン形式のリンク</h1>
16  <div class="dropdown">
17    <button class="btn btn-primary dropdown-toggle" data-bs-toggle="dropdown">国立美術館</button>
18    <ul class="dropdown-menu">
19      <li><a href="https://www.momat.go.jp/" class="dropdown-item">東京国立近代美術館</a></li>
20      <li><a href="https://www.momak.go.jp/" class="dropdown-item">京都国立近代美術館</a></li>
21      <li><a href="https://www.nmwa.go.jp/" class="dropdown-item">国立西洋美術館</a></li>
22      <li><a href="https://www.nmao.go.jp/" class="dropdown-item">国立国際美術館</a></li>
23      <li><a href="https://www.nact.jp/" class="dropdown-item">国立新美術館</a></li>
24    </ul>
25  </div>
      ⋮
29  <script src="js/bootstrap.bundle.min.js"></script>
30  </body>
      ⋮
```

JavaScriptの読み込み　⊗

　ドロップダウンを動作させるには、BootstrapのJavaScriptを読み込んでおく必要があります（上記の例の29行目）。この記述を忘れると、ドロップダウンは機能しなくなります。
　第5章で解説する内容は「JavaScriptを利用したコンポーネント」になるため、JavaScriptの読み込みが必須となります。忘れないようにしてください。

▼Bootstrap 4 からの変更点

---

data-***属性の名称変更

　Bootstrap 4 では、data-bs-toggle="dropdown" によりドロップダウンの機能を実現していました。Bootstrap 5 では、この属性名が**data-bs-toggle**に変更されています。他のJavaScriptを使ったコンポーネントも同様です。属性名の間に「**-bs**」の文字が追加されていることに注意してください。

　ドロップダウンを利用する際に、複数のボタンを横に並べて配置したい場合もあると思います。この場合は、dropdownの代わりに**btn-group**のクラスを適用すると、ボタンを横に並べて配置できます。

---

sample511-02.html

```html
15    <h1 class="my-3">ドロップダウン形式のリンク</h1>
16    <a href="https://www.ndl.go.jp/" class="btn btn-danger me-2">国立国会図書館</a>
17    <a href="https://www.kahaku.go.jp/" class="btn btn-success me-2">国立科学博物館</a>
18    <div class="btn-group">
19      <button class="btn btn-primary dropdown-toggle" data-bs-toggle="dropdown">国立美術館</button>
20      <ul class="dropdown-menu">
21        <li><a href="https://www.momat.go.jp/" class="dropdown-item">東京国立近代美術館</a></li>
22        <li><a href="https://www.momak.go.jp/" class="dropdown-item">京都国立近代美術館</a></li>
23        <li><a href="https://www.nmwa.go.jp/" class="dropdown-item">国立西洋美術館</a></li>
24        <li><a href="https://www.nmao.go.jp/" class="dropdown-item">国立国際美術館</a></li>
25        <li><a href="https://www.nact.jp/" class="dropdown-item">国立新美術館</a></li>
26      </ul>
27    </div>
```

図5.1.1-2　ボタンを横に並べた場合

5.1.2　ボタンとキャレットの独立

「ボタン」と「▼」（キャレット）を独立させて、1つのボタンに2つの機能を割り当てることも可能です。たとえば、以下の例では、

- ボタンをクリック ……………………「独立行政法人 国立美術館」のWebサイトへ移動
- ▼をクリック ……………………… サブメニューを表示

という具合に、1つのボタンに2つの機能を持たせています。

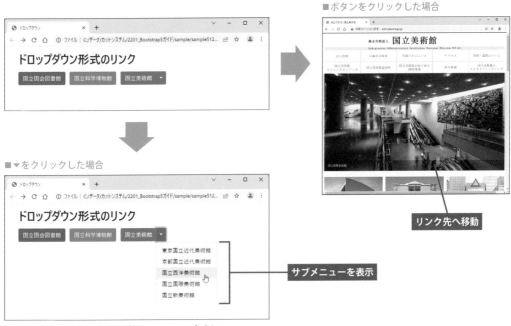

図5.1.2-1　キャレットを分離したドロップダウン

このように「ボタン」と「▼」に個別の機能を持たせるときは、以下のようにHTMLを記述します。

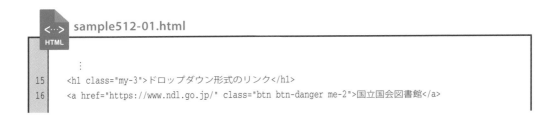

sample512-01.html

```
     ⋮
15   <h1 class="my-3">ドロップダウン形式のリンク</h1>
16   <a href="https://www.ndl.go.jp/" class="btn btn-danger me-2">国立国会図書館</a>
```

```
17      <a href="https://www.kahaku.go.jp/" class="btn btn-success me-2">国立科学博物館</a>
18    <div class="btn-group">
19      <a href="http://www.artmuseums.go.jp/" class="btn btn-primary">国立美術館</a>
20      <button class="btn btn-primary dropdown-toggle dropdown-toggle-split"
21              data-bs-toggle="dropdown"></button>
22      <ul class="dropdown-menu">
23        <li><a href="https://www.momat.go.jp/" class="dropdown-item">東京国立近代美術館</a></li>
24        <li><a href="https://www.momak.go.jp/" class="dropdown-item">京都国立近代美術館</a></li>
25        <li><a href="https://www.nmwa.go.jp/" class="dropdown-item">国立西洋美術館</a></li>
26        <li><a href="https://www.nmao.go.jp/" class="dropdown-item">国立国際美術館</a></li>
27        <li><a href="https://www.nact.jp/" class="dropdown-item">国立新美術館</a></li>
28      </ul>
29    </div>
         ⋮
```

　リンクとして機能させるボタンはa要素で作成し、btnとbtn-primaryなどのクラスを適用してボタン形式の表示にします（19行目）。続いて、「▼」の部分を「内容が空のbutton要素」で作成し、**dropdown-toggle-split**のクラスを追加します。それ以外の記述は、通常のドロップダウンを作成する場合と同じです（20〜21行目）。

　最後に、「**btn-group**のクラスを適用したdiv要素」で全体を囲むと、図5.1.2-1に示したようなボタンを作成できます。「リンク」と「サブメニューの開閉」の2つの機能を持つボタンを作成する方法として覚えておいてください。

5.1.3　サブメニューを表示する方向の指定

　通常、ドロップダウンのサブメニューは下に表示されますが、この方向を上／右／左に変更することも可能です。この場合は、ドロップダウン全体を囲むdiv要素に以下のクラスを追加します。

dropup ······················· サブメニューを上に表示
dropend ······················· サブメニューを右に表示
dropstart ················· サブメニューを左に表示

　適用したクラスに応じて、「▼」（キャレット）の向きも自動的に調整されます。次ページの例は、dropendのクラスを追加してサブメニューを右に表示した場合です。

sample513-01.html

```
15      <h1 class="my-3">ドロップダウン形式のリンク</h1>
16      <a href="https://www.ndl.go.jp/" class="btn btn-danger me-2">国立国会図書館</a>
17      <a href="https://www.kahaku.go.jp/" class="btn btn-success me-2">国立科学博物館</a>
18      <div class="btn-group dropend">
19        <button class="btn btn-primary dropdown-toggle" data-bs-toggle="dropdown">国立美術館</button>
20        <ul class="dropdown-menu">
21          <li><a href="https://www.momat.go.jp/" class="dropdown-item">東京国立近代美術館</a></li>
22          <li><a href="https://www.momak.go.jp/" class="dropdown-item">京都国立近代美術館</a></li>
23          <li><a href="https://www.nmwa.go.jp/" class="dropdown-item">国立西洋美術館</a></li>
24          <li><a href="https://www.nmao.go.jp/" class="dropdown-item">国立国際美術館</a></li>
25          <li><a href="https://www.nact.jp/" class="dropdown-item">国立新美術館</a></li>
26        </ul>
27      </div>
```

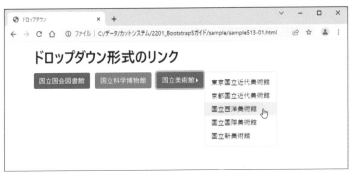

図5.1.3-1　サブメニューを右側に表示

　ただし、指定した方向に十分なスペースがない場合は、反対方向にサブメニューが表示されます。サブメニューを開く方向を指定するときは、その方向に十分なスペースを確保しておく必要があります。

▼ Bootstrap 4 からの変更点

――クラス名の変更――――――――――――――――――――――――――――――

　Bootstrap 4では、droprightやdropleftといったクラスで「サブメニューを表示する方向」を指定していました。Bootstrap 5では、左右を示す文字がstart / endに変更されているため、クラス名がdropstartやdropendに変更されています。注意するようにしてください。

　サブメニューを「ボタンの右端」に揃えて表示するクラスも用意されています。この場合は、サブメニューを作成する ul 要素に **dropdown-menu-end** のクラスを追加します。

```
        ⋮
18  <div class="btn-group">
19    <button class="btn btn-primary dropdown-toggle" data-bs-toggle="dropdown">国立美術館</button>
20    <ul class="dropdown-menu dropdown-menu-end">
21      <li><a href="https://www.momat.go.jp/" class="dropdown-item">東京国立近代美術館</a></li>
22      <li><a href="https://www.momak.go.jp/" class="dropdown-item">京都国立近代美術館</a></li>
23      <li><a href="https://www.nmwa.go.jp/" class="dropdown-item">国立西洋美術館</a></li>
24      <li><a href="https://www.nmao.go.jp/" class="dropdown-item">国立国際美術館</a></li>
25      <li><a href="https://www.nact.jp/" class="dropdown-item">国立新美術館</a></li>
26    </ul>
27  </div>
        ⋮
```

図5.1.3-2　サブメニューを右揃えで表示

　P262の図5.1.1-2と比べると、サブメニューが表示される位置が変化しているのを確認できると思います。

クラス名の変更
▼Bootstrap 4 からの変更点

　Bootstrap 4 では、dropdown-menu-right といったクラスで「サブメニューを揃える位置」を指定していました。Bootstrap 5 では、左右を示す文字が start／end に変更されているため、このクラス名は **dropdown-menu-end** に変更されています。注意するようにしてください。

5.1.4　サブメニュー表示のカスタマイズ `New`

　サブメニュー内の表示をカスタマイズするクラスも用意されています。たとえば、サブメニューを作成するul要素に**dropdown-menu-dark**のクラスを追加すると、サブメニューを「暗い背景色」で表示できます。

　サブメニュー内に「見出し」を配置したいときは、h6などの要素を使って文字を記述し、**dropdown-header**のクラスを適用します。また、`<li>`〜`</li>`の中に「**dropdown-divider**のクラスを適用したhr要素」を記述すると、その位置に「区切り線」を表示できます。

　そのほか、サブメニュー内に「通常の文字」を表示する**dropdown-item-text**というクラスも用意されています。この場合は、`<li>`〜`</li>`の中にspan要素で項目を作成します。

　各項目を「選択中」として表示する**active**、「使用不可」として表示する**disabled**といったクラスも利用できます。

sample514-01.html

```
        ⋮
15    <h1 class="my-3">サブメニュー表示のカスタマイズ</h1>
16    <div class="btn-group">
17      <button class="btn btn-success dropdown-toggle" data-bs-toggle="dropdown">各階の詳細</button>
18      <ul class="dropdown-menu dropdown-menu-dark">
19        <li><h6 class="dropdown-header">表示する階数を選択してください</h6></li>
20        <li><a href="#" class="dropdown-item">B2F</a></li>
21        <li><a href="#" class="dropdown-item">B1F</a></li>
22        <li><hr class="dropdown-divider"></li>
23        <li><a href="#" class="dropdown-item">1F</a></li>
24        <li><a href="#" class="dropdown-item active">2F</a></li>
25        <li><a href="#" class="dropdown-item">3F</a></li>
26        <li><a class="dropdown-item disabled">4F（工事中）</a></li>
27        <li><a href="#" class="dropdown-item">5F</a></li>
28        <li><hr class="dropdown-divider"></li>
29        <li><span class="dropdown-item-text text-end">2020/6/21更新</span></li>
30      </ul>
31    </div>
        ⋮
```

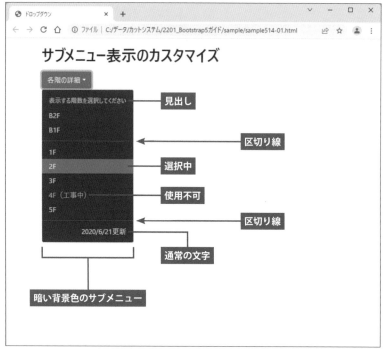

図5.1.4-1　サブメニューのカスタマイズ

5.1.5　汎用的なドロップダウン

　ドロップダウンの機能をサブメニュー以外の用途に応用することも可能です。この場合における基本的な考え方は、以下のとおりです。

＜ドロップダウンの範囲＞（div要素）
・dropdownのクラスを適用
　（インラインブロック要素として扱うときはbtn-groupのクラスを適用）

＜開閉用のボタン＞（button要素、a要素など）
・dropdown-toggleのクラスを適用
・data-bs-toggle="dropdown"の属性を追記

＜開閉される領域＞（ul要素、div要素など）
・dropdown-menuのクラスを適用

　たとえば、以下のようにHTMLを記述すると、「文字と画像で構成されるdiv要素」をボタンで開閉できるようになります。

sample515-01.html

```
15    <h1 class="my-3">ドロップダウンの応用</h1>
16    <div class="dropdown">
17      <button class="btn btn-success dropdown-toggle" data-bs-toggle="dropdown">詳細を表示</button>
18      <div class="dropdown-menu dropdown-menu-dark p-4">
19        <h5>ランチセットA</h5>
20        <p>全粒粉のパンを使ったサンドイッチ、卵とポテトの付け合わせ、コーヒー</p>
21        <img src="img/lunch-01.jpg" class="img-fluid">
22      </div>
23    </div>
```

　開閉されるdiv要素はdropdown-menu-darkで「暗い背景色」を指定し、p-4で適当な内余白を設けています（18行目）。そして、この中にh5、p、imgといった要素を記述してコンテンツを作成しています。

図5.1.5-1　ドロップダウンの応用

　このように、サブメニュー以外の内容をドロップダウン機能で開閉することも可能です。あらゆる状況に対応できる使い方ではありませんが、効果的に活用できる場合もあるので各自で研究してみてください。

<table>
<tr><td>5.2</td><td>モーダルとアラート</td></tr>
</table>

続いては、Bootstrapに用意されているJavaScriptを使って「モーダル」と呼ばれるダイアログを作成する方法を解説します。メッセージの表示や写真の拡大などに活用できるので、使い方を覚えておいてください。

5.2.1　モーダルダイアログの作成

　モーダルは、ボタンやリンクをクリックしたときに図5.2.1-1のようにダイアログを表示できる機能です。様々な用途に活用できるので、ぜひ使い方を覚えておいてください。

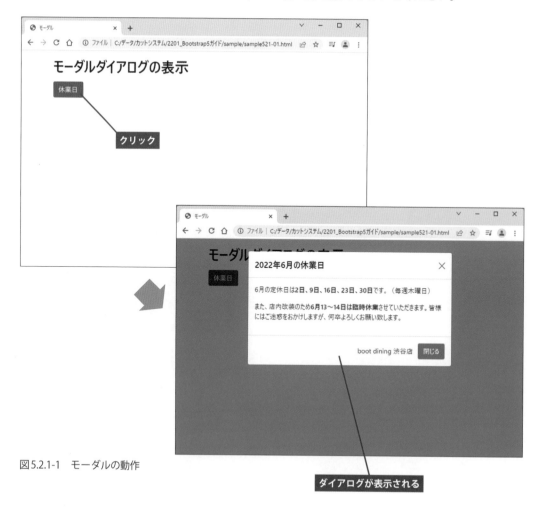

図5.2.1-1　モーダルの動作

それでは、モーダルの作成手順を解説していきます。以下に、図5.2.1-1に示した例のHTMLを紹介しておきます。

sample521-01.html

```
       ⋮
15    <h1 class="my-3">モーダルダイアログの表示</h1>
16
17    <button class="btn btn-danger" data-bs-toggle="modal" data-bs-target="#offday">休業日</button>
18
19    <div class="modal fade" id="offday" tabindex="-1">
20      <div class="modal-dialog">
21        <div class="modal-content">
22          <div class="modal-header">
23            <h5 class="modal-title">2022年6月の休業日</h5>
24            <button type="button" class="btn-close" data-bs-dismiss="modal"></button>
25          </div>
26          <div class="modal-body">
27            <p>6月の定休日は<b>2日、9日、16日、23日、30日</b>です。（毎週木曜日）</p>
28            <p>また、店内改装のため<b>6月13〜14日は臨時休業</b>させて ……… お願い致します。</p>
29          </div>
30          <div class="modal-footer">
31            <p class="me-2">boot dining 渋谷店</p>
32            <button class="btn btn-secondary" data-bs-dismiss="modal">閉じる</button>
33          </div>
34        </div>
35      </div>
36    </div>
       ⋮
```

まずは、モーダルダイアログを開く要素（ボタン）の作成方法から解説します。この要素には **data-bs-toggle="modal"** という属性を追記し、さらに **data-bs-target** 属性にモーダルダイアログの**ID名**を指定します。このID名には、各自の好きな文字を指定できます（17行目）。

続いて、モーダルダイアログの内容を記述していきます（19〜36行目）。最初に **modal** と **fade** のクラスを適用した<div>〜</div>を作成し、先ほどの **data-bs-target** 属性と同じID名を指定します。続いて、この中に **modal-dialog** のクラスを適用した<div>〜</div>を作成し、さらに **modal-content** のクラスを適用した<div>〜</div>を作成します。

modal-content の内部は、「ヘッダー」「本文」「フッター」の3つのdiv要素で構成します。ヘッダーには **modal-header**、本文には **modal-body**、フッターには **modal-footer** のクラスを適用します。このとき、ヘッダー内に表示する文字に **modal-title** のクラスを適用しておくと、余白や行間を適切な書式に指定できます。

div要素が頻発するので、</div>の書き忘れなどのミスを犯さないように注意してください。以下に、適用するクラスを表形式でまとめておきます。

■モーダルダイアログの作成に使用するクラス、属性

要素	クラス/属性	概要
div	`modal`	ダイアログの範囲
	`fade`	フェード効果の指定（省略可）
	`id="`（ID名）`"`	data-bs-target属性に指定したID名
div	`modal-dialog`	ダイアログの書式指定（配置方法など）
div	`modal-content`	ダイアログ内部の書式指定
div	`modal-header`	ヘッダーの領域（省略可）
h1〜h6など	`modal-title`	「見出し」の書式指定（余白と行間の指定）
button	`btn-close`	✕の表示など
	`data-bs-dismiss="modal"`	ダイアログを閉じる機能の追加
div	`modal-body`	本文の領域
div	`modal-footer`	フッターの領域（省略可）

また、モーダルのダイアログを閉じるためのボタンも作成しておく必要があります。この要素には`data-bs-dismiss="modal"`という属性を記述します。今回の例では、ヘッダーとフッターにダイアログを閉じるボタンを設置しました。

ヘッダーにある✕はbutton要素で作成します（24行目）。**`btn-close`**のクラスで✕の記号を表示し、**`data-bs-dismiss="modal"`**の属性で「ダイアログを閉じる」の機能を追加します。

フッターにある「閉じる」ボタンも、`data-bs-dismiss="modal"`の属性を記述することで「ダイアログを閉じる」の機能を追加しています。

クラスの仕様変更　　　　　　　　　　　　　　　　　　　　▼ Bootstrap 4 からの変更点

Bootstrap 4 では、✕を表示する要素にcloseというクラスを適用していました。Bootstrap 5 では、このクラス名が**`btn-close`**に変更されています。btn-closeのクラスには✕を表示するための記述も含まれているため、`<span>&times;</span>`のHTMLは不要です。空のbutton要素で✕の記号を表示できます。

5.2.2　モーダルの応用例

　モーダルの機能を応用して、写真をライトボックスのように拡大表示することも可能です。以下に簡単な例を紹介しておくので参考にしてください。

sample522-01.html

```
     ⋮
15   <h1 class="my-3">モーダルダイアログの応用</h1>
16
17   <a href="#pic-01" data-bs-toggle="modal"><img src="img/lighthouse-1ss.jpg" class="me-2"></a>
18   <div class="modal fade" id="pic-01" tabindex="-1">
19     <div class="modal-dialog modal-dialog-centered">
20       <div class="modal-content">
21         <div class="modal-body">
22           <h6>lighthouse-1.jpg</h6>
23           <img src="img/lighthouse-1.jpg" class="img-fluid">
24         </div>
25       </div>
26     </div>
27   </div>
     ⋮
```

　今回の例では、ダイアログを開く要素をa要素で作成しています（17行目）。この場合は、data-bs-target属性ではなく、**href属性**でモーダルダイアログのID名を指定できます。

　モーダルダイアログの作成手順は前回の例と同様です。今回はヘッダーとフッターを使わずに、本文の領域に「見出し」と「画像」を配置しました（21～24行目）。画像を表示するimg要素にはimg-fluidのクラスを適用し、画像がダイアログから飛び出さないように縮小表示させています。

　また、「modal-dialogを適用したdiv要素」に**modal-dialog-centered**というクラスを追加しています（19行目）。このクラスには、ダイアログを「画面の上下中央」に表示するCSSが指定されています。ダイアログを画面中央に表示したい場合に活用してください。

図5.2.2-1　モーダルダイアログを利用した写真の拡大表示

5.2.3　モーダルダイアログのサイズ　[New]

　Bootstrapには、モーダルダイアログのサイズを変更するクラスも用意されています。ダイアログを小さいサイズで表示するときは**modal-sm**、大きいサイズで表示するときは**modal-lg**、特大サイズで表示するときは**modal-xl**というクラスを「modal-dialogを適用したdiv要素」に追加します。以下に簡単な例を紹介しておくので参考にしてください。

sample523-01.html

```
       ⋮
17   <a href="#pic-01" data-bs-toggle="modal"><img src="img/lighthouse-1ss.jpg" class="me-2"></a>
18   <div class="modal fade" id="pic-01" tabindex="-1">
19     <div class="modal-dialog modal-dialog-centered modal-sm">
         ⋮
26     </div>
27   </div>
```

```
         ⋮
         ⋮
41   <a href="#pic-03" data-bs-toggle="modal"><img src="img/lighthouse-3ss.jpg" class="me-2"></a>
42   <div class="modal fade" id="pic-03" tabindex="-1">
43     <div class="modal-dialog modal-dialog-centered modal-lg">
         ⋮
50     </div>
51   </div>
52
53   <a href="#pic-04" data-bs-toggle="modal"><img src="img/lighthouse-4ss.jpg" class="me-2"></a>
54   <div class="modal fade" id="pic-04" tabindex="-1">
55     <div class="modal-dialog modal-dialog-centered modal-xl">
         ⋮
62     </div>
63   </div>
         ⋮
```

■小サイズ（modal-sm、幅300px）

■標準（サイズ指定なし、幅500px）

■大サイズ（modal-lg、幅800px）

■特大サイズ（modal-xl、幅1140px）

図5.2.3-1　モーダルダイアログのサイズ

　前ページに示した例のうち、「特大サイズ」のダイアログは画像の右側が空白になっています。これは、画像サイズが足りていないことが原因です。ダイアログの幅1140pxに対して、この例の画像サイズは幅800pxしかないため、画像の右側は空白になります。`img-fluid`のクラスには「画像を拡大する機能」がないことに注意してください。

　ちなみに、各ダイアログの表示サイズは、それぞれ以下のように設定されています。

・小サイズ（`modal-sm`）

　ダイアログが幅300pxで表示されます。ただし、この指定が有効になるのは画面サイズが「576px以上」のときだけです。

　　※画面サイズが「576px未満」のときは、幅100%で表示されます。

・標準（サイズ指定なし）

　ダイアログが幅500pxで表示されます。

　　※画面サイズが「576px未満」のときは、幅100%で表示されます。

・大サイズ（`modal-lg`）

　ダイアログが幅800pxで表示されます。ただし、この指定が有効になるのは画面サイズが「992px以上」のときだけです。

　　※画面サイズが「992px未満」のときは、幅500pxで表示されます。
　　※画面サイズが「576px未満」のときは、幅100%で表示されます。

・特大サイズ（`modal-xl`）

　ダイアログが幅1140pxで表示されます。ただし、この指定が有効になるのは画面サイズが「1200px以上」のときだけです。

　　※画面サイズが「1200px未満」のときは、幅800pxで表示されます。
　　※画面サイズが「992px未満」のときは、幅500pxで表示されます。
　　※画面サイズが「576px未満」のときは、幅100%で表示されます。

　なお、この例では✕（ダイアログを閉じる機能）を用意していませんが、「背景のグレー部分」のクリックでダイアログを閉じることができるため、特に大きな問題には発展しないと思われます。必要に応じて、「ダイアログを閉じる」の機能を追加するようにしてください。

　そのほか、Bootstrap 5には、ダイアログをフルスクリーン（PCの場合はブラウザのウィンドウサイズ）で表示する**modal-fullscreen**というクラスも用意されています。

```
<div class="modal fade" id="(ID名)" tabindex="-1">
  <div class="modal-dialog modal-fullscreen">
      ⋮
  </div>
</div>
```

　このクラスを適用するときは「ダイアログを閉じる」の機能が必須になります。というのも、フルスクリーンの場合は「背景のグレー部分」がなくなるため、「閉じる」の機能がないとダイアログを消去できなくなってしまうからです。注意するようにしてください。

ダイアログを閉じられなくなる

図5.2.3-2　「閉じる」の機能がないダイアログをフルスクリーン表示した例

フルスクリーン表示のレスポンシブ対応

　modal-fullscreenに添字を付けて、**modal-fullscreen-(添字)-down**のようにクラス名を記述することも可能です。この場合、画面サイズに応じてフルスクリーンの有効／無効が以下のように変化します。

sm	画面サイズ「575.98px以下」でフルスクリーンが有効
md	画面サイズ「767.98px以下」でフルスクリーンが有効
lg	画面サイズ「991.98px以下」でフルスクリーンが有効
xl	画面サイズ「1199.98px以下」でフルスクリーンが有効
xxl	画面サイズ「1399.98px以下」でフルスクリーンが有効

5.2.4　アラートを閉じる

「閉じる」の機能に触れたついでに、P159～161で解説した**アラート**を閉じる方法を紹介しておきます。

アラートを消去できるようにするときは、アラートのdiv要素に**alert-dismissible**のクラスを追加します。さらに、**fade**と**show**のクラスを追加しておくと、フェード効果のアニメーションでアラートを閉じられるようになります。

×の記号は、**btn-close**のクラスと、**data-bs-dismiss="alert"**の属性を追記したbutton要素で作成します。

<···> HTML　sample524-01.html

```
    ⋮
50  <div class="alert alert-success alert-dismissible fade show">
51    6月からランチもWebで予約できるようになりました。
52    <button class="btn-close" data-bs-dismiss="alert"></button>
53  </div>
    ⋮
```

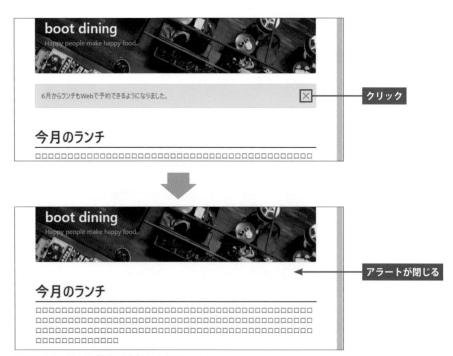

図5.2.4-1　閉じる機能を追加したアラート

5.3 ｜ カルーセル

カルーセルは画像を左右に次々とスライド表示できる機能で、商品やサービスの紹介、キャンペーン情報などをグラフィカルに表示したい場合に活用できます。続いては、Bootstrapを使ってカルーセルを作成する方法を解説します。

5.3.1　カルーセルの作成

　Bootstrapには、画像を次々とスライド表示できる**カルーセル**という機能が用意されています。有名サイトのトップページなどによく使われているコンポーネントなので、実際に見たことがある方も多いと思います。よく分からない方は、sample531-01.htmlをブラウザで開いて動作を確認してみてください。すぐに概要を把握できると思います。

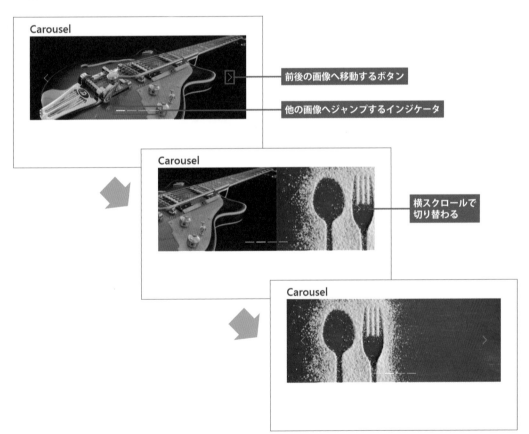

図5.3.1-1Bootstrapで作成したカルーセル（sample531-01.html）

それでは、カルーセルの作成方法を解説していきましょう。図5.3.1-1に示した例のHTMLは以下のように記述されています。今回は合計4枚の画像をカルーセルで表示しました。

sample531-01.html

```
      ⋮
17  <div class="carousel slide" data-bs-ride="carousel" id="crs1">
18    <div class="carousel-indicators">
19      <button data-bs-target="#crs1" data-bs-slide-to="0" class="active"></button>
20      <button data-bs-target="#crs1" data-bs-slide-to="1"></button>
21      <button data-bs-target="#crs1" data-bs-slide-to="2"></button>
22      <button data-bs-target="#crs1" data-bs-slide-to="3"></button>
23    </div>
24    <div class="carousel-inner">
25      <div class="carousel-item active"><img src="img/photo-0.jpg" class="d-block w-100"></div>
26      <div class="carousel-item"><img src="img/photo-1.jpg" class="d-block w-100"></div>
27      <div class="carousel-item"><img src="img/photo-2.jpg" class="d-block w-100"></div>
28      <div class="carousel-item"><img src="img/photo-3.jpg" class="d-block w-100"></div>
29    </div>
30    <button class="carousel-control-prev" data-bs-target="#crs1" data-bs-slide="prev">
31      <span class="carousel-control-prev-icon"></span>
32      <span class="visually-hidden">前へ</span>
33    </button>
34    <button class="carousel-control-next" data-bs-target="#crs1" data-bs-slide="next">
35      <span class="carousel-control-next-icon"></span>
36      <span class="visually-hidden">次へ</span>
37    </button>
38  </div>
      ⋮
```

カルーセルを作成するときは、その範囲を div 要素で囲み、**carousel** と **slide** のクラスを適用します。さらに、カルーセルの JavaScript 用に **data-bs-ride="carousel"** という属性を追記しておきます。また、この div 要素に適当な**ID名**を付けておく必要があります。今回の例では "crs1" という ID 名を付けました（17行目）。

続いて、カルーセルの下部に表示される「横棒のマーク」（インジケーター）を作成します。div 要素に **carousel-indicators** というクラスを適用し、画像を掲載する枚数分だけ button 要素を記述します。

この button 要素には **data-bs-target** 属性と **data-bs-slide-to** 属性を指定します。data-bs-target 属性には「カルーセルの ID 名」、data-bs-slide-to 属性には「数値」を 0 から順番に指定していきます。また、最初のインジケーターを「選択中」として表示するために、先頭の button 要素に **active** のクラスを適用しておきます（18〜23行目）。

　次は、カルーセルに表示する画像の部分を作成します。**carousel-inner**のクラスを適用したdiv要素を用意し、この中に掲載する画像の枚数分だけ\<div\>〜\</div\>を記述します。このdiv要素には**carousel-item**のクラスを適用します。また、最初に表示する画像のdiv要素に**active**のクラスを適用しておきます（24〜29行目）。

　カルーセル内に表示する画像はimg要素で指定し、**d-block**（ブロックレベル要素として表示）と**w-100**（幅100%）のクラスを適用します（25〜28行目）。

　最後に、画像の左右に表示される ＜ と ＞ （コントローラー）を作成します。これらはbutton要素で作成します。

　左側の ＜ には**carousel-control-prev**のクラスを適用し、**data-bs-target**属性に「カルーセルのID名」を指定します。さらに、**data-bs-slide="prev"**という属性を記述して、前の画像に戻る機能を付加します。＜ のアイコンは、**carousel-control-prev-icon**のクラスをspan要素に適用すると表示できます（30〜33行目）。

　同様の手順で ＞ のアイコンも作成します。こちらは、**carousel-control-next**のクラスをbutton要素に適用し、**data-bs-slide="next"**という属性を記述します。＞ のアイコンは**carousel-control-next-icon**のクラスをspan要素に適用すると表示できます（34〜37行目）。

　なお、32行目と36行目にある記述は、目の不自由な方向けのアクセシビリティになります。**visually-hidden**のクラスを適用することで、「画面には表示しないが、スクリーンリーダーでは読み上げる」という処理を施しています。

　以上が、カルーセルを作成するときの基本的なHTML構成となります。少し複雑なので、指定すべきクラスと属性を次ページの表にまとめておきます。カルーセルを作成するときの参考にしてください。

　今回の例では4枚の画像を用意しましたが、同様の手順で5枚以上の画像をカルーセルに表示することも可能です。使用する画像の枚数に合わせて、インジケーター用のbutton要素と\<div class="carousel-item"\>〜\</div\>の記述を繰り返してください。もちろん、画像の縦横比は揃えておく必要があります。

▼ Bootstrap 4からの変更点

┌ HTMLの構成要素などの変更 ──

　Bootstrap 5では、インジケーターを**div**要素と**button**要素で作成します。＜ と ＞ も**button**要素で作成します。button要素はhref属性を使えないため、**data-bs-target**属性で「カルーセルのID名」を指定する必要があることに注意してください。Bootstrap 4と似ている部分もありますが、全体的に仕様が変更されています。

■カルーセルの作成に使用するクラス、属性

要素	クラス／属性	概要
div	`carousel`	カルーセルの範囲
	`slide`	スライド効果の指定（省略可）
	`data-bs-ride="carousel"`	カルーセルの機能を追加
	`id="（ID名）"`	カルーセルのID名
div	`carousel-indicators`	インジケーターの書式指定
button	`data-bs-target="#（ID名）"`	「カルーセルのID名」を指定
	`data-bs-slide-to="（番号）"`	画像番号を0から順番に指定
	`active`	最初に「選択中」にするインジケーター
div	`carousel-inner`	カルーセルの書式指定
div	`carousel-item`	個々のカルーセル
	`active`	最初に表示される画像
img	`d-block`	画像を「ブロックレベル要素」として表示
	`w-100`	画像を「幅100%」で表示
button	`carousel-control-prev`	◀の書式指定
	`data-bs-target="#（ID名）"`	「カルーセルのID名」を指定
	`data-bs-slide="prev"`	「前の画像に戻る」の機能を追加
span	`carousel-control-next-icon`	◀の表示
button	`carousel-control-next`	▶の書式指定
	`data-bs-target="#（ID名）"`	「カルーセルのID名」を指定
	`data-bs-slide="next"`	「次の画像へ進む」の機能を追加
span	`carousel-control-next-icon`	▶の表示

フェード効果で画像を切り替え　⊗

　カルーセル全体を囲む div 要素に `carousel-fade` のクラスを追加すると、フェード効果のアニメーションで画像表示を切り替えられます。画像切り替えの演出を変更する方法として覚えておいてください。

```
<div class="carousel slide carousel-fade" data-bs-ride="carousel" id="（ID名）">
  ⋮
</div>
```

5.3.2 リンクの設置

　カルーセルは、商品／サービス／キャンペーンなどの特設ページへ移動するリンクとして利用されるケースがよくあります。そこで、カルーセルにリンクを設置する方法を紹介しておきます。といっても、これは特に難しいものではありません。カルーセル内に配置した画像（img要素）を囲むようにa要素を記述すると、それぞれの画像をリンクとして機能させることができます。

sample532-01.html

```html
17      <div class="carousel slide" data-bs-ride="carousel" id="crs1">
18        <div class="carousel-indicators">
19          <button data-bs-target="#crs1" data-bs-slide-to="0" class="active"></button>
20          <button data-bs-target="#crs1" data-bs-slide-to="1"></button>
21          <button data-bs-target="#crs1" data-bs-slide-to="2"></button>
22          <button data-bs-target="#crs1" data-bs-slide-to="3"></button>
23        </div>
24        <div class="carousel-inner">
25          <div class="carousel-item active">
26            <a href="https://getbootstrap.com/">
27              <img src="img/photo-0.jpg" class="d-block w-100">
28            </a>
29          </div>
30          <div class="carousel-item">
31            <a href="https://blog.getbootstrap.com/">
32              <img src="img/photo-1.jpg" class="d-block w-100">
33            </a>
34          </div>
```

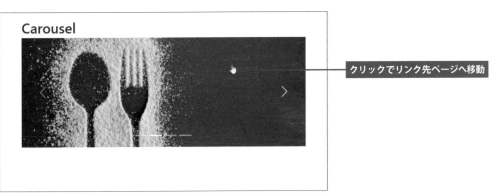

図5.3.2-1　リンクを設置したカルーセル

5.3.3　カルーセル内に文字を配置

　画像の上に「文字」を重ねて配置するときは、**carousel-caption**のクラスを適用した`div`要素を使用します。すると、各画像の下部に「白色、中央揃え」で文字を配置できます。`text-end`のクラスを追加して、文字を「右揃え」で配置することも可能です。

sample533-01.html `HTML`

```
 17    <div class="carousel slide" data-bs-ride="carousel" id="crs1">
          ⋮
 24      <div class="carousel-inner">
 25        <div class="carousel-item active">
 26          <a href="https://getbootstrap.com/">
 27            <img src="img/photo-0.jpg" class="d-block w-100">
 28            <div class="carousel-caption d-none d-md-block">
 29              <h4>Bootstrap</h4>
 30              <p class="mb-2">Web制作の定番フレームワーク</p>
 31            </div>
 32          </a>
 33        </div>
 34        <div class="carousel-item">
 35          <a href="https://blog.getbootstrap.com/">
 36            <img src="img/photo-1.jpg" class="d-block w-100">
 37            <div class="carousel-caption text-end d-none d-md-block">
 38              <h4>Bootstrap Blog</h4>
 39              <p class="mb-2">Bootstrapの最新情報</p>
 40            </div>
 41          </a>
 42        </div>
          ⋮
```

図5.3.3-1　文字を配置したカルーセル

　なお、スマートフォンでカルーセルを閲覧したときは、「画面の幅」に応じ画像が縮小表示される仕組みになっています。このため、画像に対して「カルーセルの文字」が大きくなりすぎる傾向があります。そこで、先ほどの例では**d-none**と**d-md-block**のクラスを追加し、画面サイズが「768px以上」のときだけ文字を表示するようにしています。以下に、「文字の表示あり」と「文字の表示なし」の例を紹介しておくので、カルーセルを利用するときの参考にしてください。

■文字の表示あり

■文字の表示なし

図5.3.3-2　スマートフォンで閲覧した場合

> ## 文字やインジゲーターを黒色で表示　New
>
> 　カルーセル全体を囲むdiv要素に**carousel-dark**のクラスを追加すると、インジゲーターや **❮**、**❯** の記号、画像上に配置した文字を「黒色」で表示できるようになります。明るい画像をカルーセルに表示する場合などに活用してください。
>
> ```
> <div class="carousel carousel-dark slide" data-bs-ride="carousel" id="(id名)">
>    ⋮
> </div>
> ```

5.4 タブ切り替え

続いては、本書の第4.2節で解説したナビゲーションとJavaScriptを連動させて「タブ切り替え」を実現する方法を解説します。ページを移動せずに表示内容を切り替えたい場合に活用してください。

5.4.1 タブ切り替えの作成

タブ形式やピル形式の**ナビゲーション**を使って「コンテンツの表示切り替え」を行う方法も用意されています。たとえば、図5.4.1-1のように、タブのクリックにより「表示する内容」を切り替えられるコンポーネントを作成することも可能です。もちろん、この機能もBootstrapのJavaScriptに含まれているため、自分でプログラミングする必要はありません。

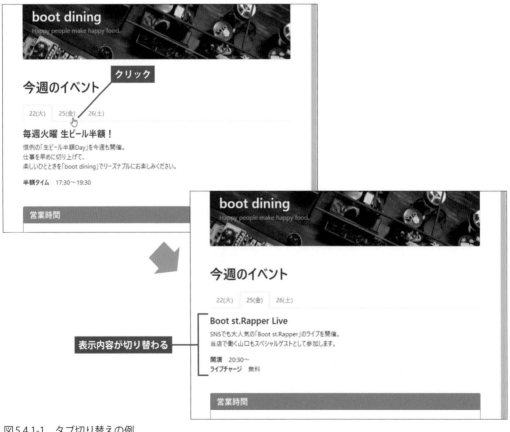

図5.4.1-1　タブ切り替えの例

図5.4.1-1に示したタブ切り替えのHTMLは、以下のように記述されています。

sample541-01.html

```
      ⋮
50  <h1 class="mt-5 mb-4">今週のイベント</h1>
51  <ul class="nav nav-tabs">
52    <li class="nav-item">
53      <button class="nav-link active" data-bs-toggle="tab" data-bs-target="#d22">22(火)</button>
54    </li>
55    <li class="nav-item">
56      <button class="nav-link" data-bs-toggle="tab" data-bs-target="#d25">25(金)</button>
57    </li>
58    <li class="nav-item">
59      <button class="nav-link" data-bs-toggle="tab" data-bs-target="#d26">26(土)</button>
60    </li>
61  </ul>
62  <div class="tab-content">
63    <div class="tab-pane fade show active" id="d22">
64      <h4 class="mt-3">毎週火曜 生ビール半額！</h4>
65      <p>恒例の「生ビール半額Day」を今週も開催。<br class="d-none d-md-inline">
66        仕事を早めに切り上げて、<br class="d-none d-md-inline">
67        楽しいひとときを「boot dining」でリーズナブルにお楽しみください。</p>
68      <p><b>半額タイム</b>　17:30～19:30</p>
69    </div>
70    <div class="tab-pane fade" id="d25">
71      <h4 class="mt-3">Boot st.Rapper Live</h4>
72      <p>SNSでも大人気の「Boot st.Rapper」のライブを開催。<br class="d-none d-md-inline">
73        当店で働く山口もスペシャルゲストとして参加します。</p>
74      <p><b>開演</b>　20:30～<br><b>ライブチャージ</b>　無料</p>
75    </div>
76    <div class="tab-pane fade" id="d26">
77      <h4 class="mt-3">boot!! 料理教室 vol.16</h4>
78      <p>毎月恒例の料理教室を開催！<br class="d-none d-md-inline">
79        復習用に「レシピを記した小冊子」も配布いたします。</p>
80      <p><b>時間</b>　15:00 ～ 17:30<br><b>参加料</b>　（大人）1,500円、（子供）800円</p>
81    </div>
82  </div>
      ⋮
```

　タブ形式のナビゲーションを作成する手順は、第4.2節で示したとおりです。これを「タブ切り替え」として機能させるときは、<li>～</li>の中をbutton要素で作成します。各button要素には**nav-link**のクラスを適用し、**data-bs-toggle="tab"**という属性を追記します。さらに、「表示する内容（div要素）のID名」を**data-bs-target**属性で指定しておく必要があります（53、56、59行目）。

　続いて、「表示する内容」を**tab-content**のクラスを適用した<div>～</div>の中に作成していきます（62～82行目）。

　各タブに対応する表示内容は、**tab-pane**と**fade**のクラスを適用したdiv要素で作成します。これらのdiv要素には**ID名**を付けておく必要があります。また、最初から表示しておくdiv要素には、**show**と**active**のクラスを追加しておきます。

　以上が、「タブ切り替え」を実現するHTMLの概略となります。ページを移動せずに表示内容を切り替えたい場合に活用してください。

　ちなみに、sample541-01.htmlの各所にある<br class="d-none d-md-inline">の記述は、「画面サイズが768px以上のときだけ改行する」という処理になります。
だけを記述すると文章が必ず改行されてしまうため、スマートフォンで閲覧したときに図5.4.1-2（左）のような表示なってしまう恐れがあります。画面の狭い端末で「不要な改行」を無効にする方法として覚えておいてください。

■常に改行　　　　　　　　　　　　　　　■「768px以上」のときだけ改行

図5.4.1-2　スマートフォンで閲覧した場合

　もちろん、「ピル形式のナビゲーション」でも同様の機能を実現できます。この場合は、data-bs-toggle="tab"ではなく、**data-bs-toggle="pill"**の属性を各button要素に指定します。それ以外の記述は「タブ形式のナビゲーション」と同じです。

```
<button class="nav-link" data-bs-toggle="pill" data-bs-target="#（ID名）">………</button>
```

5.5 | アコーディオン

アコーディオンは、内容の表示／非表示をクリックにより切り替えられるJavaScriptです。
5.4節で解説した「タブ切り替え」とよく似た機能になるので、状況に合わせて好きな方を利用
してください。

5.5.1 アコーディオンの作成

　まずは、**アコーディオン**の具体的な例を紹介します。以下に示した例は、3つの項目を開閉
可能にしたアコーディオンです。

　最初は「3/22（火）毎週火曜 生ビール半額！」の内容（本文）が表示されており、他の項目
はヘッダーだけが表示された状態になっています。他のヘッダーをクリックすると、その内容
がアコーディオンのように伸長され、もともと表示されていた内容は非表示に切り替わります。

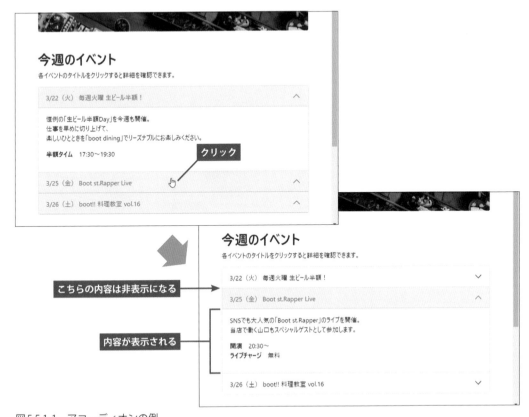

図5.5.1-1　アコーディオンの例

以下に図5.5.1-1のHTMLを示しておくので、これを参考にアコーディオンの使い方を把握してください。

< ··· > sample551-01.html

```html
      ︙
53    <div class="accordion" id="acd1">
54
55      <div class="accordion-item">
56        <h2 class="accordion-header">
57          <button class="accordion-button" data-bs-toggle="collapse" data-bs-target="#d22">
58            3/22（火）　毎週火曜 生ビール半額！
59          </button>
60        </h2>
61        <div class="accordion-collapse collapse show" data-bs-parent="#acd1" id="d22">
62          <div class="accordion-body">
63            <p>恒例の「生ビール半額Day」を今週も開催。<br class="d-none d-md-inline">
64              仕事を早めに切り上げて、<br class="d-none d-md-inline">
65              楽しいひとときを「boot dining」でリーズナブルにお楽しみください。</p>
66            <p><b>半額タイム</b>　17:30〜19:30</p>
67          </div>
68        </div>
69      </div>
70
71      <div class="accordion-item">
72        <h2 class="accordion-header">
73          <button class="accordion-button" data-bs-toggle="collapse" data-bs-target="#d25">
74            3/25（金）　Boot st.Rapper Live
75          </button>
76        </h2>
77        <div class="accordion-collapse collapse" data-bs-parent="#acd1" id="d25">
78          <div class="accordion-body">
79            <p>SNSでも大人気の「Boot st.Rapper」のライブを開催。<br class="d-none d-md-inline">
80              当店で働く山口もスペシャルゲストとして参加します。</p>
81            <p><b>開演</b>　20:30〜<br><b>ライブチャージ</b>　無料</p>
82          </div>
83        </div>
84      </div>
        ︙
101   </div>
      ︙
```

　アコーディオンを利用するときは、全体を<div>〜</div>で囲み、このdiv要素に**accordion**のクラスを適用します。また、適当な**ID名**を付けておきます。
　続いて、この中に「**accordion-item**のクラスを適用したdiv要素」を繰り返し記述して各項目を作成していきます。

　各項目のヘッダーはh2要素などで作成し、**accordion-header**のクラスを適用します。続いて、ヘッダーの内部にbutton要素を配置し、「ヘッダーに表示する文字」を記述します。このbutton要素には、**accordion-button**のクラスと**data-bs-toggle="collapse"**の属性を指定します。さらに、「開閉するdiv要素のID名」を**data-bs-target**属性で指定しておきます。

　クリックにより「開閉される内容」は、**ID名**を付けたdiv要素で作成します。このdiv要素には、**accordion-collapse**と**collapse**のクラスを適用します。最初から表示しておく内容には**show**のクラスも追加しておきます。さらに、**data-bs-parent**属性で「アコーディオン全体のID名」を指定します。

　なお、実際に表示する内容は、「**accordion-body**のクラスを適用したdiv要素」の中に記述する必要があります。

■アコーディオンの作成に使用するクラス、属性

要素	クラス／属性	概要
div	**accordion**	アコーディオンの範囲
	id="(ID名)**"**	アコーディオン全体のID名
div	**accordion-item**	各項目の範囲
h2など	**accordion-header**	各項目のヘッダー
button	**accordion-button**	ヘッダーの書式指定
	data-bs-toggle="collapse"	開閉機能の追加
	data-bs-target="#(ID名)**"**	「開閉するdiv要素のID名」を指定
div	**accordion-collapse**	「開閉される内容」の範囲
	collapse	書式指定など
	show	最初から表示する内容
	id="(ID名)**"**	「開閉されるdiv要素」のID名
	data-bs-parent="#(ID名)**"**	「アコーディオン全体のID名」を指定
div	**accordion-body**	「開閉される内容」の記述

▼Bootstrap 4からの変更点

―　**構成要素の大幅な変更**　―

　Bootstrap 4では、同様の機能をカード（card）とcollapseの機能で実現していました。Bootstrap 5では、この仕様が大幅に変更され、前述したような構成になっています。アコーディオンを利用する際は、注意するようにしてください。

5.5.2　「横線のみ」と「常時表示」　　　　　　New

アコーディオン全体を囲むdiv要素に**accordion-flush**のクラスを追加すると、「横線のみ」のシンプルなデザインに変更できます。

```
<div class="accordion accordion-flush" id="(ID名)">
    ⋮
</div>
```

また、**data-bs-parent**属性の記述を省略することも可能です。この場合は、他の項目がクリックされても「すでに開いている内容」は閉じなくなります（自身のヘッダーのクリックで開閉することは可能です）。

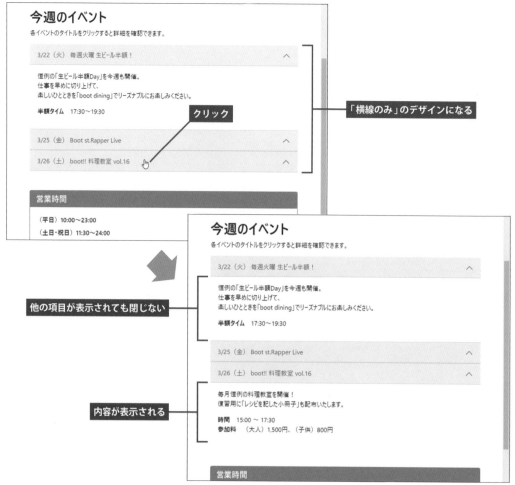

図5.5.2-1　「横線のみ」と「常時表示」を指定したアコーディオン（sample552-01.html）

5.6 | オフキャンバス New

オフキャンバスは、画面の左側にスライドインする形でコンテンツを表示できる機能です。画面の狭いスマートフォンでは、メニュー表示などにも活用できます。画面の左側だけでなく、右側や上下にオフキャンバスを表示することも可能です。

5.6.1　オフキャンバスの作成

　ボタンやリンクをクリックしたときに、「スライドインのアニメーション」でコンテンツを表示できる機能が**オフキャンバス**です。さまざまな用途に活用できるので、ぜひ使い方を覚えておいてください。

図5.6.1-1　オフキャンバスの例　　　　　　　　　　　　オフキャンバスが表示される

図 5.6.1-1 に示した例の HTML は、以下のように記述されています。

```
     ⋮
84   <hr>
85   <a href="#eventlist" data-bs-toggle="offcanvas">過去のイベント一覧</a>
86   <div class="offcanvas offcanvas-start" tabindex="-1" id="eventlist">
87     <div class="offcanvas-header">
88       <h5 class="offcanvas-title">過去のイベント一覧</h5>
89       <button type="button" class="btn-close" data-bs-dismiss="offcanvas"></button>
90     </div>
91     <div class="offcanvas-body">
92       <div class="list-group list-group-flush">
93         <a href="#" class="list-group-item">2022年3月のイベント</a>
94         <a href="#" class="list-group-item">2022年2月のイベント</a>
95         <a href="#" class="list-group-item">2022年1月のイベント</a>
96         <a href="#" class="list-group-item">2021年12月のイベント</a>
97         <a href="#" class="list-group-item">2021年11月のイベント</a>
98         <a href="#" class="list-group-item">2021年10月のイベント</a>
99         <a href="#" class="list-group-item">2021年9月のイベント</a>
100        <a href="#" class="list-group-item">2021年8月のイベント</a>
101        <a href="#" class="list-group-item">2021年7月のイベント</a>
102      </div>
103    </div>
104  </div>
     ⋮
```

sample561-01.html

　オフキャンバスを開く部分はa要素などで作成します。**data-bs-toggle="offcanvas"** の属性でオフキャンバスの機能を追加し、**href**属性に「オフキャンバスのID名」を指定します。なお、button要素のように、a以外の要素を使う場合は**data-bs-target**属性で「オフキャンバスのID名」を指定します。

　オフキャンバスの領域はdiv要素で作成します。このdiv要素には、**offcanvas**と**offcanvas-start**のクラスを適用し、適当な**ID名**を付けておきます。続いて、この中にオフキャンバスの「ヘッダー」と「ボディ」に作成します。

　オフキャンバスの「ヘッダー」は、「**offcanvas-header**のクラスを適用したdiv要素」で作成します。タイトル部分はh5などの要素で作成し、**offcanvas-title**のクラスを適用します。✕（閉じるボタン）は、**btn-close**のクラスと**data-bs-dismiss="offcanvas"**の属性を指定したbutton要素で作成します。

　オフキャンバスの「ボディ」は、「**offcanvas-body**のクラスを適用したdiv要素」で作成します。なお、今回の例では「横線のみ」のリストグループ（P244）を使ってコンテンツを作成しました。

5.6.2 オフキャンバスを表示する方向

オフキャンバスを表示する方向を左ではなく、右／上／下に変更することも可能です。この場合は、**offcanvas-start** ではなく、以下のクラスを適用します。

offcanvas-end ……………………… オフキャンバスを「右」に表示
offcanvas-top ……………………… オフキャンバスを「上」に表示
offcanvas-bottom ……………… オフキャンバスを「下」に表示

なお、オフキャンバス内にコンテンツが収まらなかった場合は、図5.6.2-1のようにスクロールバーが表示される仕組みになっています。

図5.6.2-1　オフキャンバスを「上」に表示した場合（sample562-01.html）

オフキャンバスのオプション ⊗

　オフキャンバスの領域を作成する div 要素に **data-bs-backdrop="false"** の属性を追記すると、「元のWebページ」がグレーアウトされなくなります。また、**data-bs-scroll="true"** の属性を追記すると、オフキャンバスの表示中も「元のWebページ」をスクロールできるようになります。

5.7 スクロールスパイ

スクロールスパイは、スクロール量に応じてナビゲーションのような機能を果たしてくれるコンポーネントです。ページ内リンクとしての機能も兼ね備えているため、スクロール量の多い、縦長のページ・エリアなどに活用できます。

5.7.1　スクロールスパイの作成

　スクロールスパイは、現在位置をナビゲーションのように示してくれる機能です。以下は、リストグループをスクロールスパイとして活用した例です。

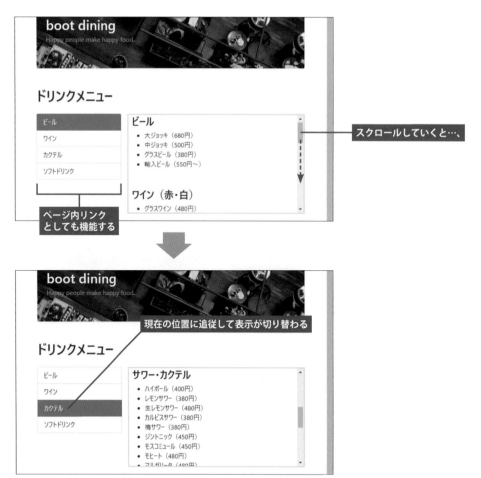

図 5.7.1-1　スクロールスパイの例

　　それでは、スクロールスパイの使い方を解説していきましょう。図5.7.1-1に示した例の
HTMLは、以下のように記述されています。

sample571-01.html

```
50   <h1 class="mt-5 mb-4">ドリンクメニュー</h1>
51   <div class="row g-3">
52     <div class="col-4 col-lg-3">
53       <div class="list-group" id="drink-menu">
54         <a class="list-group-item list-group-item-action" href="#beer">ビール</a>
55         <a class="list-group-item list-group-item-action" href="#wine">ワイン</a>
56         <a class="list-group-item list-group-item-action" href="#cocktail">カクテル</a>
57         <a class="list-group-item list-group-item-action" href="#softdrink">ソフトドリンク</a>
58       </div>
59     </div>
60     <div class="col-8 col-lg-6">
61       <div class="border border-3 p-2 overflow-auto"
62           data-bs-spy="scroll" data-bs-target="#drink-menu" data-bs-offset="0" tabindex="0"
63           style="position:relative;height:250px;">
64         <h3 id="beer">ビール</h3>
65         <ul class="mb-5">
66           <li>大ジョッキ（680円）</li>
67           <li>中ジョッキ（500円）</li>
68           <li>グラスビール（380円）</li>
69           <li>輸入ビール（550円〜）</li>
70         </ul>
71         <h3 id="wine">ワイン（赤・白）</h3>
72         <ul class="mb-5">
73           <li>グラスワイン（480円）</li>
74           <li>デキャンタ 400ml（980円）</li>
75           <li>ボトル 750ml（1,680円）</li>
76           <li>各種ボトル（1,980円〜）</li>
77         </ul>
78         <h3 id="cocktail">サワー・カクテル</h3>
79         <ul class="mb-5">
80           <li>ハイボール（400円）</li>
81           <li>レモンサワー（380円）</li>
82           <li>生レモンサワー（480円）</li>
83           <li>カルピスサワー（380円）</li>
84           <li>梅サワー（380円）</li>
85           <li>ジントニック（450円）</li>
86           <li>モスコミュール（450円）</li>
87           <li>モヒート（480円）</li>
88           <li>マルガリータ（480円）</li>
89           <li>カシスソーダ（450円）</li>
90         </ul>
```

```
91          <h3 id="softdrink">ソフトドリンク</h3>
92          <ul class="mb-5">
93            <li>ホットコーヒー（400円）</li>
94            <li>アイスコーヒー（420円）</li>
95            <li>ホットティー（380円）</li>
96            <li>アイスティー（400円）</li>
97            <li>烏龍茶（300円）</li>
98            <li>オレンジジュース（350円）</li>
99            <li>コーラ（350円）</li>
100           <li>カルピスサワー（350円）</li>
101         </ul>
102       </div>
103     </div>
104   </div>
        ⋮
```

　スクロールスパイとして機能させる部分は、リストグループのように**active**のクラスが使えるコンポーネントで作成します。ここに適当な**ID名**を付けて、「ページ内リンク」を`<a href="#(リンク先のID名)">～</a>`という形で並べていきます。

　実際にスクロールさせる領域（div要素など）には、**data-bs-spy="scroll"**の属性を追記し、**data-bs-target**属性で「スクロールスパイのID名」を指定します。さらに、追従を始めるスクロール位置を**data-bs-offset**属性で0に指定しておきます。

　そのほか、配置方法やサイズにも注意しておく必要があります。スクロールさせる領域は**position:relative**で配置し、**height**で「高さ」を指定しておく必要があります。これらはstyle属性で指定しています。もちろん、スクロール可能にするためにoverflow:autoのCSSも必要です。この例では、**overflow-auto**のクラスを適用することでoverflow:autoのCSSを指定しています。

　あとは自由にコンテンツを作成していき、「ページ内リンク」のリンク先となる箇所に対応する**ID名**を指定するだけです。これでスクロールスパイを実現できます。

　スクロールスパイとして機能させる部分をナビゲーションバーで作成しても構いません。activeのクラスが使えるコンポーネントであれば、スクロールスパイとして機能させることが可能です。ページ全体を「スクロールさせる領域」にする場合などに活用するとよいでしょう。ただし、この場合はbody要素にposition:relativeのCSSを指定しておく必要があります。

5.8 ツールチップとポップオーバー

続いては、ボタンの説明文を表示する場合などに活用できる「ツールチップ」と「ポップオーバー」の使い方を解説します。少しだけJavaScriptの記述が必要になりますが、JavaScriptに不慣れな方でも十分に使用できるレベルなので、いちど試してみてください。

5.8.1　ツールチップの表示

　ツールチップは、マウスオーバー時に図5.8.1-1のように説明文を表示できる機能です。アイコン表示されたボタンの補足説明を示す場合などに活用できると思います。

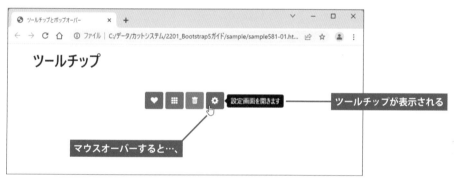

図5.8.1-1　ツールチップの例

　ツールチップを使用するときは、`data-bs-toggle="tooltip"` という属性を追記し、さらに`data-bs-placement`属性でツールチップを表示する方向を指定します。この値には、`"top"`（上）、`"bottom"`（下）、`"left"`（左）、`"right"`（右）のいずれかを指定します。ツールチップに表示する内容は`title`属性で指定します。

　ただし、これらの属性を指定しただけではツールチップは機能しません。ツールチップを有効にするには、以下のJavaScriptを記述しておく必要があります。

```
<script>
  var tooltipTriggerList = [].slice.call(document.querySelectorAll('[data-bs-toggle="tooltip"]'))
  var tooltipList = tooltipTriggerList.map(function (tooltipTriggerEl) {
    return new bootstrap.Tooltip(tooltipTriggerEl)
  })
</script>
```

　以下に、図5.8.1-1に示した例のHTMLを紹介しておきます。ツールチップを使用するときの参考としてください。なお、この例ではアイコンの表示にBootstrap Icons（https://icons.getbootstrap.com/）を利用し、i要素で各ボタンのアイコンを表示しています。

sample581-01.html

```
     ⋮
4   <head>
5     <meta charset="utf-8">
6     <meta name="viewport" content="width=device-width, initial-scale=1">
7     <link rel="stylesheet" href="css/bootstrap.min.css">
8     <link rel="stylesheet"
9         href="https://cdn.jsdelivr.net/npm/bootstrap-icons@1.8.1/font/bootstrap-icons.css">
10    <title>ツールチップとポップオーバー</title>
11  </head>
12
13  <body>
     ⋮
17    <h1 class="mt-3 mb-5">ツールチップ</h1>
18    <div class="text-center">
19      <button class="btn btn-danger" data-bs-toggle="tooltip" data-bs-placement="left"
20            title="お気に入りに追加します">
21        <i class="bi bi-suit-heart-fill"></i>
22      </button>
23      <button class="btn btn-primary" data-bs-toggle="tooltip" data-bs-placement="bottom"
24            title="タイル表示に変更します">
25        <i class="bi bi-grid-3x3-gap-fill"></i>
26      </button>
27      <button class="btn btn-success" data-bs-toggle="tooltip" data-bs-placement="top"
28            title="写真をゴミ箱へ移動します">
29        <i class="bi bi-trash-fill"></i>
30      </button>
31      <button class="btn btn-secondary" data-bs-toggle="tooltip" data-bs-placement="right"
32            title="設定画面を開きます">
33        <i class="bi bi-gear-fill"></i>
34      </button>
35    </div>
     ⋮
39  <script src="js/bootstrap.bundle.min.js"></script>
40  <script>
41    var tooltipTriggerList = [].slice.call(document.querySelectorAll('[data-bs-toggle="tooltip"]'))
42    var tooltipList = tooltipTriggerList.map(function (tooltipTriggerEl) {
43      return new bootstrap.Tooltip(tooltipTriggerEl)
44    })
45  </script>
46  </body>
     ⋮
```

Bootstrap Iconsの読み込み

ここにJavaScriptを記述

なお、ツールチップを機能させるJavaScriptは、**Bootstrap**の**JavaScript**を読み込んだ後に記述しなければいけません。

> ### クリック時にツールチップを表示 ⊗
>
> 　マウスオーバー時ではなく、クリック時にツールチップを表示することも可能です。この場合は、ツールチップを表示する要素に`data-bs-trigger="click"`という属性を追記します。

▼ Bootstrap 4 からの変更点

┌ JavaScriptはjQueryを使わない記述に ─────

　Bootstrap 5 は jQuery を使わない仕様になっているため、ツールチップを表示する JavaScript の記述も、jQuery を使わない標準的な記述に変更されています。注意するようにしてください。

5.8.2　ポップオーバーの表示

　ツールチップとよく似た機能として、**ポップオーバー**という機能も用意されています。こちらは「見出し」と「本文」で説明文を表示する形式になります。また、ポップオーバーは、要素をクリックしたときに表示されるように初期設定されています。

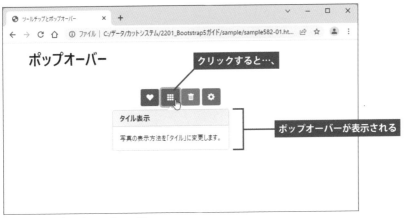

図 5.8.2-1　ポップオーバーの例

　ポップオーバーを使用するときは、**data-bs-toggle="popover"** というの属性を追記し、さらに**data-bs-placement属性**でポップオーバーを表示する方向を指定します。この値には、"top"（上）、"bottom"（下）、"left"（左）、"right"（右）のいずれかを指定します。

　ポップオーバーとして表示する内容は、**title属性**に「見出し」、**data-bs-content属性**に「本文」の文字を記述して指定します。

　ポップオーバーの場合も、機能を有効にするJavaScriptの記述が必要です。Bootstrapの JavaScriptを読み込んだ後に、以下のJavaScriptを記述しなければいけません。

```
<script>
  var popoverTriggerList = [].slice.call(document.querySelectorAll('[data-bs-toggle="popover"]'))
  var popoverList = popoverTriggerList.map(function (popoverTriggerEl) {
    return new bootstrap.Popover(popoverTriggerEl)
  })
</script>
```

　以下に、図5.8.2-1に示した例のHTMLを紹介しておきます。ポップオーバーを使用するときの参考としてください。

< ･･･ > HTML　sample572-01.html

```
      ⋮
 4   <head>
 5     <meta charset="utf-8">
 6     <meta name="viewport" content="width=device-width, initial-scale=1">
 7     <link rel="stylesheet" href="css/bootstrap.min.css">
 8     <link rel="stylesheet"
 9         href="https://cdn.jsdelivr.net/npm/bootstrap-icons@1.8.1/font/bootstrap-icons.css">
10     <title>ツールチップとポップオーバー</title>
11   </head>
12
13   <body>
      ⋮
17     <h1 class="mt-3 mb-5">ポップオーバー</h1>
18     <div class="text-center">
19       <button class="btn btn-danger" data-bs-toggle="popover" data-bs-placement="left"
20             title="お気に入り"
21             data-bs-content="選択した写真を「お気に入り」に追加します。">
22         <i class="bi bi-suit-heart-fill"></i>
23       </button>
24       <button class="btn btn-primary" data-bs-toggle="popover" data-bs-placement="bottom"
25             title="タイル表示"
26             data-bs-content="写真の表示方法を「タイル」に変更します。">
```

Bootstrap Iconsの読み込み

```
27        <i class="bi bi-grid-3x3-gap-fill"></i>
28      </button>
29      <button class="btn btn-success" data-bs-toggle="popover" data-bs-placement="top"
30              title="ゴミ箱へ移動"
31              data-bs-content="選択した写真を「ゴミ箱」へ移動します。">
32        <i class="bi bi-trash-fill"></i>
33      </button>
34      <button class="btn btn-secondary" data-bs-toggle="popover" data-bs-placement="right"
35              title="設定"
36              data-bs-content="設定画面を開きます。">
37        <i class="bi bi-gear-fill"></i>
38      </button>
39    </div>
        ⋮
43  <script src="js/bootstrap.bundle.min.js"></script>
44  <script>
45    var popoverTriggerList = [].slice.call(document.querySelectorAll('[data-bs-toggle="popover"]'))
46    var popoverList = popoverTriggerList.map(function (popoverTriggerEl) {
47      return new bootstrap.Popover(popoverTriggerEl)
48    })
49  </script>
50  </body>
        ⋮
```

ここにJavaScriptを記述

⊗ マウスオーバー時にポップオーバーを表示

　クリック時ではなく、マウスオーバー時にポップオーバーを表示する場合は、ポップオーバーを表示する要素に`data-bs-trigger="hover focus"`という属性を追加します。

▼ Bootstrap 4 からの変更点

JavaScriptはjQueryを使わない記述に

　Bootstrap 5はjQueryを使わない仕様になっているため、ツールチップを表示するJavaScriptの記述も、jQueryを使わない標準的な記述に変更されています。注意するようにしてください。

5.9 | トースト

最後に、トーストの使い方を紹介しておきます。トーストは「通知」のような形式でメッセージを表示できる機能です。ただし、JavaScriptを自作して制御するのが基本となるため、ここでは最も簡単な手法だけを参考として紹介しておきます。

5.9.1　トーストの表示

トーストは「小さな紙切れ」のような形式でメッセージを表示できる機能です。「Webページが表示された直後」や「ボタンをクリックしたとき」など、JavaScriptの記述次第で自由に表示方法を制御できます。JavaScriptに詳しい方は、ぜひ挑戦してみてください。

図5.9.1-1　トーストの例

トーストを作成するときは、その範囲を`<div>`～`</div>`で囲み、`toast`のクラスを適用します。続いて、この中にトーストの「ヘッダー」と「ボディ」を作成します。

　　トーストの「ヘッダー」は、「**toast-header**のクラスを適用したdiv要素」で作成します。
ここには、トーストを消去する✕（閉じるボタン）を配置しておくのが基本です。✕のボタンは、
btn-closeのクラスと**data-bs-dismiss="toast"**の属性を指定したbutton要素で作成し
ます。

　　トーストの「ボディ」は、「**toast-body**のクラスを適用したdiv要素」で作成します。

　　以上でトーストの作成は完了です。ただし、これだけではトーストは表示されません。トー
ストの表示を制御するためのJavaScriptを自分で記述しておく必要があります。ここでは、最
も簡単な手法を紹介しておきましょう。

　　単純にトーストを表示するだけなら、以下のようにJavaScriptを記述するとトーストをWeb
ページに表示できます。

```
<script>
  var toast = new bootstrap.Toast(トーストのID名)
  toast.show()
</script>
```

　　今回の例では、トーストのdiv要素に"notice1"というID名を付けました。このID名を使っ
てオブジェクトを作成し、show()のメソッドを実行すると、トーストを表示できます。もち
ろん、このJavaScriptはBootstrapのJavaScriptを読み込んだ後に記述しなければいけません。

sample591-01.html

```
 50    <div class="toast" id="notice1">
 51      <div class="toast-header">
 52        <strong class="me-auto">臨時休業のお知らせ</strong>
 53        <small>3月20日</small>
 54        <button type="button" class="btn-close" data-bs-dismiss="toast"></button>
 55      </div>
 56      <div class="toast-body">
 57        3月24日は都合により臨時休業させて頂きます。ご迷惑をおかけしますが、ご了承ください。
 58      </div>
 59    </div>
      ⋮
104  <script src="js/bootstrap.bundle.min.js"></script>
105  <script>
106    var toast = new bootstrap.Toast(notice1)
107    toast.show()
108  </script>
109  </body>
      ⋮
```

5.9.2　トーストのオプション

　先ほど紹介した手法で表示したトーストは、5秒後に自動的に消去されてしまいます。トーストの表示時間を変更したり、手動で消去したりするように設定するときは、以下の属性を「トーストのdiv要素」に追記します。

> **data-bs-autohide="false"** ‥‥‥‥‥ 自動消去を無効にする
> **data-bs-delay="（数値）"** ‥‥‥‥‥‥ 自動消去までの時間（ミリ秒、初期値は5000）
> **data-bs-animation="false"** ‥‥‥‥ トースト表示のアニメーションを無効にする

　たとえば、以下のようにHTMLを記述すると、✕をクリックするまでトーストは消去されなくなります。

sample592-01.html

```
     ⋮
50   <div class="toast" data-bs-autohide="false" id="notice1">
51     <div class="toast-header">
52       <strong class="me-auto">臨時休業のお知らせ</strong>
53       <small>3月20日</small>
54       <button type="button" class="btn-close" data-bs-dismiss="toast"></button>
55     </div>
56     <div class="toast-body">
57       3月24日は都合により臨時休業させて頂きます。ご迷惑をおかけしますが、ご了承ください。
58     </div>
59   </div>
     ⋮
```

第6章

Bootstrapのカスタマイズ

第6章では、Bootstrap をカスタマイズする方法を紹介します。配色などの書式を自由に変更できるように、カスタマイズ方法についても把握しておいてください。

6.1 テーマとテンプレート

Bootstrap 5の配色やデザインなどを変更した「テーマ」を利用すると、手軽にBootstrapをカスタマイズできます。まずは、テーマやテンプレートを使ったカスタマイズ方法について簡単に紹介しておきます。

6.1.1 公式サイトに用意されているテーマ

　Bootstrapの公式サイトには、デザイン会社などが作成した**テーマ（テンプレート）**が配布されています。これらのファイルをダウンロードしてBootstrapをカスタマイズすることも可能です。

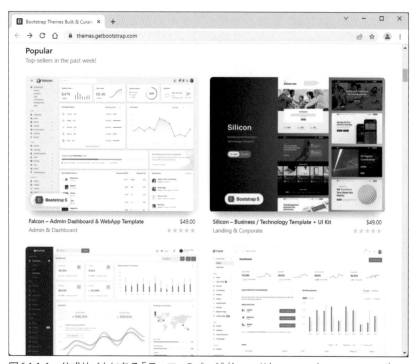

図6.1.1-1　公式サイトにある「テーマ」のページ（https://themes.getbootstrap.com/）

　このページに紹介されているテーマをクリックすると、その概要を紹介するページが表示されます。さらに「Live Preview」をクリックすると、Webサイトの制作例を参照できます。

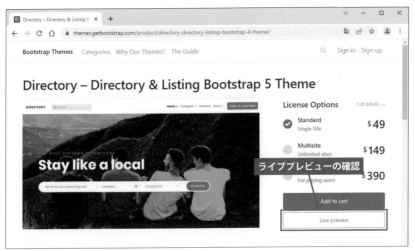

図6.1.1-2　各テーマの概要ページ

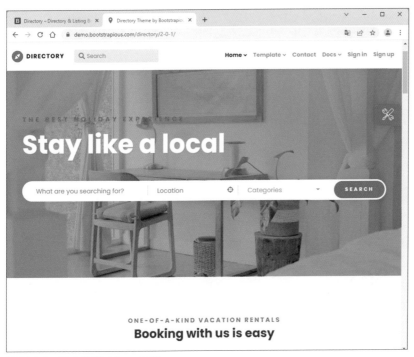

図6.1.1-3　ライブプレビューの例

　　ただし、これらのテーマは有料で、ダウンロードするには39〜79ドル程度[※1]の料金を支払って購入する必要があります。よって、気軽に試してみることはできません。そこで、まずは無償で配布されているテーマを試してみることをお勧めします。

（※1）2022年2月時点の価格。

6.1.2　テーマやテンプレートの検索

インターネットには、有志が作成したBootstrapのテーマ（テンプレート）を配布しているサイトもあります。これらの中には無償で利用できるものもあるため、気軽にカスタマイズを試してみるには最適です。

こういったサイトは、「bootstrap 5 theme free」や「bootstrap 5 template free」などのキーワードでWeb検索すると発見できます。英語のサイトが大半を占めますが、詳しいサンプルやプレビューを掲載しているサイトが多いため、少しくらい英語が苦手な方でも特に問題なくテーマの概要を把握できると思います。

図6.1.2-1　Bootstrapのテーマの検索

たとえば「Start Bootstrap」というサイトには、無償（Free）で使えるテーマ & テンプレートが30種類ほど紹介されています。

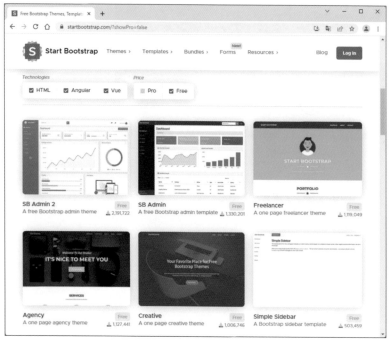

図6.1.2-2　Start Bootstrap（https://startbootstrap.com/）

　好きなデザインをクリックすると、その詳細が表示されます。ここでライブプレビューを確認したり、ファイルをダウンロードしたりすることが可能です。ベースとなっているBootstrapのバージョンも記されています。

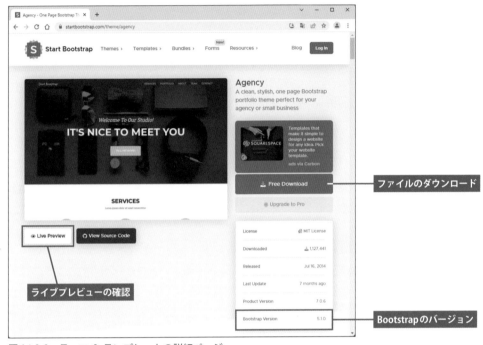

図6.1.2-3　テーマ & テンプレートの詳細ページ

　ダウンロードしたzipファイルを解凍すると、カスタマイズされたBootstrapのCSSファイル、JavaScript、画像ファイルなどを入手できます。

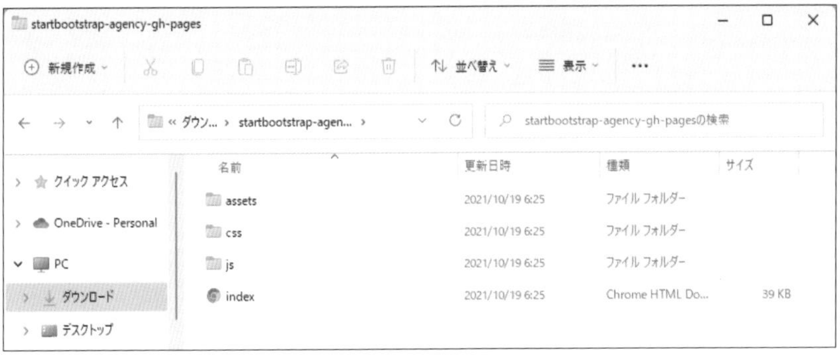

図6.1.2-4　ダウンロードしたファイルの例

　そのほか、「bootstrap　テーマ」や「bootstrap　テンプレート」などのキーワードで検索すると、代表的なテーマを紹介している日本語のサイトを発見できます。これらを参考にしながら自分好みのテーマを探し出してみるのも面白いと思います。

6.1.3　テーマやテンプレートを利用するときの注意点

続いては、テーマやテンプレートを利用するときの注意点について補足しておきます。

（1）価格の確認

インターネットで配布されているテーマやテンプレートは、有料のものと無償のものがあります。ダウンロード時に規約などをよく確認してから利用するようにしてください。無償で利用できるものを探したいときは「free」などのキーワードを追加して検索すると上手くいくかもしれません。

（2）バージョンの確認

Bootstrapは、クラス名や使用方法がver.4とver.5で大きく異なります。本書を参考にWebサイトを制作する場合は、Bootstrap 5をベースに作成されたテーマ（テンプレート）をダウンロードしなければいけません。

Bootstrap 5.0とBootstrap 5.1は基本的に同じ記述方法で使用できるため、ver.5.0とver5.1の違いは、それほど気にしなくても構いません。ただし、ver5.1で新たに採用されたクラス[※1]は、ver.5.0のテーマでは利用できないことに注意してください。

（※1）`text-opacity-(数字)`、`bg-opacity-(数字)`、`opacity-(数字)`、`vstack`、`hstack`などのクラス。

（3）ダウンロードされるファイルの内容

ダウンロードされるファイルの内容はテーマやテンプレートごとに異なり、一貫性はありません。よって、内容をよく確認してから利用する必要があります。一般的には、

    テーマ ……………………… Bootstrapの配色やデザインをカスタマイズしたもの（CSSファイル）
    テンプレート ……… ページ構成の雛形（HTMLファイル）

と考えるのが基本ですが、「テーマ」と「テンプレート」を区別していない場合も多く、ダウンロードしてみないと使い方を把握できないのが実情です。

そのほか、CSSファイルとHTMLファイルを組み合わせて使うもの、JavaScriptも同梱されているもの、画像ファイルやアイコンファイルが添付されているもの、というように複合的な構成になっているテーマ（テンプレート）もあります。

6.1.4　テーマの使い方

　ダウンロードしたテーマ（CSSファイル）は、HTMLから読み込んで利用します。この方法は、大きく分けて2通りあります。

　1つ目は、CSSファイルを**差し替えて利用する方法**です。この場合は、bootstrap.min.cssを読み込む代わりに、ダウンロードしたCSSファイルを読み込んで利用します。たとえば、ダウンロードされたCSSファイルの名前が「xxx.min.css」であった場合は、以下のように`link`要素を記述してCSSファイルを読み込みます。

```
<link rel="stylesheet" href="css/xxx.min.css">
```

※href属性のパスは、各自の環境に合わせて書き換えてください。

　2つ目は、bootstrap.min.cssに**追加して読み込む方法**です。この場合は、bootstrap.min.cssを読み込んだ後に、「ダウンロードしたCSSファイル」を読み込みます。ダウンロードされたCSSファイルの名前が「xxx.min.css」であった場合は、以下のように`link`要素を列記してCSSファイルを読み込みます。

```
<link rel="stylesheet" href="css/bootstrap.min.css">
<link rel="stylesheet" href="css/xxx.min.css">
```

※href属性のパスは、各自の環境に合わせて書き換えてください。

　どちらの方法で利用すればよいのか、よく分からない場合は、ダウンロードしたCSSファイル（minでない方）をテキストエディタで開いて確認してみるとよいでしょう。CSSの記述が短い場合は「追加して読み込む方法」になると考えられます。対して、CSSの記述が1万行以上ある場合は、「差し替えて利用する方法」になると思われます。

　そのほか、テーマに「サンプルのHTMLファイル」が同梱されている場合もあります。この場合は、そのHTMLファイルを開いて記述を確認してみるのが最も確実な確認方法となります。

6.2 　カスタマイズサイトの活用

有志が作成したテーマを利用するのではなく、自分でオリジナルのテーマを作成したい場合は、Bootstrapのカスタマイズサイトを利用すると便利です。続いては、Bootstrapをカスタマイズできるサイトを紹介します。

6.2.1　「Themestr.app」を使ったカスタマイズ

---

primaryやsecodary、successといったテーマカラーに好きな色を指定したり、「線の太さ」や「角丸の半径」などの書式を変更したりするときは、Bootstrapを自分でカスタマイズする必要があります。このような場合に活用できるのがBootstrapのカスタマイズサイトです。カスタマイズサイトを使うと、画面上で色や余白、サイズなどを確認しながらオリジナルデザインのBootstrapに仕上げていくことができます。

ここでは例として「Themestr.app」というサイトの使い方を簡単に紹介しておきます。このサイトを利用すると、Bootstrap 5の配色、フォント、文字サイズ、余白、角丸などを自由にカスタマイズしたCSSを手軽に作成できます。

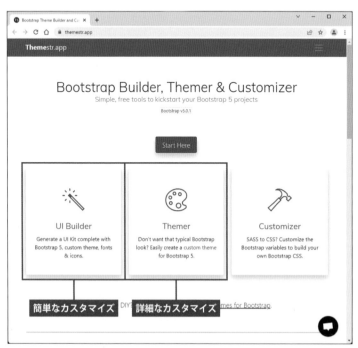

図6.2.1-1　Themestr.app（https://themestr.app/）

6.2.2　簡単なカスタマイズの操作手順

　簡単な操作でカスタマイズしたい場合は、トップページにある「**UI Builder**」のアイコンをクリックします。すると、図6.2.1-1のような配色の一覧が表示されます。この中から好きな**配色を選択**し、［**Next**］ボタンをクリックします。

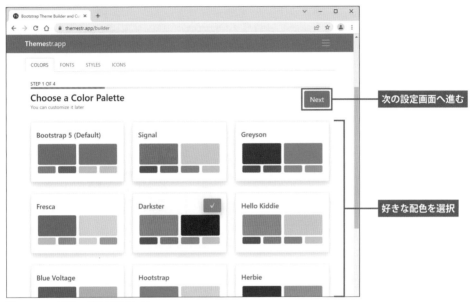

図6.2.2-1　配色の選択（STEP 1）

　続いて、フォントを選択します。Bootstrap 5の欧文フォントは「Roboto」に設定されています。それ以外のフォントに変更したい場合は、ここで**フォントを選択**します。なお、日本語フォントは影響を受けないので、初期設定のまま［**Next**］ボタンをクリックしても構いません。

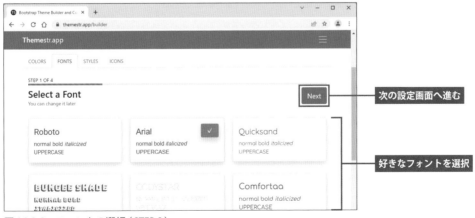

図6.2.2-2　フォントの選択（STEP 2）

　続いて、**枠線の太さ／角丸のサイズ／縦方向の余白のサイズ／グラデーションの有無**をカスタマイズします。下部に表示されたプレビューを見ながら各項目の書式を選択し、［**Next**］ボタンをクリックします。

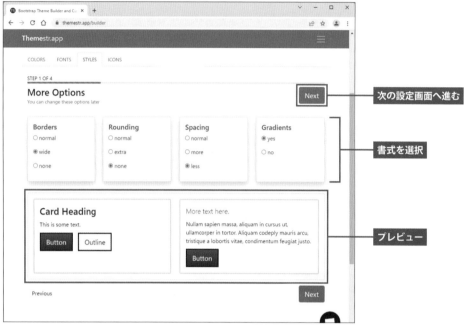

図6.2.2-3　スタイルの選択（STEP 3）

　最後に、プレビュー画面に表示するアイコンフォントを選択します。アイコンフォントを使う予定がない場合は、何も選択しないまま［**Preview**］ボタンをクリックしても構いません。

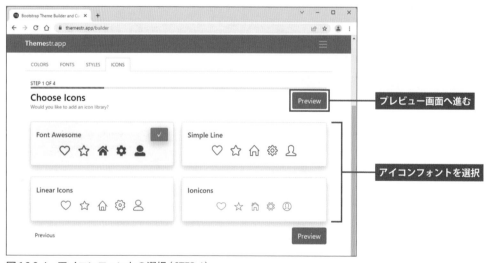

図6.2.2-4　アイコンフォントの選択（STEP 4）

カスタマイズしたBootstrap 5のプレビュー画面が表示されます。画面の上部に表示されている8つの色をクリックすると、primaryやsecodary、successといったテーマカラーを適用したときの様子を確認できます。

図6.2.2-5　プレビュー画面の確認

図6.2.2-6　テーマカラーの切り替え

　プレビューを確認できたら、画面を一番下までスクロールして［Download CSS］ボタンをクリックします。すると、カスタマイズしたBootstrap 5のCSSファイル（圧縮版）をダウンロードできます。

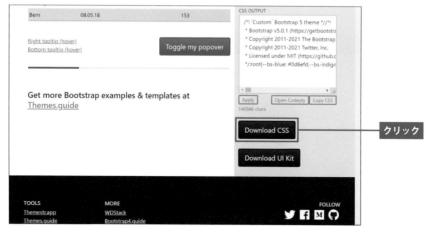

図6.2.2-7　CSSファイルのダウンロード

　「theme_（数字の羅列）.css」という名前でCSSファイルがダウンロードされるので、これを適当なファイル名に変更します。

図6.2.2-8　ダウンロードされたCSSファイル

　あとは、ダウンロードしたCSSファイルをHTMLから読み込むだけです。改名したCSSファイルを適切なフォルダへ移動し、ファイル名に合わせてlink要素の記述を変更します。これでオリジナルデザインのBootstrap 5を使用できるようになります。

　なお、このサイトが対応するBootstrapのバージョンは5.0.1になるため、それ以降に採用されたクラス[※1]を使用することはできません。注意するようにしてください（2022年2月時点）。

（※1）text-opacity-（数字）、bg-opacity-（数字）、opacity-（数字）、vstack、hstackなどのクラス。

6.2.3 詳細なカスタマイズの操作手順

　テーマカラーや各種書式を自分で細かく指定してカスタマイズする方法も用意されています。この場合は、「Themestr.app」のトップページにある「**Themer**」のアイコンをクリックします。すると、図6.2.2-5（P317）と同じようなプレビュー画面が表示されます。この画面の右側にある設定欄で各書式を変更していきます。

　たとえば、テーマカラーの色を変更するときは、右側に並ぶ8つの色をクリックし、各自の「好きな色」を指定します。

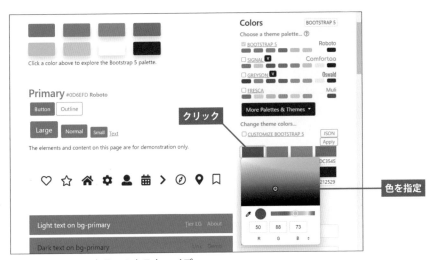

図6.2.3-1　テーマカラーのカスタマイズ

　その後、［**Apply**］ボタンをクリックすると、テーマカラーの変更がプレビュー画面にも反映されます。

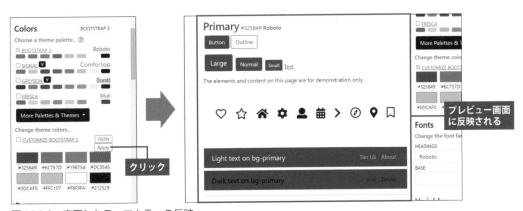

図6.2.3-2　変更したテーマカラーの反映

　他の書式も「右側の設定欄」で数値などを変更してカスタマイズしていきます。たとえば、「border-radius」の数値を変更すると、角丸の半径を変更できます。

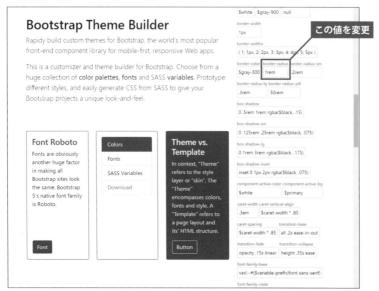

図6.2.3-3　角丸の書式の変更（border-radius）

　書式変更をプレビューに反映させるには、画面を上へスクロールし、「Variables」の右側にある［Apply］ボタンをクリックします。

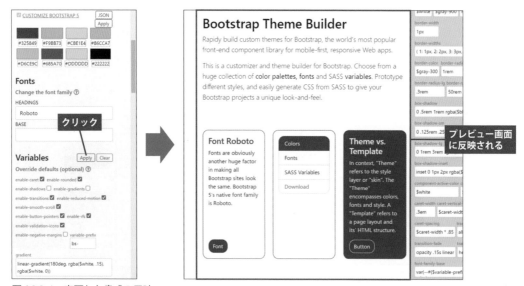

図6.2.3-4　変更した書式の反映

　h1～h6の文字サイズを変更するときは、「$font-size-base ＊（倍率）」という形で文字サイズを指定します。$font-size-base（Sassの変数）には「1rem」という値が初期設定されているため、指定した（倍率）がそのままremに相当することになります。

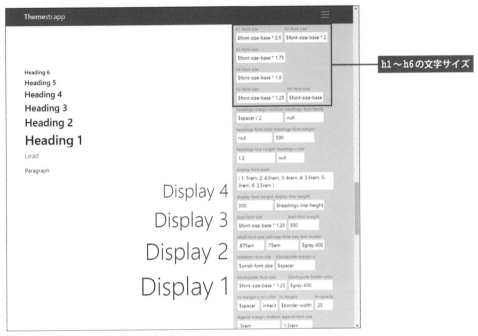

図6.2.3-5　h1～h6の文字サイズの変更

　それぞれの設定項目が「何を指しているのか？」を把握するまでに少し戸惑うかもしれませんが、［Apply］ボタンをクリックしてプレビュー画面を確認しながら作業を進めていけば、次第に各項目の意味を把握できるようになると思います。

　書式変更をすべて指定できたら、画面を一番下までスクロールして［Download CSS］ボタンをクリックします。これでカスタマイズしたBootstrap 5.01のCSSファイルをダウンロードできます。

図6.2.3-6　CSSファイルのダウンロード

6.3 │ CSSファイルのカスタマイズと圧縮

ダウンロードしたBootstrapのCSSファイルを自分で書き換えてカスタマイズすることも可能です。CSSに関する知識をそれなり求められる手法なので万人向けとはいえませんが、気になる方は挑戦してみてください。

6.3.1　CSSファイルのカスタマイズ

　CSSの記述に慣れている方は、CSSファイルを自分で書き換えてBootstrapをカスタマイズする方法もあります。まずは**bootstrap.css**を複製し、my-bootstrap.cssなどのファイル名に変更します。あとは、このCSSファイルを自由に書き換えていくだけです。

　CSSファイルの冒頭にあるrootの部分には**CSS変数**が並んでいます。これらのCSS変数の値を書き換えて、`primary`や`secondary`、`success`などのテーマカラーを変更することも可能です。ただし、色を指定するCSS変数が何種類もあることに注意してください。

bootstrap.css

```
1  @charset "UTF-8";
2  /*!
3   * Bootstrap v5.1.3 (https://getbootstrap.com/)
4   * Copyright 2011-2021 The Bootstrap Authors
5   * Copyright 2011-2021 Twitter, Inc.
6   * Licensed under MIT (https://github.com/twbs/bootstrap/blob/main/LICENSE)
7   */
8  :root {
9    --bs-blue: #0d6efd;
10   --bs-indigo: #6610f2;
11   --bs-purple: #6f42c1;
12   --bs-pink: #d63384;
13   --bs-red: #dc3545;
14   --bs-orange: #fd7e14;
15   --bs-yellow: #ffc107;
16   --bs-green: #198754;
17   --bs-teal: #20c997;
18   --bs-cyan: #0dcaf0;
19   --bs-white: #fff;
              ⋮
```

```
29    --bs-gray-800: #343a40;
30    --bs-gray-900: #212529;
31    --bs-primary: #0d6efd;
32    --bs-secondary: #6c757d;
33    --bs-success: #198754;
34    --bs-info: #0dcaf0;
35    --bs-warning: #ffc107;
36    --bs-danger: #dc3545;
37    --bs-light: #f8f9fa;
38    --bs-dark: #212529;
39    --bs-primary-rgb: 13, 110, 253;       ┐
40    --bs-secondary-rgb: 108, 117, 125;    │
41    --bs-success-rgb: 25, 135, 84;        │
42    --bs-info-rgb: 13, 202, 240;          ├──  テーマカラーの色を指定するCSS変数
43    --bs-warning-rgb: 255, 193, 7;        │
44    --bs-danger-rgb: 220, 53, 69;         │
45    --bs-light-rgb: 248, 249, 250;        │
46    --bs-dark-rgb: 33, 37, 41;            ┘
47    --bs-white-rgb: 255, 255, 255;
48    --bs-black-rgb: 0, 0, 0;
49    --bs-body-color-rgb: 33, 37, 41;
50    --bs-body-bg-rgb: 255, 255, 255;
             ⋮
```

　bs-primaryやbs-scondaryなどのCSS変数は書式指定に使われていないため、これらの値を変更しても特に変化はありません。色をカスタマイズするときは、**bs-primary-rgb**や**bs-secondary-rgb**のように10進数のRGBで色を指定するCSS変数を書き換える必要があります。これらの値を変更すると、各テーマカラーの「文字色」と「背景色」をカスタマイズできます。

図6.3.1-1　テーマーカラーをカスタマイズした例

ただし、すべての色を一気にカスタマイズできる訳ではありません。CSS変数の変更により色が変化するのは、**bg-primary**や**text-primary**といったクラスだけです。以下に示したクラスは、CSS変数ではなくHEX値により色が指定されているため、CSS変数の値を変更しても色は変化しません。

- テーブルの色（table-primaryなど）
- アラートの色（alert-primaryなど）
- リンク文字の色（link-primaryなど）
- ボタンの色（btn-primaryなど）
- リストグループの色（list-group-item-primaryなど）

これらのクラスについても色をカスタマイズするには、各クラスの色指定を一つひとつ修正していく必要があります。よって、かなり面倒な作業を強いられます。多少バージョンが低くなっても、6.2節で紹介したカスタマイズサイトを利用した方が効率的かもしれません。状況にあわせて判断してください。

そのほか、枠線の太さ／角丸の半径／余白のサイズなど、個々の書式を自分でカスタマイズしていくことも可能です。ただし、そのためには「CSSを効率よく編集できる知識と技術」が求められます。CSSの記述に慣れている方は挑戦してみてると面白いでしょう。BootstrapやCSSの勉強にもなります。

6.3.2　圧縮版のCSSファイルの作成

bootstrap.cssは人間が読みやすい形でCSSが記述されているため、**bootstrap.min.css**（圧縮版）よりも少しだけファイル容量が大きくなります。自分でカスタマイズしたCSSファイルも同様です。数十KB程度の差なので、そのまま**link**要素で読み込んでも大きな問題にはなりませんが、可能であれば圧縮しておくとよいでしょう。

不要な改行やスペースを取り除いた「圧縮版のCSSファイル」を作成するときは、専用のツールを利用します。専用ツールを所有していない場合は、圧縮機能を提供しているWebサイトを利用しても構いません。こういったWebサイトは「css minify」などのキーワードでWeb検索すると簡単に見つけられます。

たとえば、Toptal.comの「CSS Minifier & Compressor」というWebサイトを利用すると、次ページのように操作するだけで「圧縮版のCSSファイル」を作成できます。

① カスタマイズしたCSSの全文を［**Ctrl**］＋「**C**」キーでコピーする

②「**CSS Minifier & Compressor**」のWebサイトを開く

③「**Input CSS**」にCSSの全文を［**Ctrl**］＋［**V**」キーで貼り付ける

④ ［**Minify**］ボタンをクリックする

⑤ 圧縮版のCSSが表示されるので、［**Copy to Clipbord**］ボタンをクリックする

⑥ テキストエディタを開き、［**Ctrl**］＋［**V**」キーで圧縮版のCSSを貼り付ける

⑦ 適当な名前でCSSファイルとして保存する

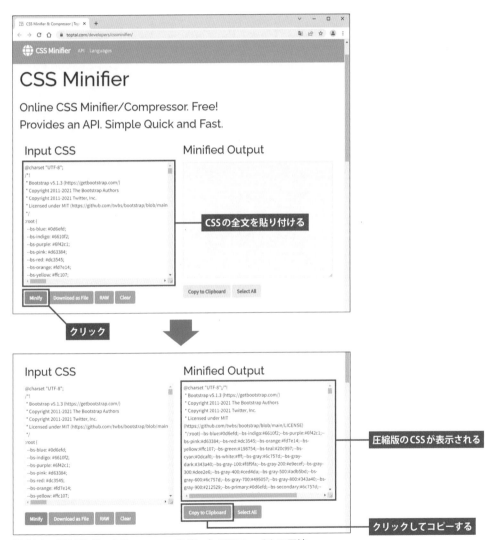

図6.3.2　CSS Minifier & Compressorを使ったCSSファイルの圧縮
（https://www.toptal.com/developers/cssminifier/）

これでカスタマイズしたCSSファイルの圧縮版を作成できます。あとは、このCSSファイルをlink要素で読み込むだけです。

6.4 Sassを使ったカスタマイズ

Sassの記述を書き換えて、Bootstrapをカスタマイズしていく方法もあります。ただし、この方法を使うにはSassの知識と開発環境が必要になります。最後に、Sassについて簡単に紹介しておきます。

6.4.1 Sassとは？

Bootstrap は **Sass** という言語で開発されています。Sassはメタ言語の一種で「CSSを拡張した言語」と考えることができます。

Sassを使うと、各プロパティの値を変数で指定する、繰り返し文によりクラスを自動生成する、他のファイルに記述されている書式を読み込む（ミックスイン）などのプログラミング的な処理を行えるようになり、CSSファイルを効率よく作成することが可能となります。

ただし、Sassを使用するには、Sassならではの記述方法を学んでおく必要があります。CSSを知っている方なら短期間で習得できると思われますが、本書の範囲を超えるので、詳しい解説は省略します。

Sassについて詳しく勉強したい方は、「Sass ファーストガイド」という書籍を参照してみるとよいでしょう。2015年に発刊された書籍なので少し内容が古い部分もありますが、Sassの基本的な使い方を学習できると思われます。

図6.4.1-1　Sassファーストガイド（ISBN　978-4-87783-386-2）

もっと新しい情報を入手したい方は、「Sass　CSS　使い方」や「Sass　記述方法」などのキーワードでWeb検索してみるとよいでしょう。Sassの文法などを紹介しているWebサイトを見つけられると思います。

6.4.2 Sassファイルのダウンロード

　Sassを使ってカスタマイズするときは、BootstrapのSassファイルをダウンロードしておく必要があります。Bootstrapの公式サイトを開き、[Download]ボタンをクリックします。

図6.4.2-1　Bootstrapの公式サイト（https://getbootstrap.com/）

　続いて、「Source files」の項目にある[Download souce]ボタンをクリックすると、Sassファイルをダウンロードできます。

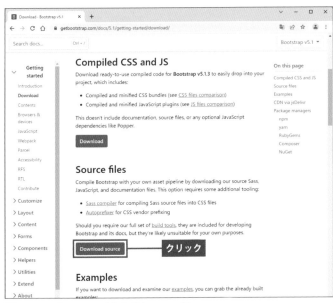

図6.4.2-2　Sassファイルのダウンロード

　ダウンロードしたzipファイルを解凍して「scss」フォルダを開くと、以下のようなファイルが表示されます。

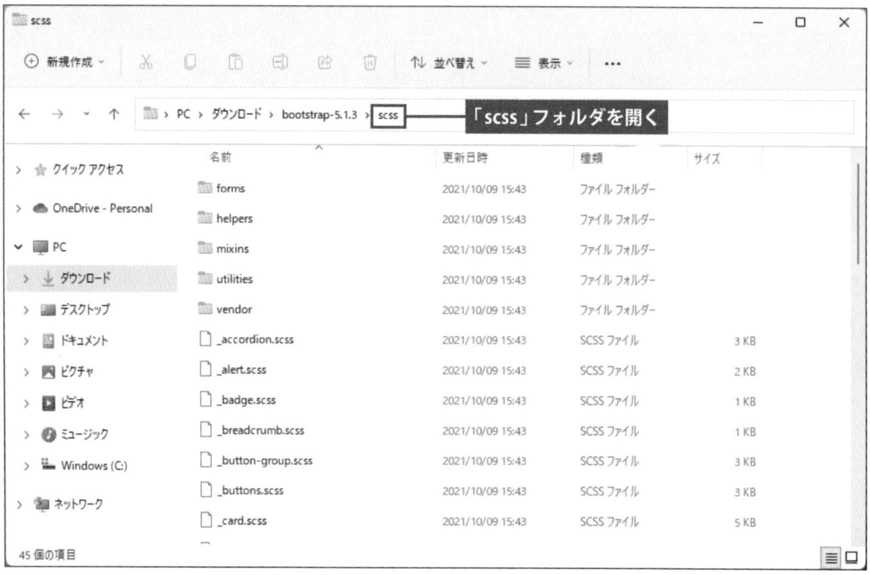

図6.4.2-3　Sassファイルの一覧

　BootstrapのSassファイルは、コンポーネントごとに個別のファイルで管理されているため、必要なものだけを取り込んで利用する、といった使い方にも対応できます。Sassに慣れている方は、これらのファイルを自分用に書き換えて、部分的に活用しても構いません。

6.4.3　SassをCSSに変換する

　Sassで記述されている書式指定を、そのままの形で利用することはできません。ブラウザが理解できるように、「Sassファイル」を「CSSファイル」に変換（コンパイル）してから利用する必要があります。このため、SassをCSSに変換するコンパイラを用意していおく必要があります。

　Bootstrap 5のSassは「Dart Sass」で記述されているため、「Dart Sass」に対応するコンパイラが必要になります。初心者でも使いやすいコンパイラとしては「Prepros」というアプリケーションが有名です。Windows／Mac OS／Debian Linuxに対応しており、GUI（マウス操作）でSass→CSSのコンパイルを実現できるのが特徴です。

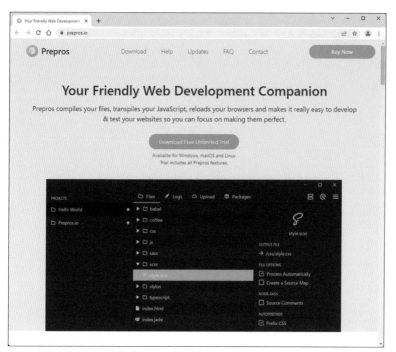

図6.4.3-1 「Prepros」の公式サイト（https://prepros.io/）

　基本的に英語のアプリケーションになりますが、「Prepros　使い方」などのキーワードで検索すると、使い方を日本語で解説しているWebページを見つけられます。気になる方は調べてみてください。

　なお、BootstrapのCSSファイルを作成するときは、bootstrap.scssをコンパイルするのが基本です。すると、各コンポーネントのSassファイルが自動的に読み込まれ、BootstrapのCSSファイルが作成されます。CSSファイルに変換できれば、以降の作業は通常のWeb制作と同じです。作成されたCSSファイルをHTMLから読み込んで利用します。

付 録

Bootstrap簡易リファレンス

最後に、本書で紹介した Bootstrap 5 のクラスや属性な
どを簡単にまとめておきます。Web サイトを制作すると
きの簡易リファレンスとして活用してください。

A.1 | HTMLの雛形

A.1.1　HTMLの基本構成

　Bootstrap 5を使ってWebサイトを制作するときは、以下のファイルをHTMLから読み込んでおく必要があります。

- **bootstrap.min.css** ······························ Bootstrap 5のCSS
- **bootstrap.bundle.min.js** ················· Bootstrap 5のJavaScript（popper.jsを含む）

　以下に基本的なHTMLの構成を示しておくので参考にしてください。

```html
<!doctype html>
<html lang="ja">

<head>
  <meta charset="utf-8">
  <meta name="viewport" content="width=device-width, initial-scale=1">
  <link rel="stylesheet" href="css/bootstrap.min.css">
  <title>●ページタイトル●</title>
</head>

<body>

<!-- ここにページ内容を記述 -->

<script src="js/bootstrap.bundle.min.js"></script>
</body>

</html>
```

A.2 グリッドシステムとレスポンシブWeb デザイン

A.2.1　画面サイズとブレイクポイント

　Bootstrap 5は、画面サイズ（ウィンドウ幅）に応じて**5つのブレイクポイント**が設定されています。それぞれの画面サイズに対応する**添字**は以下のとおりです。

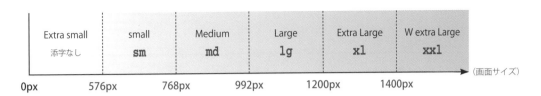

A.2.2　コンテナの作成

　コンテナは左右に余白を設けて中央に配置する書式指定です。グリッドシステムを利用するときは、その外側をコンテナで囲っておくのが基本です。コンテナを作成するクラスは、以下の2種類が用意されています。

■コンテナを作成するクラス

クラス	指定内容
container	固定幅のコンテナを作成
container-fluid	可変幅のコンテナを作成

■container クラスを適用した要素の幅

画面サイズ	0px〜	576px〜 sm	768px〜 md	992px〜 lg	1200px〜 xl	1400px〜 xxl
幅	100%	540px	720px	960px	1140px	1320px

※クラス名をcontainer-（添字）と記述した場合は、そのブレイクポイントになるまで幅100%になります。

A.2.3　グリッドシステムの行

　グリッドシステムを利用するときは、各行を**row**のクラスで示しておくのが基本です。**row**のクラスには、領域を左右に0.75remずつ拡張する書式も指定されています。

■グリッドシステムの行を指定

クラス	指定内容
row	グリッドシステムの行を作成 ※左右に-0.75remの外余白が指定される

A.2.4　各ブロックの幅

　各ブロックの幅は以下のクラスで指定します。各行は、**幅の合計が12列になるように**ブロックを構成するのが基本です。複数のクラスを同時に適用して、画面サイズに応じて幅が変化するブロックを作成することも可能です。

■ブロックの幅を指定するクラス

クラス	指定内容
col-（添字）	ブロックを等幅で配置
col-（添字）-N	ブロックの幅をN列に指定

※（添字）の部分には**sm**／**md**／**lg**／**xl**／**xxl**のいずれかを指定します。「-（添字）」の記述を省略すると、すべての画面サイズが対象になります。

■各クラスの優先度と有効範囲

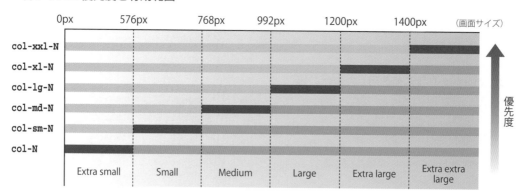

A.2.5　N等分の幅でブロックを配置

　各ブロックをN**等分**した幅で配置するときは、行（row）のdiv要素に以下のクラスを追加し、各ブロックを`col`のクラスで作成します。

■N等分の幅でブロックを配置するクラス

クラス	指定内容
`row-cols-（添字）-N`	N等分した幅でブロックを配置 ※Nに指定できる数字は1〜6

※（添字）の部分には`sm`／`md`／`lg`／`xl`／`xxl`のいずれかを指定します。「－（添字）」の記述を省略すると、すべての画面サイズが対象になります。

A.2.6　ガター（溝）の指定

　各ブロックの間隔を指定するときは、行（row）のdiv要素に「**g**で始まるクラス」を追加します。

g（方向）－（添字）－（数字）

（方向）

`x`	横
`y`	縦
なし	縦横

（数字）

`0`	ガターの幅 0
`1`	ガターの幅 0.25rem（4px）
`2`	ガターの幅 0.5rem（8px）
`3`	ガターの幅 1rem（16px）
`4`	ガターの幅 1.5rem（24px）
`5`	ガターの幅 3rem（48px）

※（添字）の部分には`sm`／`md`／`lg`／`xl`／`xxl`のいずれかを指定します。「－（添字）」の記述を省略すると、すべての画面サイズが対象になります。

A.2.7　ブロックの配置

各行内のブロック配置を指定するときは、行（row）のdiv要素に以下のクラスを追加します。

■横方向の配置を指定するクラス

クラス	指定内容
justify-content-start	左揃え（初期値）
justify-content-center	中央揃え
justify-content-end	右揃え
justify-content-between	各ブロックを等間隔で配置（両端はブロック）
justify-content-evenly	各ブロックを等間隔で配置（両端は間隔）
justify-content-around	各ブロックの左右に均等の間隔

■縦方向の配置を指定するクラス

クラス	指定内容
align-items-start	上揃え（初期値）
align-items-center	上下中央揃え
align-items-end	下揃え

また、各ブロックの縦方向の配置を個別に指定するクラスも用意されています。このクラスは、各ブロック（colやcol-N）のdiv要素に追加します。

■各ブロックの縦方向の配置を指定するクラス

クラス	指定内容
align-self-start	そのブロックを上揃えで配置
align-self-center	そのブロックを上下中央揃えで配置
align-self-end	そのブロックを下揃えで配置

A.2.8　間隔や並び順の指定

　各ブロックの左側に間隔を設けたり、ブロックを並べる順番を指定したりするクラスも用意されています。

■ブロックの左側に間隔を設けるクラス

クラス	指定内容
offset-（添字）-N	ブロックの左側にN列の間隔を設ける ※Nに指定できる数字は1〜11

■ブロックの左右の間隔を自動調整するクラス

クラス	指定内容
ms-（添字）-auto	margin-left:auto（右寄せ）
me-（添字）-auto	margin-right:auto（左寄せ）

■ブロックを並べる順番を指定するクラス

クラス	指定内容
order-（添字）-N	Nの数字が小さい順にブロックを並べる ※Nに指定できる数字は0〜5
order-（添字）-first	そのブロックを最初に表示
order-（添字）-last	そのブロックを最後に表示

※（添字）の部分には sm / md / lg / xl / xxl のいずれかを指定します。「-（添字）」の記述を省略すると、すべての画面サイズが対象になります。

A.3 コンテンツの書式指定

A.3.1　文字の書式

　文字の書式をBootstrapで指定するときは、以下のクラスを適用します。文字の配置を指定するクラスは、画面サイズに応じて有効／無効を切り替えることも可能です。

■文字の配置を指定するクラス

クラス	指定内容
text-（添字）-start	左揃え
text-（添字）-center	中央揃え
text-（添字）-end	右揃え

※（添字）の部分にはsm／md／lg／xl／xxlのいずれかを指定します。「-（添字）」の記述を省略すると、すべての画面サイズが対象になります。

■文字列の折り返しを制御するクラス

クラス	指定内容
text-nowrap	文字列を折り返さない
text-wrap	文字列を折り返す（折り返し禁止の解除）
text-break	長い英単語がレイアウトを乱すのを防ぐ
text-truncate	オーバーフローした文字を「…」と省略して表示する

■文字の太さを指定するクラス

クラス	文字の太さ
fw-bold	太字（700）
fw-normal	標準（400）
fw-light	細字（300）
fw-bolder	親要素より太くする
fw-lighter	親要素より細くする

■斜体を指定するクラス

クラス	字形
fst-italic	斜体
fst-normal	標準

■文字色を指定するクラス

クラス	CSS変数	文字の色（初期値）
text-primary	bs-primary-rgb	rgba(13, 110, 253, 1)
text-secondary	bs-secondary-rgb	rgba(108, 117, 125, 1)
text-success	bs-success-rgb	rgba(25, 135, 84, 1)
text-info	bs-info-rgb	rgba(13, 202, 240, 1)
text-warning	bs-warning-rgb	rgba(255, 193, 7, 1)
text-danger	bs-danger-rgb	rgba(220, 53, 69, 1)
text-black	bs-black-rgb	rgba(0, 0, 0, 1)
text-dark	bs-dark-rgb	rgba(33, 37, 41, 1)
text-light	bs-light-rgb	rgba(248, 249, 250, 1)
text-white	bs-white-rgb	rgba(255, 255, 255, 1)
text-body	bs-body-color-rgb	rgba(33, 37, 41, 1)
text-muted	（なし）	#6c757d
text-black-50	（なし）	rgba(0, 0, 0, 0.5)
text-white-50	（なし）	rgba(255, 255, 255, 0.5)
text-reset	（なし）	親要素の文字色を引き継ぐ

■文字を半透明にするクラス

クラス	不透明度
text-opacity-25	0.25
text-opacity-50	0.5
text-opacity-75	0.75
text-opacity-100	1

■文字を「見出し」として表示するクラス

クラス	指定内容
h1 ～ h6	h1 ～ h6要素と同じ書式を指定
fs-1 ～ fs-6	h1 ～ h6要素と同じ文字サイズ（font-size）を指定
display-1 ～ display-6	文字サイズを特大サイズの細字で表示

■文字サイズを調整するクラス

クラス	指定内容
small	少しだけ小さい文字サイズ（親要素の87.5％）を指定
lead	文字サイズ1.25rem、文字の太さ300を指定

■行間を指定するクラス

クラス	行間（line-height）
lh-1	1
lh-sm	1.25
lh-base	1.5
lh-lg	2

■大文字／小文字を変換するクラス

クラス	大文字／小文字の表記
text-lowercase	すべて小文字
text-uppercase	すべて大文字
text-capitalize	各単語の先頭のみ大文字

■下線、取り消し線を指定するクラス

クラス	装飾の指定
text-decoration-underline	下線を指定
text-decoration-line-through	取り消し線を指定
text-decoration-none	標準（下線、取り消し線なし）

■等幅フォントを指定するクラス

クラス	フォント
font-monospace	等幅フォントを指定

■文字色をリセットするクラス

クラス	文字色
text-reset	親要素の文字色を引き継ぐ

A.3.2　リストの書式

Bootstrapを使ってリストの書式を指定するときは、以下のクラスを各要素に適用します。

■マーカーを削除するクラス

要素	クラス	指定内容
ul、ol	**list-unstyled**	マーカーを削除して左の余白を0に指定

■リストを横並びで配置するクラス

要素	クラス	指定内容
ul、ol	**list-inline**	マーカーを削除して左の余白を0に指定
li	**list-inline-item**	各項目をインラインブロック要素として表示

A.3.3　画像の書式

画像の表示サイズや形状を指定するときは、img 要素に以下のクラスを適用します。

■画像を親要素の幅に合わせて表示するクラス

クラス	指定内容
img-fluid	画像を幅100%で表示

※画像を親要素の幅に拡大する機能はありません。

■画像の形状を指定するクラス

クラス	指定内容
img-thumbnail	画像を角丸の枠線で囲んで表示
rounded	四隅に0.25remの角丸を指定
rounded-0 / 1 / 2 / 3	四隅に0 / 0.2rem / 0.25rem / 0.3remの角丸を指定
rounded-circle	画像を楕円形で表示

A.3.4　ブロック要素の書式

　Bootstrapは、ブロック要素のサイズを「枠線まで含めた範囲」で指定する決まりになっています。widthやheightなどでサイズを指定するときは、間違えないようにしてください。

■ Bootstrapのサイズ指定（box sizing:border-box）

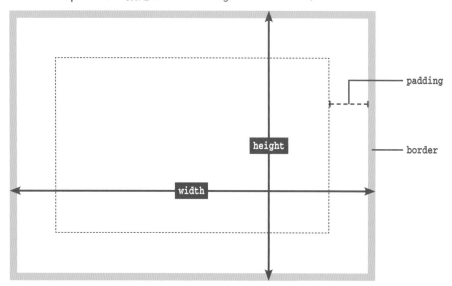

　ブロック要素の書式指定に使えるクラスとしては、以下のようなクラスが用意されています。

■幅を指定するクラス

クラス	指定内容
w-25	width:25%
w-50	width:50%
w-75	width:75%
w-100	width:100%
w-auto	width:auto
mw-100	max-width:100%
vw-100	width:100vw
min-vw-100	min-width:100vw

■高さを指定するクラス

クラス	指定内容
h-25	height:25%
h-50	height:50%
h-75	height:75%
h-100	height:100%
h-auto	height:auto
mh-100	max-height:100%
vh-100	height:100vh
min-vh-100	min-height:100vh

■背景色を指定するクラス

クラス	CSS変数	背景の色（初期値）
bg-primary	bs-primary-rgb	rgba(13, 110, 253, 1)
bg-secondary	bs-secondary-rgb	rgba(108, 117, 125, 1)
bg-success	bs-success-rgb	rgba(25, 135, 84, 1)
bg-info	bs-info-rgb	rgba(13, 202, 240, 1)
bg-warning	bs-warning-rgb	rgba(255, 193, 7, 1)
bg-danger	bs-danger-rgb	rgba(220, 53, 69, 1)
bg-dark	bs-dark-rgb	rgba(33, 37, 41, 1)
bg-light	bs-light-rgb	rgba(248, 249, 250, 1)
bg-white	bs-white-rgb	rgba(255, 255, 255, 1)
bg-body	bs-body-bg-rgb	rgba(255, 255, 255, 1)
bg-transparent	透明	

■背景をグラデーションにするクラス

クラス	指定内容
bg-gradient	bg-XXXXXのクラスで指定した背景色をグラデーションにする

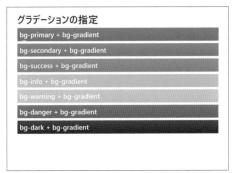

背景色の指定

bg-primary
bg-secondary
bg-success
bg-info
bg-warning
bg-danger
bg-dark
bg-light
bg-white

グラデーションの指定

bg-primary + bg-gradient
bg-secondary + bg-gradient
bg-success + bg-gradient
bg-info + bg-gradient
bg-warning + bg-gradient
bg-danger + bg-gradient
bg-dark + bg-gradient

■背景を半透明にするクラス

クラス	不透明度（opacity）
bg-opacity-100	1
bg-opacity-75	0.75
bg-opacity-50	0.5
bg-opacity-25	0.25
bg-opacity-10	0.1

半透明の指定

bg-primary + bg-opacity-100
bg-primary + bg-opacity-75
bg-primary + bg-opacity-50
bg-primary + bg-opacity-25
bg-primary + bg-opacity-10

■枠線を描画するクラス

クラス	枠線を描画する位置
border	上下左右
border-top	上
border-end	右
border-bottom	下
border-start	左

■枠線を消去するクラス

クラス	枠線を消去する位置
border-0	上下左右
border-top-0	上
border-end-0	右
border-bottom-0	下
border-start-0	左

■枠線の色を指定するクラス

クラス	指定される色
border-primary	#0d6efd
border-secondary	#6c757d
border-success	#198754
border-info	#0dcaf0
border-warning	#ffc107
border-danger	#dc3545
border-dark	#212529
border-light	#f8f9fa
border-white	#fff

■枠線の太さを指定するクラス

クラス	枠線の太さ
border-1	1px
border-2	2px
border-3	3px
border-4	4px
border-5	5px

■0.25remの角丸を指定するクラス

クラス	角丸の位置
rounded	四隅
rounded-top	上（左上と右上）
rounded-end	右（右上と右下）
rounded-bottom	下（右下と左下）
rounded-start	左（左上と左下）

■四隅に角丸を指定するクラス

クラス	角丸の半径
rounded-0	0（角丸にしない）
rounded-1	0.2rem
rounded-2	0.25rem
rounded-3	0.3rem

■楕円またはピル形式の角丸を指定するクラス

クラス	指定内容
rounded-circle	四隅に50%の角丸を指定
rounded-pill	四隅に50remの角丸を指定

■余白を指定するクラス

　要素の外余白（margin）を指定するときは**m**で始まるクラス、内余白（padding）を指定するときは**p**で始まるクラスを以下の形式で記述します。

m（方向）-（添字）-（数値）⋯⋯⋯⋯⋯⋯ **margin**の指定

p（方向）-（添字）-（数値）⋯⋯⋯⋯⋯⋯ **padding**の指定

（方向）

t	上
e	右
b	下
s	左
x	左右
y	上下
なし	上下左右

（添字）

なし	画面サイズ0px〜
sm	画面サイズ576px〜
md	画面サイズ768px〜
lg	画面サイズ992px〜
xl	画面サイズ1200px〜
xxl	画面サイズ1400px〜

（数字）

0	0
1	0.25rem
2	0.5rem
3	1rem
4	1.5rem
5	3rem
auto	auto[※1]

（※1）**margin**のみ指定可能

■影を指定するクラス

クラス	影のサイズ
shadow-none	影なし
shadow-sm	小さめの影
shadow	通常の影
shadow-lg	大きめの影

■要素を半透明にするクラス

クラス	不透明度（opacity）
opacity-100	1
opacity-75	0.75
opacity-50	0.5
opacity-25	0.25
opacity-0	0

■オーバーフローを制御するクラス

クラス	制御方法
overflow-auto	文字数に合わせて自動的に制御
overflow-hidden	あふれた文字を表示しない
overflow-visible	あふれた文字を表示する
overflow-scroll	スクロールバーを表示する

■フロート（回り込み）を指定するクラス

クラス	指定内容
float-（添字）-start	左寄せ（float:left）
float-（添字）-end	右寄せ（float:right）
float-（添字）-none	フロートなし（float:none）
clearfix	以降の兄弟要素の回り込みを解除

■要素の表示方法を変更するクラス

クラス	表示方法
d-（添字）-none	表示しない
d-（添字）-block	ブロックレベル要素として表示
d-（添字）-inline	インライン要素として表示
d-（添字）-inline-block	インラインブロック要素として表示
d-（添字）-table	テーブル要素（table）として表示
d-（添字）-table-row	テーブルの行要素（tr）として表示
d-（添字）-table-cell	テーブルのセル要素（th、td）として表示
d-（添字）-flex	フレックスコンテナとして表示
d-（添字）-inline-flex	インラインのフレックスコンテナとして表示
d-（添字）-grid	グリッドコンテナとして表示

※（添字）の部分にはsm／md／lg／xl／xxlのいずれかを指定します。「-（添字）」の記述を省略すると、すべての画面サイズが対象になります。

A.3.5　フレックスボックスの書式

　Bootstrapには、フレックスボックスを設定するクラスも用意されています。要素を「縦」または「横」に単純に積み重ねていく場合は、以下のクラスをフレックスコンテナとなる div 要素に適用します。

※（添字）の部分には sm ／ md ／ lg ／ xl ／ xxl のいずれかを指定します。「-（添字）」の記述を省略すると、すべての画面サイズが対象になります。

■スタックを指定するクラス

クラス	スタック方法
vstack	縦に積み重ね
hstack	横に積み重ね

■ギャップ（間隔）を指定するクラス

クラス	間隔
gap-（添字）-0	0
gap-（添字）-1	0.25rem
gap-（添字）-2	0.5rem
gap-（添字）-3	1rem
gap-（添字）-4	1.5rem
gap-（添字）-5	3rem

　以下に示したクラスを使ってフレックスボックスを細かく設定していくことも可能です。まずは、**フレックスコンテナ**となる div 要素に適用するクラスを紹介します。

■フレックスコンテナを作成するクラス

クラス	指定内容
d-（添字）-flex	ブロックレベルのフレックスコンテナを作成
d-（添字）-inline-flex	インラインのフレックスコンテナを作成

■アイテムを並べる方向を指定するクラス

クラス	並べ方
flex-（添字）-row	横方向（左 → 右、初期値）
flex-（添字）-row-reverse	横方向（右 → 左）
flex-（添字）-column	縦方向（上 → 下）
flex-（添字）-column-reverse	縦方向（下 → 上）

■左右方向の配置を指定するクラス

クラス	配置
`justify-content-（添字）-start`	左揃え（初期値）
`justify-content-（添字）-center`	中央揃え
`justify-content-（添字）-end`	右揃え
`justify-content-（添字）-between`	アイテムを等間隔で配置（両端はアイテム）
`justify-content-（添字）-evenly`	アイテムを等間隔で配置（両端は間隔）
`justify-content-（添字）-around`	各アイテムの左右に均等の間隔

■上下方向の位置揃えを指定するクラス

クラス	位置揃え
`align-items-（添字）-start`	上揃え
`align-items-（添字）-center`	上下中央揃え
`align-items-（添字）-end`	下揃え
`align-items-（添字）-baseline`	ベースライン揃え
`align-items-（添字）-stretch`	コンテナの高さに伸長（初期値）

■アイテムの折り返しを指定するクラス

クラス	折り返し方法
`flex-（添字）-nowrap`	折り返しなし（初期値）
`flex-（添字）-wrap`	折り返しあり
`flex-（添字）-wrap-reverse`	逆順で折り返し

■アイテムを折り返すときの配置を指定するクラス

クラス	配置
`align-content-（添字）-start`	上揃え
`align-content-（添字）-center`	上下中央揃え
`align-content-（添字）-end`	下揃え
`align-content-（添字）-between`	上下に等間隔で配置（両端はアイテム）
`align-content-（添字）-around`	各アイテムの上下に均等の間隔
`align-content-（添字）-stretch`	上下に伸長（初期値）

各アイテムの配置を指定するときは、以下のクラスを**フレックスアイテム**に適用します。

■各アイテムの配置を指定するクラス

クラス	指定内容
align-self-（添字）-start	そのアイテムを「上揃え」で配置
align-self-（添字）-center	そのアイテムを「上下中央揃え」で配置
align-self-（添字）-end	そのアイテムを「下揃え」で配置
align-self-（添字）-baseline	そのアイテムを「ベースライン揃え」で配置
align-self-（添字）-stretc	そのアイテムを「コンテナの高さに伸長」
flex-（添字）-fill	そのアイテムの幅を伸縮して「コンテナ内の隙間を埋める」

■各アイテムの並び順を指定するクラス

クラス	指定内容
order-（添字）-N	Nの数字が小さい順にアイテムを並べる ※Nに指定できる数字は0～5
order-（添字）-first	そのアイテムを最初に表示
order-（添字）-last	そのアイテムを最後に表示

A.3.6　テーブルの書式

Bootstrapを使ってテーブルの書式を指定するときは、以下のクラスを適用します。

■table要素に適用するクラス

クラス	指定内容
table	Bootstrapの書式指定でテーブルを表示（必須）
caption-top	キャプション（caption要素）を表の上に配置
table-striped	1行おきに縞模様の背景色を表示
table-bordered	各セルを枠線で囲んで表示
table-borderless	各セルの枠線を消去
table-hover	マウスオーバーした行を強調して表示
table-sm	余白を小さくしてテーブルをコンパクトに表示

■テーブルの背景色を指定するクラス

クラス	背景色
table-primary	#cfe2ff
table-secondary	#e2e3e5
table-success	#d1e7dd
table-info	#cff4fc
table-warning	#fff3cd
table-danger	#f8d7da
table-light	#f8f9fa
table-dark	#212529

表の背景色

- table-primary
- table-secondary
- table-success
- table-info
- table-warning
- table-danger
- table-light
- **table-dark**

■上下方向の配置を指定するクラス

クラス	指定内容	クラス	指定内容
align-top	上揃え	align-baseline	ベースライン揃え
align-middle	中央揃え	align-text-bottom	文字の下端揃え
align-bottom	下揃え	align-text-top	文字の上端揃え

　スマートフォンで閲覧したときに、テーブルを横スクロールできるようにするクラスも用意されています。この場合はテーブルを\<div\>〜\</div\>で囲み、以下のクラスを適用します。

■テーブルの横スクロール（div要素）

要素	クラス	指定内容
div	table-responsive	内部にあるテーブルを横スクロール対応にする
table	text-nowrap	文字列を折り返さずに配置

　なお、**table-responsive-**（添字）とクラスを記述して、画面サイズを限定した書式指定にすることも可能です。ただし、書式指定が有効になる画面サイズが「○○px以上」ではなく、「○○px以下」となっていることに注意してください（P158参照）。

A.3.7　アラートとカード

アラートを作成するときは、各要素に以下のクラス／属性を適用します。

■アラートの作成に使用するクラス／属性

要素	クラス／属性	概要
div	`alert`	アラートの書式指定（必須）
	`alert-`（色）	アラートの色を指定（次ページの表を参照）
	`alert-dismissible`	アラートを消去できるようにする
	`fade`	フェード効果で閉じる
	`show`	最初は表示しておく
h5など	`alert-heading`	「見出し」の書式指定
a	`alert-link`	リンクを太字、少し濃い文字色で表示
button	`btn-close`	×の表示と配置の指定
	`data-bs-dismiss="alert"`	アラートを閉じる機能の追加

■アラートの色を指定するクラス

クラス	背景色	文字色
`alert-primary`	#cfe2ff	#084298
`alert-secondary`	#e2e3e5	#41464b
`alert-success`	#d1e7dd	#0f5132
`alert-info`	#cff4fc	#055160
`alert-warning`	#fff3cd	#664d03
`alert-danger`	#f8d7da	#842029
`alert-light`	#fefefe	#636464
`alert-dark`	#d3d3d4	#141619

アラートの色

alert-primaryで作成したアラート

alert-secondaryで作成したアラート

alert-successで作成したアラート

alert-infoで作成したアラート

alert-warningで作成したアラート

alert-dangerで作成したアラート

alert-lightで作成したアラート

alert-darkで作成したアラート

カード形式のコンテンツを作成するときは、以下に示したクラスを各要素に適用します。

■カードの作成に使用するクラス

要素	クラス	概要
div	**card**	カード全体の範囲
h4など	**card-header**	カードのヘッダーを作成
img	**card-img-top**	最上部に画像を配置する場合（上を角丸）
div	**card-body**	カードの本体の範囲
h5など	**card-title**	タイトルの書式指定
h6など	**card-subtitle**	サブタイトルの書式指定
pなど	**card-text**	カード本文の書式指定
a	**card-link**	リンク文字の書式指定
img	**card-img**	カードの本体に画像を配置する場合（四隅を角丸）
img	**card-img-bottom**	最下部に画像を配置する場合（下を角丸）
divなど	**card-footer**	カードのフッターを作成

　カードの背景に画像を敷く場合は、「カードの本体」を**card-img-overlay**のクラスで作成し、背景に敷く画像（img要素）に**card-img**のクラスを適用します（P168参照）。

　複数枚のカードを1つのグループにまとめてレイアウトする方法も用意されています。この場合は、カード群を\<div\>～\</div\>で囲み、このdiv要素に以下のクラスを適用します。

■カードをグループ化するクラス

クラス	指定内容
card-group	カードグループとして配置

※このレイアウトは、画面サイズが「576px以上」のときだけ有効になります。

A.3.8　フォームの書式

Bootstrapを使ってフォームの書式を指定するときは、以下のクラスを各要素に適用します。

■ `label`要素に適用するクラス

クラス	指定内容
`form-label`	配置（下の余白）の調整
`col-form-label`	グリッドシステムを使ってフォームを配置する場合
`col-form-label-lg`	大サイズの入力欄に変更している場合[※1、※2]
`col-form-label-sm`	小サイズの入力欄に変更している場合[※1、※2]

（※1）グリッドシステムを使ってフォームを配置する場合に適用します。
（※2）col-form-labelのクラスに追加して適用します。

■ `input`や`textarea`要素（入力欄）に適用するクラス

クラス	指定内容
`form-control`	入力欄の書式指定
`form-control-lg`	大サイズの入力欄に変更[※1]
`form-control-sm`	小サイズの入力欄に変更[※1]
`form-control-plaintext`	テキストボックス内の文字（value属性）を「通常の文字」として表示する場合

（※1）form-controlに追加して適用します。

■ チェックボックスとラジオボタン

以下の構成でHTMLを記述すると、チェックボックスやラジオボタンの書式を整えられます。

要素	クラス	指定内容
div	`form-check`	配置方法などの書式指定
	`form-check-inline`	選択肢を横に並べる場合[※1]
	`form-switch`	チェックボックスをスイッチ形式のデザインに変更[※1]
input	`form-check-input`	チェックボックスやラジオボタンの書式指定
label	`form-check-label`	ラベル文字の書式指定

（※1）form-checkに追加して適用します。

■ **select**要素に適用するクラス

クラス	指定内容
form-select	選択欄の書式指定
form-select-lg	選択欄を大きく表示する場合^(※1)
form-select-sm	選択欄を小さく表示する場合^(※1)

（※1）form-selectに追加して適用します。

■ 補足説明（**div**要素）に適用するクラス

クラス	指定内容
form-text	テキストボックスの下に補足説明を表示する場合の書式指定

■ インプットグループの作成

　input-groupのクラスを適用した<div>〜</div>で範囲を囲み、「**input-group-text**のクラスを適用したspan要素」で前後（または中間）に配置する文字を作成します。

　インプットグループのサイズ（高さ）を大きくするときは**input-group-lg**、小さくするときは**input-group-sm**のクラスをdiv要素に追加します（P185〜186参照）。

■ フローティングラベルの作成

　form-floatingのクラスを適用した<div>〜</div>の中にinput要素とlabel要素を記述します。input要素はlabel要素よりも前に記述します。また、input要素には**placeholder**属性が必須となります（P186〜187参照）。

A.4 ナビゲーションの書式指定

A.4.1 リンクとボタン

リンク文字の色を指定するときは、a要素に以下のクラスを適用します。

■リンク文字の色を指定するクラス

クラス	文字の色
link-primary	#0d6efd
link-secondary	#6c757d
link-success	#198754
link-info	#0dcaf0
link-warning	#ffc107
link-danger	#dc3545
link-light	#f8f9fa
link-dark	#212529

リンク文字の色

リンク文字の色 ------ link-primary
リンク文字の色 ------ link-secondary
リンク文字の色 ------ link-success
リンク文字の色 ------ link-info
リンク文字の色 ------ link-warning
リンク文字の色 ------ link-danger

------ link-light
リンク文字の色 ------ link-dark

また、「リンクとして機能する範囲」を拡張するクラスも用意されています。以下のクラスをa要素に適用すると、**position**プロパティが**relative**の親要素までリンクとして機能する範囲が拡がります。

■リンクとして機能する範囲を拡張するクラス

クラス	指定内容
stretched-link	「リンクとして機能する範囲」を拡張する

　ボタンの書式をBootstrapで指定するときは、以下のクラスをbutton要素またはa要素に適用します。

■ボタンの書式を指定するクラス

クラス	指定内容
btn	ボタンの書式指定（必須）

■ボタンのデザインを指定するクラス

背景色を指定するクラス	枠線を指定するクラス	指定される色
btn-primary	btn-outline-primary	#0d6efd
btn-secondary	btn-outline-secondary	#6c757d
btn-success	btn-outline-success	#198754
btn-info	btn-outline-info	#0dcaf0;
btn-warning	btn-outline-warning	#ffc107
btn-danger	btn-outline-danger	#dc3545
btn-light	btn-outline-light	#f8f9fa
btn-dark	btn-outline-dark	#212529
btn-link	※ボタンをリンク文字として表示	

■ボタンのサイズを指定するクラス

クラス	指定内容
btn-lg	ボタンのサイズを大きくする
btn-sm	ボタンのサイズを小さくする

■ボタンの状況を指定するクラス

クラス	指定内容
active	ボタンをONにした状態で表示
disabled	ボタンを使用不可の状態で表示

　複数のボタンを`<div>`～`</div>`で囲み、このdiv要素の以下のクラスを適用すると、ボタングループを作成できます。

■ボタングループを作成するクラス（`div`要素）

クラス	指定内容
`btn-group`	ボタングループを作成[※1]
`btn-group-vertical`	縦配置のボタングループを作成[※1]
`btn-group-lg`	各ボタンのサイズを大きくする場合
`btn-group-sm`	各ボタンのサイズを小さくする場合

（※1）いずれかを適用

　さらに、複数のボタングループを`<div>`～`</div>`囲み、このdiv要素に以下のクラスを適用すると、ボタンツールバーを作成できます。

■ボタンツールバーを作成するクラス（`div`要素）

クラス	指定内容
`btn-toolbar`	ボタンツールバーを作成

A.4.2　ナビゲーション

　タブ形式やピル形式のナビゲーションを作成するときは、ul要素、li要素、a要素に以下の
クラスを適用します。

■ナビゲーションの作成

要素	クラス	概要
ul	nav	ナビゲーションの範囲（必須）
	nav-tabs	タブ形式のナビゲーションを作成[※1]
	nav-pills	ピル形式のナビゲーションを作成[※1]
	nav-fill	幅100%で配置（各項目の幅は不均一）
	nav-justified	幅100%で配置（各項目の幅は均一）
li	nav-item	各項目の書式指定
a	nav-link	リンクの書式指定
	active	選択中の項目として表示
	disabled	無効な状態として表示

（※1）いずれかを適用

　nav要素とa要素でナビゲーションを作成することも可能です。この場合は、nav要素に
navや**nav-tabs**などのクラスを適用します。また、a要素に**nav-link**などのクラスを適用
します。

A.4.3　ナビゲーションバー

「ナビゲーションバー」を作成するときは、以下のような構成でHTMLを記述します。

■ナビゲーションバーの作成に使用するクラス

要素	クラス/属性	概要
nav	navbar	配置と余白の指定
	navbar-expand-（添字）	配置の指定
	navbar-light [※1]	文字色の指定（明るい背景色用）
	navbar-dark [※1]	文字色の指定（暗い背景色用）
	bg-（色）	背景色の指定（P117〜118参照）
	fixed-top	画面上部に固定する場合
	fixed-bottom	画面下部に固定する場合
	sticky-top	スクロール量に応じて移動/固定
div	container-fluid	幅100%で表示 [※2]
	container	画面サイズに応じて固定幅で表示 [※2]
a	navbar-brand	「ブランド表記」の書式指定
button	navbar-toggler	≡の書式指定
	data-bs-toggle="collapse"	開閉機能の追加
	data-bs-target="#（ID名）"	開閉するdiv要素のID名を指定
span	navbar-toggler-icon	≡の表示
div	collapse	開閉用の書式指定
	navbar-collapse	「ナビゲーション部分」の書式指定
	id="（ID名）"	ID名の指定
ul	navbar-nav	リストの書式指定
	navbar-nav-scroll	リストをスクロール可能にする場合 ※CSS変数bs-scroll-heightで「高さ」を指定
li	nav-item	各項目の書式指定
a	nav-link	リンク文字の書式指定
	active	「選択中の項目」を示す書式指定
span	navbar-text	「通常の文字」を配置する場合
form	d-flex	フォームを配置する場合
input	form-control	入力欄の書式指定

（※1）いずれかを適用　　（※2）いずれかを適用
※（添字）の部分にはsm/md/lg/xl/xxlのいずれかを指定します。「-（添字）」の記述を省略すると、常に
　展開表示されるナビゲーションバーになります。

（HTMLの記述例）

```
<nav class="navbar navbar-expand-md navbar-dark bg-dark fixed-top">
  <div class="container-fluid">
    <a href="#" class="navbar-brand">ブランド名</a>
    <button class="navbar-toggler" data-bs-toggle="collapse" data-bs-target="#(ID名)">
      <span class="navbar-toggler-icon"></span>
    </button>
    <div class="collapse navbar-collapse" id="(ID名)">
      <ul class="navbar-nav">
        <li class="nav-item"><a href="#" class="nav-link">リンク1</a></li>
        <li class="nav-item"><a href="#" class="nav-link active">選択中のリンク</a></li>
        <li class="nav-item"><a href="#" class="nav-link">リンク3</a></li>
        <li class="nav-item"><a href="#" class="nav-link">リンク4</a></li>
        <li class="nav-item"><a href="#" class="nav-link">リンク5</a></li>
      </ul>
    </div>
  </div>
</nav>
```

A.4.4　パンくずリスト

「パンくずリスト」を作成するときは、以下のような構成でHTMLを記述します。

■パンくずリストの作成に使用するクラス

要素	クラス	概要
nav	－	パンくずリストの範囲
ol	breadcrumb	パンくずリストの書式指定
li	breadcrumb-item	各項目の書式指定
	active	選択中の項目
a	－	リンク機能の付加

A.4.5　ページネーション

「ページネーション」を作成するときは、以下のような構成でHTMLを記述します。

■ページネーションの作成に使用するクラス

要素	クラス	概要
nav	−	ページネーションの範囲
ul	pagination	ページネーションの書式指定（必須）
	pagination-lg	ページネーションのサイズを大きくする場合
	pagination-sm	ページネーションのサイズを小さくする場合
li	page-item	各項目の書式指定
	active	選択中の項目
	disabled	使用不可の項目
a	page-link	リンクの書式指定

A.4.6　リストグループ

「リストグループ」を作成するときは、以下のような構成でHTMLを記述します。

■リストグループの作成に使用するクラス

要素	クラス	概要
ul （またはdiv）	list-group	リストグループの書式指定（必須）
	list-group-flush	「横線のみ」のデザインにする場合
	list-group-numbered	「番号付き」にする場合[※1]
	list-group-horizontal-（添字）	各項目を横に並べる場合
li （またはa）	list-group-item	各項目の書式指定
	list-group-item-action	マウスオーバー時の書式指定
	active	選択中の項目
	disabled	使用不可の項目

（※1）この場合は、ol要素でリストを作成する必要があります。
※（添字）の部分にはsm／md／lg／xl／xxlのいずれかを指定します。「-（添字）」の記述を省略すると、すべ
ての画面サイズが対象になります。

■リストグループの色を指定するクラス

クラス	文字色	背景色
`list-group-item-primary`	#084298	#cfe2ff
`list-group-item-secondary`	#41464b	#e2e3e5
`list-group-item-success`	#0f5132	#d1e7dd
`list-group-item-info`	#055160	#cff4fc
`list-group-item-warning`	#664d03	#fff3cd
`list-group-item-danger`	#842029	#f8d7da
`list-group-item-light`	#636464	#fefefe
`list-group-item-dark`	#141619	#d3d3d4

リストグループの色

- primary
- secondary
- success
- info
- warning
- danger
- light
- dark

　リストグループを使って「別の領域にあるコンテンツ」の表示を切り替える方法も用意されています。この場合はa要素に以下の属性を記述し、div要素で「表示が切り替わる領域」を作成します。

■a要素に指定する属性

要素	属性	概要
a	`data-bs-toggle="list"`	表示切り替え機能の追加
	`href="#`（ID名）`"`	表示するdiv要素のID名を指定

■表示が切り替わる領域に適用するクラス／属性

要素	クラス／属性	概要
div	`tab-content`	表示が切り替わる領域の範囲
div	`tab-pane`	各領域の書式指定（最初は非表示に）
	`fade`	フェード効果で表示
	`show`	最初から表示しておく領域[※1]
	`active`	選択中の領域[※1]
	`id="`（ID名）`"`	ID名の指定

（※1）最初から表示しておく領域にのみ適用します。

A.4.7　バッジ

文字をバッジとして表示するときは、span要素に以下のクラスを適用します。

■バッジとして表示するクラス

クラス	指定内容
badge	バッジとして表示（必須）
bg-（色）	背景色の指定（P117〜118参照）
rounded-pill	ピル形式のバッジにする場合

　ボタンの右上にバッジを配置するときは、<button> 〜 </button>の中に「バッジのspan要素」を記述し、各要素に以下のクラスを追加します。

■ボタンの右上にバッジを配置する場合

要素	クラス	概要
button	position-relative	position:relativeで配置
span	position-absolute	position:absoluteで配置
	top-0	上から0の位置を指定
	start-100	左から100%の位置を指定
	translate-middle	上へ–50%、右へ–50%移動して配置

A.5 | JavaScriptを利用したコンポーネント

A.5.1　ドロップダウン

ボタンにドロップダウン機能を追加するときは、各要素に以下のクラス／属性を指定します。

■ ドロップダウンの作成に使用するクラス／属性

要素	クラス／属性	概要
div	dropdown	ドロップダウンの範囲[※1]
	btn-group	ドロップダウンの範囲（ボタンを横に並べる場合）[※1]
	dropup	サブメニューを「上」に表示する場合
	dropend	サブメニューを「右」に表示する場合
	dropstart	サブメニューを「左」に表示する場合
button	dropdown-toggle	ドロップダウンボタンの書式指定
	data-bs-toggle="dropdown"	ドロップダウン機能の追加
ul	dropdown-menu	サブメニューの範囲
	dropdown-menu-end	サブメニューを「ボタンの右端」に揃える場合
	dropdown-menu-dark	サブメニューを暗い背景色で表示する場合
li	―	サブメニューの各項目
a	dropdown-item	リンクの書式指定

（※1）いずれかを指定

（HTMLの記述例）

```
<div class="dropdown">
  <button class="btn btn-(色) dropdown-toggle" data-bs-toggle="dropdown">開閉ボタン</button>
  <ul class="dropdown-menu">
    <li><a href="#" class="dropdown-item">リンク先1</a></li>
    <li><a href="#" class="dropdown-item">リンク先2</a></li>
    <li><a href="#" class="dropdown-item">リンク先3</a></li>
          ：
  </ul>
</div>
```

　サブメニューの中に「見出し」や「区切り線」、「通常の文字」などを配置することも可能です。この場合は、サブメニューの`<li>`～`</li>`の中に記述した要素に以下のクラスを適用します。

■サブメニュー内の書式を指定するクラス

要素	クラス	指定内容
h6など	**dropdown-header**	「見出し」として表示
hr	**dropdown-divider**	「区切り線」として表示
span	**dropdown-item-text**	「通常の文字」として表示
a	**active**	「選択中」として表示
	disabled	「使用不可」として表示

　「ボタン」と「▼」（キャレット）を独立させることも可能です。この場合は、ボタンをa要素で作成し、▼の部分を**dropdown-toggle-split**のクラスを適用したbutton要素（空要素）で作成します。

（HTMLの記述例）

```
<div class="btn-group">
  <a href="#" class="btn btn-(色)">リンクボタン</a>
  <button class="btn btn-(色) dropdown-toggle dropdown-toggle-split"
          data-bs-toggle="dropdown"></button>
  <ul class="dropdown-menu">
    <li><a href="#" class="dropdown-item">リンク先1</a></li>
    <li><a href="#" class="dropdown-item">リンク先2</a></li>
            ⋮
  </ul>
</div>
```

A.5.2　モーダル

　モーダルの機能を使ってダイアログを開閉するときは、各要素に以下のクラス／属性を適用します。

■ダイアログを開くボタンに指定する属性

要素	属性	概要
`button`など	`data-bs-toggle="modal"`	モーダルダイアログを開く機能の追加
	`data-bs-target="#(ID名)"`	「モーダルダイアログのID名」を指定

■モーダルダイアログの作成に使用するクラス／属性

要素	クラス／属性	概要
`div`	`modal`	ダイアログの範囲
	`fade`	フェード効果の指定（省略可）
	`id="(ID名)"`	モーダルダイアログのID名
`div`	`modal-dialog`	ダイアログの書式指定（配置方法など）
	`modal-dialog-centered`	ダイアログを「画面中央」に表示する場合
	`modal-sm`	ダイアログを「小サイズ」で表示する場合
	`modal-lg`	ダイアログを「大サイズ」で表示する場合
	`modal-xl`	ダイアログを「特大サイズ」で表示する場合
	`modal-fullscreen`	ダイアログを「フルスクリーン」で表示する場合[※1]
`div`	`modal-content`	ダイアログ内部の書式指定
`div`	`modal-header`	ヘッダーの領域（省略可）
`h5`など	`modal-title`	「見出し」の書式指定（余白と行間の指定）
`button`	`btn-close`	×の表示など
	`data-bs-dismiss="modal"`	ダイアログを閉じる機能の追加
`div`	`modal-body`	本文の領域
`div`	`modal-footer`	フッターの領域（省略可）

（※1）`modal-fullscreen-(添字)-down` と記述すると、画面サイズに応じてフルスクリーンの有効／無効を切り替えられます（P277参照）。

（HTMLの記述例）

```
<button class="btn btn-(色)" data-bs-toggle="modal" data-bs-target="#(ID名)">ボタン</button>

<div class="modal fade" id="(ID名)" tabindex="-1">
  <div class="modal-dialog">
    <div class="modal-content">
      <div class="modal-header">
        <h5 class="modal-title">タイトル</h5>
        <button type="button" class="btn-close" data-bs-dismiss="modal"></button>
      </div>
      <div class="modal-body">ダイアログの本文</div>
      <div class="modal-footer">ダイアログのフッター</div>
    </div>
  </div>
</div>
```

A.5.3 カルーセル

カルーセルを作成するときは、各要素に次ページに示したクラス／属性を適用します。

（HTMLの記述例）

```
<div class="carousel slide" data-bs-ride="carousel" id="(ID名)">
  <div class="carousel-indicators">
    <button data-bs-target="#(ID名)" data-bs-slide-to="0" class="active"></button>
    <button data-bs-target="#(ID名)" data-bs-slide-to="1"></button>
    <button data-bs-target="#(ID名)" data-bs-slide-to="2"></button>
    <button data-bs-target="#(ID名)" data-bs-slide-to="3"></button>
  </div>
  <div class="carousel-inner">
    <div class="carousel-item active"><img src="xxx0.jpg" class="d-block w-100"></div>
    <div class="carousel-item"><img src="xxx1.jpg" class="d-block w-100"></div>
    <div class="carousel-item"><img src="xxx2.jpg" class="d-block w-100"></div>
    <div class="carousel-item"><img src="xxx3.jpg" class="d-block w-100"></div>
  </div>
  <button class="carousel-control-prev" data-bs-target="#(ID名)" data-bs-slide="prev">
    <span class="carousel-control-prev-icon"></span>
    <span class="visually-hidden">前へ</span>
  </button>
  <button class="carousel-control-next" data-bs-target="#(ID名)" data-bs-slide="next">
    <span class="carousel-control-next-icon"></span>
    <span class="visually-hidden">次へ</span>
  </button>
</div>
```

■カルーセルの作成に使用するクラス／属性

要素	クラス／属性	概要
div	`carousel`	カルーセルの範囲
	`slide`	スライド効果で切り替える場合（省略可）
	`carousel-fade`	フェード効果で切り替える場合
	`carousel-dark`	明るい画像を使う場合 （インジゲーターなどを黒色で表示）
	`data-bs-ride="carousel"`	カルーセルの機能を追加
	`id="(ID名)"`	カルーセルのID名
div	`carousel-indicators`	インジゲーターの書式指定
button	`data-bs-target="#(ID名)"`	「カルーセルのID名」を指定
	`data-bs-slide-to="(番号)"`	画像番号を0から順番に指定
	`active`	最初に「選択中」にするインジゲーター
div	`carousel-inner`	カルーセルの書式指定
div	`carousel-item`	個々のカルーセル
	`active`	最初に表示される画像
img	`d-block`	画像を「ブロックレベル要素」として表示
	`w-100`	画像を「幅100%」で表示
div	`carousel-caption`	画像の上に重ねる文字の書式指定
button	`carousel-control-prev`	❮ の書式指定
	`data-bs-target="#(ID名)"`	「カルーセルのID名」を指定
	`data-bs-slide="prev"`	「前の画像に戻る」の機能を追加
span	`carousel-control-next-icon`	❮ の表示
button	`carousel-control-next`	❯ の書式指定
	`data-bs-target="#(ID名)"`	「カルーセルのID名」を指定
	`data-bs-slide="next"`	「次の画像へ進む」の機能を追加
span	`carousel-control-next-icon`	❯ の表示

A.5.4 タブ切り替え

タブ形式やピル形式のナビゲーションに「表示内容を切り替える機能」を追加することも可能です。この場合は、ナビゲーションの`<li>`～`</li>`の中をbutton要素で作成し、各button要素に以下のクラスと属性を指定します。

■ナビゲーションの**button**要素に指定するクラス／属性

クラス／属性	概要
`nav-link`	ナビゲーションとして表示するための書式指定
`active`	「選択中」の項目として表示
`data-bs-toggle="tab"`	タブ切り替えの機能を追加（タブ形式用）^(※1)
`data-bs-toggle="pill"`	タブ切り替えの機能を追加（ピル形式用）^(※1)
`data-bs-target="#(ID名)"`	「表示内容が記述されているdiv要素のID名」を指定

（※1）いずれかを記述

■表示内容に指定するクラス／属性

要素	クラス／属性	概要
div	`tab-content`	表示内容全体の範囲
div	`tab-pane`	個々の表示内容
	`fade`	フェード効果の指定
	`show active`	最初から表示しておく内容
	`id="(ID名)"`	表示される内容のID名

（HTMLの記述例）

```
<ul class="nav nav-tabs">
  <li class="nav-item">
    <button class="nav-link active" data-bs-toggle="tab" data-bs-target="#(ID名1)">項目1</button>
  </li>
  <li class="nav-item">
    <button class="nav-link" data-bs-toggle="tab" data-bs-target="#(ID名2)">項目2</button>
  </li>
  <li class="nav-item">
    <button class="nav-link" data-bs-toggle="tab" data-bs-target="#(ID名3)">項目3</button>
  </li>
</ul>
<div class="tab-content">
  <div class="tab-pane fade show active" id="(ID名1)">表示内容1</div>
  <div class="tab-pane fade" id="(ID名2)">表示内容2</div>
  <div class="tab-pane fade" id="(ID名3)">表示内容3</div>
</div>
```

A.5.5　アコーディオン

　アコーディオンを使って表示内容を開閉するときは、次ページに示したクラス/属性を各要素に適用します。

（HTMLの記述例）

```
<div class="accordion" id="(ID名)">

  <div class="accordion-item">
    <h2 class="accordion-header">
      <button class="accordion-button"
              data-bs-toggle="collapse" data-bs-target="#(ID名1)">見出し1</button>
    </h2>
    <div class="accordion-collapse collapse show" data-bs-parent="#(ID名)" id="(ID名1)">
      <div class="accordion-body">開閉される内容1</div>
    </div>
  </div>

  <div class="accordion-item">
    <h2 class="accordion-header">
      <button class="accordion-button"
              data-bs-toggle="collapse" data-bs-target="#(ID名2)">見出し2</button>
    </h2>
    <div class="accordion-collapse collapse" data-bs-parent="#(ID名)" id="(ID名2)">
      <div class="accordion-body">開閉される内容2</div>
    </div>
  </div>

  <div class="accordion-item">
    <h2 class="accordion-header">
      <button class="accordion-button"
              data-bs-toggle="collapse" data-bs-target="#(ID名3)">見出し3</button>
    </h2>
    <div class="accordion-collapse collapse" data-bs-parent="#(ID名)" id="(ID名3)">
      <div class="accordion-body">開閉される内容3</div>
    </div>
  </div>

</div>
```

■アコーディオンの作成に使用するクラス／属性

要素	クラス／属性	概要
div	accordion	アコーディオンの範囲
	accordion-flush	「横線のみ」のデザインに変更する場合
	id="（ID名）"	アコーディオン全体のID名
div	accordion-item	各項目の範囲
h2など	accordion-header	各項目のヘッダー
button	accordion-button	ヘッダーの書式指定
	data-bs-toggle="collapse"	開閉機能の追加
	data-bs-target="#（ID名）"	「開閉するdiv要素のID名」を指定
div	accordion-collapse	「開閉される内容」の範囲
	collapse	書式指定など
	show	最初から表示する内容
	id="（ID名）"	「開閉されるdiv要素」のID名
	data-bs-parent="#（ID名）"	「アコーディオン全体のID名」を指定
div	accordion-body	「開閉される内容」の記述

A.5.6　オフキャンバス

　オフキャンバスの機能を使って領域を開閉するときは、各要素に以下のクラス／属性を適用します。

■オフキャンバスを開く要素に指定する属性

属性	概要
data-bs-toggle="offcanvas"	オフキャンバスを開く機能を追加
data-bs-target="#（ID名）"	「オフキャンバスのID名」を指定[※1]

（※1）a要素の場合は、href="#（ID名）"と記述しても構いません。

■オフキャンバスの作成に使用するクラス／属性

要素	クラス／属性	概要
div	`offcanvas`	オフキャンバスの範囲
	`offcanvas-start`	オフキャンバスを「左」に表示[※1]
	`offcanvas-end`	オフキャンバスを「右」に表示[※1]
	`offcanvas-top`	オフキャンバスを「上」に表示[※1]
	`offcanvas-bottom`	オフキャンバスを「下」に表示[※1]
	`id="（ID名）"`	オフキャンバスのID名
	`data-bs-backdrop="false"`	「元のWebページ」をグレーアウトしない場合
	`data-bs-scroll="true"`	オフキャンバスの表示中でも「元のWebページ」をスクロール可能にする場合
div	`offcanvas-header`	オフキャンバスのヘッダー
h5など	`offcanvas-title`	「見出し」の書式指定
button	`btn-close`	×の表示など
	`data-bs-dismiss="offcanvas"`	オフキャンバスを閉じる機能の追加
div	`offcanvas-body`	オフキャンバスのボディ

（※1）いずれかを適用

（HTMLの記述例）

```
<a href="#（ID名）" data-bs-toggle="offcanvas">オフキャンバスを開く</a>

<div class="offcanvas offcanvas-start" tabindex="-1" id="（ID名）">
  <div class="offcanvas-header">
    <h5 class="offcanvas-title">オフキャンバスのタイトル</h5>
    <button type="button" class="btn-close" data-bs-dismiss="offcanvas"></button>
  </div>
  <div class="offcanvas-body">
    オフキャンバスの内容
  </div>
</div>
```

A.5.7　スクロールスパイ

現在位置をナビゲーションのように示すスクロールスパイを作成するときは、以下のように
クラス／属性／CSSを指定します。

■スクロールスパイとして機能させる部分

リストグループやナビゲーションバーなど、**active**のクラスが使えるコンポーネントで作
成し、適当なID名を付けておきます。続いて、コンポーネントの中に「ページ内リンク」を
`<a href="#(リンク先のID名)">〜</a>`という形で並べます。

■実際にスクロールさせる領域

要素	属性／CSS	指定内容
divなど	`data-bs-spy="scroll"`	スクロールスパイの機能を追加
	`data-bs-target="#(ID名)"`	「スクロールスパイ部分のID名」を指定
	`data-bs-offset="(数値)"`	追従を始めるスクロール位置の指定（通常は0）
	`position:relative`	配置方法をCSSで指定
	`height:(数値)`	領域の「高さ」をCSSで指定
	`overflow:auto`	オーバーフロー時の処理方法をCSSで指定 ※overflow-autoのクラスを適用してもよい
h3など	`id="(ID名)"`	各見出しのID名（リンク先のID名）

（HTMLの記述例）

```html
<div class="list-group" id="(ID名)">
  <a class="list-group-item list-group-item-action" href="#(ID名1)">見出し1</a>
  <a class="list-group-item list-group-item-action" href="#(ID名2)">見出し2</a>
  <a class="list-group-item list-group-item-action" href="#(ID名3)">見出し3</a>
</div>


<div class="overflow-auto"
    data-bs-spy="scroll" data-bs-target="#(ID名)" data-bs-offset="0" tabindex="0"
    style="position:relative;height:(高さ);">
  <h3 id="(ID名1)">見出し1</h3>
    内容1
      ⋮
  <h3 id="(ID名2)">見出し2</h3>
    内容2
      ⋮
  <h3 id="(ID名3)">見出し3</h3>
    内容3
      ⋮
</div>
```

A.5.8　ツールチップとポップオーバー

■ツールチップの表示

補足説明などをツールチップで表示するときは、要素に以下の属性を指定します。

```
data-bs-toggle="tooltip" ················· ツールチップの機能を追加
data-bs-placement 属性 ················· 方向をtop／bottom／left／rightで指定
title 属性 ·································· ツールチップに表示する内容
data-bs-trigger="click" ················· クリック時に表示する場合
```

また、ツールチップを表示する機能を動作させるために、以下のJavaScriptを記述しておく必要があります。

```html
<script>
  var tooltipTriggerList = [].slice.call(document.querySelectorAll('[data-bs-toggle="tooltip"]'))
  var tooltipList = tooltipTriggerList.map(function (tooltipTriggerEl) {
    return new bootstrap.Tooltip(tooltipTriggerEl)
  })
</script>
```

■ポップオーバーの表示

補足説明などをポップオーバーで表示するときは、要素に以下の属性を指定します。

```
data-bs-toggle="popover" ················· ポップオーバーの機能の追加
data-bs-placement 属性 ················· 方向をtop／bottom／left／rightで指定
title 属性 ·································· ポップオーバーに表示する「見出し」
data-bs-content 属性 ···················· ポップオーバーに表示する「本文」
data-bs-trigger="hover focus" ········· マウスオーバー時に表示する場合
```

また、ポップオーバーを表示する機能を動作させるために、以下のJavaScriptを記述しておく必要があります。

```html
<script>
  var popoverTriggerList = [].slice.call(document.querySelectorAll('[data-bs-toggle="popover"]'))
  var popoverList = popoverTriggerList.map(function (popoverTriggerEl) {
    return new bootstrap.Popover(popoverTriggerEl)
  })
</script>
```

A.5.9　トースト

メッセージなどをトーストで作成するときは、各要素に以下のクラス/属性を指定します。

■トーストの作成に使用するするクラス/属性

要素	クラス/属性	概要
div	`toast`	トーストの範囲
	`id="(ID名)"`	トーストのID名
	`data-bs-autohide="false"`	自動消去を無効にする場合
	`data-bs-delay="(数値)"`	自動消去までの時間を指定する場合 ※ミリ秒で指定、初期値は5000
	`data-bs-animation="false"`	アニメーションを無効にする場合
div	`toast-header`	トーストのヘッダー
button	`btn-close`	×の表示など
	`data-bs-dismiss="toast"`	トーストを閉じる機能の追加
div	`toast-body`	トーストのボディ

　また、トーストを表示するためのJavaScriptを自分で記述しておく必要があります。単純にトーストを表示するだけなら、以下のようにJavaScriptを記述すると、トーストをWebページに表示できます。

```
<script>
  var toast = new bootstrap.Toast(トーストのID名)
  toast.show()
</script>
```

（HTMLの記述例）

```
<div class="toast" id="(ID名)" data-bs-autohide="false">
  <div class="toast-header">
    ヘッダーに表示する内容
    <button type="button" class="btn-close" data-bs-dismiss="toast"></button>
  </div>
  <div class="toast-body">
    ボディに表示する内容
  </div>
</div>
  ⋮
```

```
<script src="js/bootstrap.bundle.min.js"></script>
<script>
  var toast = new bootstrap.Toast(ID名)
  toast.show()
</script>
</body>
    ⋮
```

索引

用語

Bootstrap - クラス

Bootstrap - 属性

30ステップで基礎から実践へ!

基礎を学ぶために必要な学習内容を 30 ステップに分けて、
1 ステップずつ無理なく進めることができるワークブックです。
また、ステップごとに演習問題を付けてありますので、自分の学習成果が確認
でき、初めて取り組む方に最適です。

情報演習 35 ステップ 30

HTML5 & CSS3 ワークブック
[第 2 版]

著者	相澤 裕介
判型	B5 判、224 頁
ISBN	978-4-87783-840-9
価格	本体 900 円（税込 990 円）

ホームページ（Web ページ）を作成するためには、
HTML と呼ばれるコンピュータ言語を学ぶと同時に
CSS と呼ばれる言語の習得も欠かせません。

情報演習 36 ステップ 30

JavaScript ワークブック
[第 3 版]

著者	相澤 裕介
判型	B5 判、224 頁
ISBN	978-4-87783-841-6
価格	本体 900 円（税込 990 円）

JavaScript は、一般的なプログラムのような動作
をホームページ上で実現できるスクリプト言語です。

ご質問がある場合は・・・

本書の内容についてご質問がある場合は、本書の書名ならびに掲載箇所のページ番号を明記の上、FAX・郵送・Eメールなどの書面にてお送りください（宛先は下記を参照）。電話でのご質問はお断りいたします。また、本書の内容を超えるご質問に関しては、回答を控えさせていただく場合があります。

新刊書籍、執筆陣が講師を務めるセミナーなどをメールでご案内します

登録はこちらから

https://www.cutt.co.jp/ml/entry.php

Bootstrap 5 ファーストガイド
Web制作の手間を大幅に削減！

2022年4月25日　初版第1刷発行

著　者	相澤 裕介
発行人	石塚 勝敏
発　行	株式会社 カットシステム
	〒169-0073 東京都新宿区百人町4-9-7　新宿ユーエストビル8F
	TEL　（03）5348-3850　　FAX　（03）5348-3851
	URL　https://www.cutt.co.jp/
	振替　00130-6-17174
印　刷	シナノ書籍印刷 株式会社

本書に関するご意見、ご質問は小社出版部宛まで文書か、sales@cutt.co.jp 宛に e-mail でお送りください。電話によるお問い合わせはご遠慮ください。また、本書の内容を超えるご質問にはお答えできませんので、あらかじめご了承ください。

Cover design *Y.Yamaguchi*　　　　　　Copyright©2022　相澤 裕介
Printed in Japan　ISBN 978-4-87783-522-4